面向新工科专业建设计算机系列教材

云计算网络与安全

崔 林 魏凯敏 ◎编著

清華大學出版社

北京

内容简介

随着信息技术的广泛应用和快速发展，云计算作为一种新兴的计算模式受到广泛的关注。云计算网络为云计算提供了重要的基础设施及平台，是云计算的重要核心技术。本书系统地讲述了云计算网络的基本技术、相关应用及安全问题。

本书的内容涵盖了云计算相关的网络技术，包括数据中心网络技术、服务器虚拟化与网络技术、网络虚拟化技术、软件定义网络技术、网络功能虚拟化技术、云计算网络安全技术和机制。相关内容的介绍深入浅出，跟踪最新前沿理论和技术进展的同时，结合一些案例，帮助读者深入理解。

此外，为了锻炼和提高读者在云计算网络方面的实践动手能力，本书还提供了相关的实验内容，让读者通过虚拟化的网络仿真环境，对云计算网络中的相关技术进行编程配置等。同时，本书的每章都提供相关习题，供读者课后思考。

本书内容丰富，叙述深入浅出，可以作为高等院校计算机科学与技术、网络空间安全及相关专业"云计算与安全"课程的教材，也可供云计算网络及安全方面的学习者、专业技术人员参考。

图书在版编目(CIP)数据

云计算网络与安全/崔林，魏凯敏编著.—北京：清华大学出版社，2020.12
面向新工科专业建设计算机系列教材
ISBN 978-7-302-57094-3

Ⅰ.①云… Ⅱ.①崔… ②魏… Ⅲ.①云计算－高等学校－教材 ②计算机网络－网络安全－高等学校－教材 Ⅳ.①TP393.027 ②TP393.08

中国版本图书馆CIP数据核字(2020)第251172号

责任编辑： 白立军 杨 帆
封面设计： 刘 乾
责任校对： 李建庄
责任印制： 丛怀宇

出版发行： 清华大学出版社
网　　址： http://www.tup.com.cn，http://www.wqbook.com
地　　址： 北京清华大学学研大厦A座　　**邮　　编：** 100084
社 总 机： 010-62770175　　**邮　　购：** 010-83470235
投稿与读者服务： 010-62776969，c-service@tup.tsinghua.edu.cn
质量反馈： 010-62772015，zhiliang@tup.tsinghua.edu.cn
课件下载： http://www.tup.com.cn，010-83470236
印 装 者： 北京嘉实印刷有限公司
经　　销： 全国新华书店
开　　本： 185mm×260mm　　**印　张：** 14.5　　**字　　数：** 335千字
版　　次： 2020年12月第1版　　**印　　次：** 2020年12月第1次印刷
定　　价： 49.00元

产品编号：085487-01

出版说明

一、系列教材背景

人类已经进入智能时代，云计算、大数据、物联网、人工智能、机器人、量子计算等是这个时代最重要的技术热点。为了适应和满足时代发展对人才培养的需要，2017 年 2 月以来，教育部积极推进新工科建设，先后形成了“复旦共识”“天大行动”“北京指南”，并发布了《教育部高等教育司关于开展新工科研究与实践的通知》《教育部办公厅关于推荐新工科研究与实践项目的通知》，全力探索形成领跑全球工程教育的中国模式、中国经验，助力高等教育强国建设。新工科有两个内涵：一是新的工科专业；二是传统工科专业的新需求。新工科建设将促进一批新专业的发展，这批新专业有的是依托于现有计算机类专业派生、扩展而成的，有的是多个专业有机整合而成的。由计算机类专业派生、扩展形成的新工科专业有计算机科学与技术、软件工程、网络工程、物联网工程、信息管理与信息系统、数据科学与大数据技术等。由计算机类学科交叉融合形成的新工科专业有网络空间安全、人工智能、机器人工程、数字媒体技术、智能科学与技术等。

在新工科建设的“九个一批”中，明确提出“建设一批体现产业和技术最新发展的新课程”“建设一批产业急需的新兴工科专业”。新课程和新专业的持续建设，都需要以适应新工科教育的教材作为支撑。由于各个专业之间的课程相互交叉，但是又不能相互包含，所以在选题方向上，既考虑由计算机类专业派生、扩展形成的新工科专业的选题，又考虑由计算机类专业交叉融合形成的新工科专业的选题，特别是网络空间安全专业、智能科学与技术专业的选题。基于此，清华大学出版社计划出版“面向新工科专业建设计算机系列教材”。

二、教材定位

教材使用对象为“211 工程”高校或同等水平及以上高校计算机类专业及相关专业学生。

三、教材编写原则

(1) 借鉴 *Computer Science Curricula* 2013(以下简称 CS2013)。CS2013 的核心知识领域包括算法与复杂度、体系结构与组织、计算科学、离散结构、图形学与可视化、人机交互、信息保障与安全、信息管理、智能系统、网络与通信、操作系统、基于平台的开发、并行与分布式计算、程序设计语言、软件开发基础、软件工程、系统基础、社会问题与专业实践等内容。

(2) 处理好理论与技能培养的关系,注重理论与实践相结合,加强对学生思维方式的训练和计算思维的培养。计算机专业学生能力的培养特别强调理论学习、计算思维培养和实践训练。本系列教材以"重视理论,加强计算思维培养,突出案例和实践应用"为主要目标。

(3) 为便于教学,在纸质教材的基础上,融合多种形式的教学辅助材料。每本教材可以有主教材、教师用书、习题解答、实验指导等。特别是在数字资源建设方面,可以结合当前出版融合的趋势,做好立体化教材建设,可考虑加上微课、微视频、二维码、MOOC 等扩展资源。

四、教材特点

1. 满足新工科专业建设的需要

系列教材涵盖计算机科学与技术、软件工程、物联网工程、数据科学与大数据技术、网络空间安全、人工智能等专业的课程。

2. 案例体现传统工科专业的新需求

编写时,以案例驱动,任务引导,特别是有一些新应用场景的案例。

3. 循序渐进,内容全面

讲解基础知识和实用案例时,由简单到复杂,循序渐进,系统讲解。

4. 资源丰富,立体化建设

除了教学课件外,还可以提供教学大纲、教学计划、微视频等扩展资源,以方便教学。

五、优先出版

1. 精品课程配套教材

主要包括国家级或省级的精品课程和精品资源共享课的配套教材。

2. 传统优秀改版教材

对于已经出版的、得到市场认可的优秀教材,由于新技术的发展,计划给图书配上新的教学形式、教学资源的改版教材。

3. 前沿技术与热点教材

反映计算机前沿和当前热点的相关教材，例如云计算、大数据、人工智能、物联网、网络空间安全等方面的教材。

六、联系方式

联系人：白立军

联系电话：010-83470179

联系和投稿邮箱：bailj@tup.tsinghua.edu.cn

"面向新工科专业建设计算机系列教材"编委会

2019 年 6 月

系列教材编委会

网络空间安全专业核心教材体系建设——建议使用时间

四年级上		量子密码	电子商务安全 工业控制安全	云与边缘计算安全	信息关联与情报分析	存储安全及数据备份与恢复
三年级下		安全多方计算	信任与认证 数据安全与隐私保护	入侵检测与网络防护技术	舆情分析与社交网络安全	电子取证
三年级上	逆向工程	区块链安全与数字货币原理	人工智能安全	无线与物联网安全	多媒体安全	系统安全
二年级下	博弈论			网络安全原理与实践		硬件安全基础
二年级上	安全法律法规与伦理			面向安全的信号原理		软件安全
一年级下		密码学				
一年级上	网络空间安全导论					

FOREWORD
前言

作为新基建的重点发展方向之一，云计算受到工业界和学术界的广泛关注，已被应用到各个领域。云计算网络作为云计算技术的核心和载体，对云计算服务十分重要。云计算网络涵盖的范围很广，围绕数据中心网络技术，包括服务器虚拟化（如主机网络技术等）、网络虚拟化、软件定义网络和网络功能虚拟化等。云计算网络通过将大量的二层及三层交换机和路由器，以及服务器、存储等资源有效连接起来，进一步通过虚拟化等技术，提供了云计算服务。

在教育普及方面，虽然目前针对云计算技术的书籍非常多，但是聚焦于云计算网络相关的书籍还比较有限。因此，本书重点关注云计算网络，围绕作为云计算核心载体的网络技术展开，旨在为读者提供云计算网络相关基本技术、应用与安全问题的基础入门知识。

本书的章节安排如下：第1章为云计算网络相关的基本概念介绍；第2章为数据中心网络相关技术，包括网络拓扑结构、“大二层网络”和数据中心桥接等；第3、4章为虚拟化部分，分别关注服务器虚拟化及网络技术，以及服务器外部的数据中心网络虚拟化技术等；第5章为软件定义网络技术，包括软件定义网络技术的体系结构、OpenFlow协议等；第6章为网络功能虚拟化技术，主要包括服务功能链和网络功能虚拟化体系结构等；第7～9章为云计算网络安全部分，包括云计算网络安全的基本概念，以及相关的安全技术和机制等。此外，为了锻炼和提高读者在云计算网络与安全方面的实践动手能力，本书还在第10章提供了部分相关的实验内容，包括虚拟化的网络仿真、网络功能的实现及相关的云计算网络安全实验等。

本书由暨南大学的崔林和魏凯敏主持编写。其中，崔林负责编写云网络技术部分，包括第1～6章，以及第10章部分章节；魏凯敏负责编写云网络安全部分，包括第7～9章，以及第10章部分章节。在本书的编写过程中，为了确保内容的正确性，查阅了很多文献和资料，也衷心感谢林晋霆、张效铨、李呈祥、周禹彤、蔺晓川、康政的宝贵意见和辛勤付出。本书的编写得到了暨南大学本科教材资助项目（青年教师编写教材资助项目）的支持，在此一并感谢。

由于云计算网络发起于企业界,是技术应用推动学术研究的一项新兴应用技术,相关技术更新换代很快。在本书的编写过程中,尽量做到仔细认真,但是由于编者水平有限,书中难免有不妥之处,敬请广大读者批评指正。

编　者

2020年10月

CONTENTS

目录

第1章

云计算网络概述

The most profound technologies are those that disappear. They weave themselves into the fabric of everyday life until they are indistinguishable from it.

最具深刻影响力的科技往往是那些看不见的技术,它们渐渐地渗入人们的日常生活中,直到变成不可或缺的一部分。

——Mark Weiser

本章目标

学习完本章之后,应当能够:

(1) 理解并给出云计算的宏观定义和常见的云计算服务模型。

(2) 了解云计算的基本特征。

(3) 列举云计算网络及安全领域常见的标准化机构或组织。

1.1 什么是云计算

在人工智能、大数据等技术和应用已经开始深入千家万户的今天,作为向这些技术和应用提供重要基础支撑平台的云计算(Cloud Computing),在各种媒体的报道中,却渐渐没有了几年前的热度。这一现象在Google Trend和百度指数(趋势)上(见图1-1和图1-2)体现得尤为明显。在2011—2012年,云计算的热度达到高峰,之后就逐渐下降并维持平稳。

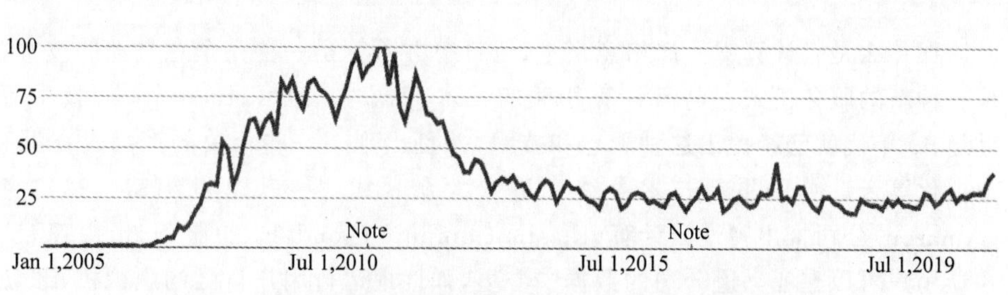

图1-1 Google Trend中关键词Cloud Computing的变化趋势

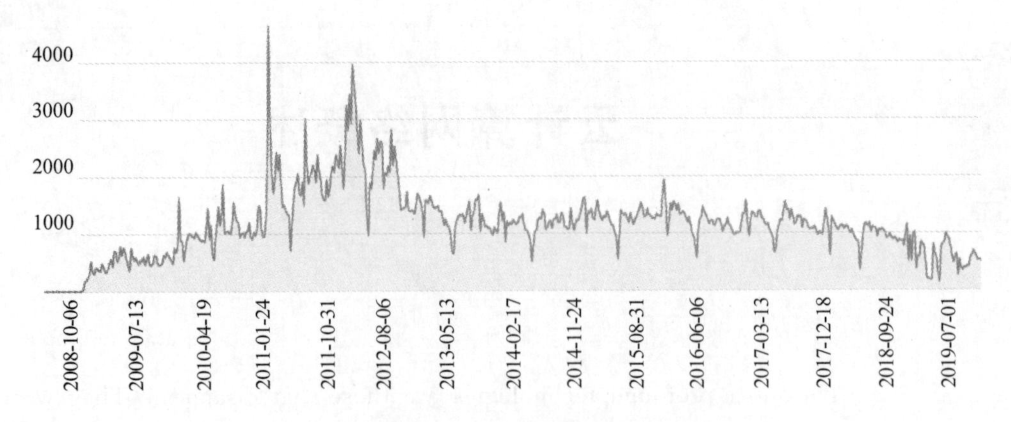

图 1-2　百度指数中关键词"云计算"的变化趋势

但是,在媒体报道中热度的相对下降,并不意味着云计算的"没落"。相反,这正说明云计算在今天已经融入了人们日常生活的方方面面。例如,当人们使用微信或 QQ 时,当人们使用百度搜索引擎时,当人们使用手机支付时,当人们使用各种便捷的政务云服务时,当人们访问各种部署在云上的网站时,所有这些服务都离不开云计算在背后默默地工作。

也许,正如本章开篇所引用的 Mark Weiser(普适计算之父)的名言中所提到的:"最具深刻影响力的科技往往是那些看不见的技术,它们渐渐地渗入人们的日常生活中,直到变成不可或缺的一部分。"而云计算在今天亦是如此,它是如此的普遍和重要,早已融入人们日常生活的方方面面,成为人们生活中不可或缺的一部分。

普适计算

普适计算(Ubiquitous Computing,Pervasive Computing)是一个强调和环境融为一体的计算概念,让"计算"可以随时随地执行,而计算机本身则从人们的视线里消失。普适计算的概念最早由 Mark Weiser 于 1991 年在《科学美国人》(*Scientific American*)杂志上发表的论文 *The Computer for the 21st Century* 中首次提出。在普适计算的模式下,人们能够在任何时间、任何地点、以任何方式进行信息的获取与处理。普适计算是一个涉及研究范围很广的课题,包括分布式计算、移动计算、人机交互、人工智能、嵌入式系统、感知网络、信息融合以及云计算等多方面技术的融合。

那什么是云计算呢?严格意义上,云计算并不算是一种完全意义上的技术,而应该算是一种新的服务模式。与云计算相关的技术,如虚拟化(Virtualization)技术等,早在 20 世纪 60 年代就已经提出这种思想和技术,并且出现了一些相关的产品。在沉寂多年后,虚拟化等云计算的重要技术最终又进入大众视线,是在 21 世纪初。2006 年,亚马逊(Amazon)公司推出弹性云计算(Elastic Compute Cloud,EC2)服务,借由 Web 服务的方式让用户可以在亚马逊公司的数据中心里,弹性地运行用户自己的虚拟机,部署相关的应用和服务。与此同时,Google 公司也提出了云计算的概念,并于 2008 年推出了 Google App Engine(GAE)云计算服务,为用户提供开发和托管网络应用程序的平台。自此,云计算开始得到工业界、学术界，以及各国政府部门的积极响应和推动。如今，大部分的组织机构都日益倾向将主要的，甚至所有的IT操作和服务，全部迁移到云计算平台之上。

除了虚拟化技术之外，与云计算相关的技术还有很多，包括分布式计算（Distributed Computing）、按需计算（On-Demand Computing）、效用计算（Utility Computing）、网格计算（Grid Computing）等。在云计算的推动下，很多老技术也重新得到复苏。

关于云计算的定义有很多，本书主要采用美国国家标准与技术研究院（National Institute of Standards and Technology，NIST）给出的定义。为了便于读者的准确理解，同时给出云计算的中英文定义如下：

> **云计算**是一种提供对共享的、可配置的计算资源池（如网络、服务器、存储、应用及服务等）进行泛在的、便捷的和按需的网络接入访问的模型。在这一模型下，这些计算资源能够被快速地分配和释放，同时最小化管理工作的投入和服务提供商的参与。
>
> **Cloud Computing** is a model for enabling ubiquitous, convenient, on-demand network access to a shared pool of configurable computing resources (e.g., networks, servers, storage, applications, and services) that can be rapidly provisioned and released with minimal management effort or service provider interaction.

通过上述对云计算的定义，可以很清楚地发现，云计算最核心和本质的内容就是针对各种计算资源的有效管理。云计算的目的是为用户需求提供弹性、透明的资源服务，并且在提高计算资源有效利用的同时，降低各种相关的管理和投入成本。在云计算中，网络的因素至关重要，它将独立的计算资源连接起来，是云计算的重要基础。通过网络，云计算实现了虚拟化、资源池化以及对资源的有效管理；网络也为云计算上的各种应用之间提供基础的通信服务；同时，用户可以通过网络访问各种云计算资源和服务。鉴于计算机网络在云计算服务中的重要角色，本书主要围绕云计算网络进行展开，介绍与云计算相关的一些重要网络技术。

另外，云计算可以提供规模经济、专业的网络管理和专业的安全管理。随着互联网的发展，云计算的这些特性，对公司、政府机构、个人计算机（PC）和移动用户都产生了强大的吸引力，使用户通过云计算平台轻松部署各类应用和服务（如大数据等业务）。当数据在云计算平台进行处理、存储和传输，甚至共享时，安全性就成了云计算服务提供商和用户的重要关注点之一。因此，云计算网络的安全性问题是本书另一个重点关注的内容。

1.2　云计算特征和模型

在云计算的定义中，包含了5种重要特征、3种服务模型和4种部署模型。本节对这些内容进行简要阐述。

1.2.1　云计算基本特征

根据NIST云计算的定义，云计算的服务中包含5个重要的基本特征。这些特征的具体阐述如下。

(1) 按需自助服务(On-Demand Self-Service):用户能够根据自身的需求,自动单方面地提供计算能力(如服务器时间和网络存储等),而不需要人工与每个服务提供商进行交互。

(2) 广泛的网络接入(Broad Network Access):云计算可以通过网络和标准机制接入并为用户提供服务,这样可以促进各种异构的瘦客户端或胖客户端平台(如移动电话、平板计算机、笔记本和工作站等)对基于云计算的软件服务的使用。

(3) 资源池化(Resource Pooling):为了能够通过多租户的模式服务多个用户,提供商的计算资源被池化,使不同的物理和虚拟化资源可以动态地分配给用户,并根据用户的需求进行重新分配。可池化的资源包括存储、处理、内存、网络带宽等。资源池化具有某种意义上的位置无关性,即用户通常无法控制或无须知道所分配资源的具体位置信息。但是,用户可以指定较高层次上的位置,如具体的国家、地区或数据中心等。

(4) 快速弹性(Rapid Elasticity):云计算使计算资源可以根据特定服务的需求,进行动态或自动的分配和释放。对于用户,计算资源是无穷尽的,可以在任意时刻请求任意数量的资源。

(5) 可测量的服务(Measured Service):云计算系统可以自动地控制和优化资源的使用,主要通过适合于不同服务类型的抽象而进行计量的方式(如 pay-per-use 等)。这里的服务类型包括存储、处理、带宽和活跃用户账户等。云计算系统可以监控、控制和报告资源的使用情况,并保持对服务提供商和用户的透明性。

上述这些云计算特征的实现,都离不开云计算网络的承载与支持,例如,分布式的计算和存储资源的池化、网络的虚拟化、弹性云服务的调度、云服务的测量等。相关的云计算网络技术及实现,将在第 2~5 章中具体展开阐述。

1.2.2 云计算服务模型

本节从 NIST 对云计算的定义出发,简要讨论常见的云计算服务模型(见图 1-3),包括基础设施即服务(Infrastructure as a Service,IaaS)、平台即服务(Platform as a Service,PaaS)和软件即服务(Software as a Service,SaaS)。这 3 种服务模型通过嵌套服务的方式,是目前使用最广泛的云计算服务模型。

1. 基础设施即服务

作为云计算的基础,IaaS 允许用户可以访问底层云计算基础设施的资源。通过对硬件等资源的虚拟化抽象,IaaS 可以为用户提供处理、存储、网络等计算资源的按需配置。虚拟化作为 IaaS 中最关键的技术,最常见的抽象方式为虚拟机(Virtual Machine,VM)。用户可以在 IaaS 基础上部署和运行任意的软件,包括操作系统和应用程序等。在 IaaS 中,用户一般不管理或控制底层的云基础设施,但是可以控制操作系统、存储和已部署的应用程序,以及对某些网络组件的有限控制(如主机防火墙等)。

典型的 IaaS 应用包括 Amazon EC2、Microsoft Azure、Google Compute Engine 等。大部分 IaaS 服务提供商提供了基于 Web 的图形用户接口,使用户能够按需地配置和管

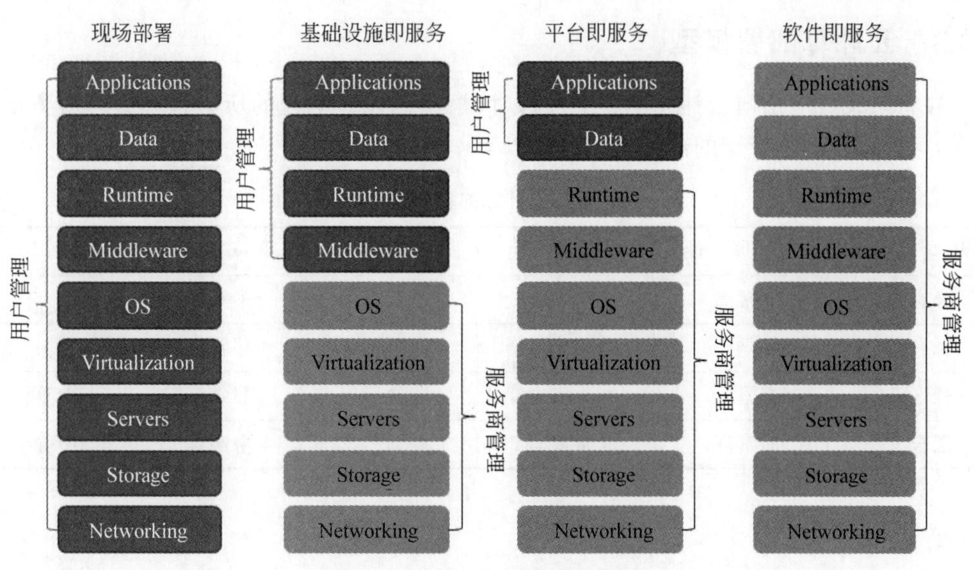

图 1-3　常见的云计算服务模型

理相关基础设施。

2. 平台即服务

PaaS 以平台的方式为用户提供服务。作为云中的操作系统，PaaS 提供了常用的软件构建模块及大量的开发工具，包括编程语言工具、运行时环境和其他帮助用户部署应用的工具和服务等。基于 PaaS，用户能够使用云服务提供商支持的一种或多种编程语言，以及一个或多个执行环境，来部署、管理和运行用户创建或购买的应用。在 PaaS 中，用户不能管理或控制包括网络、服务器、操作系统和存储等在内的底层云基础设施，但可以控制已部署的应用程序，有时也可以配置应用程序的托管环境。

PaaS 的关键技术包括并行编程模型、海量数据库、资源调度与监控、超大型分布式文件系统等分布式与并行计算平台技术。常见的 PaaS 应用包括 Google App Engine、Microsoft Azure 等。

3. 软件即服务

SaaS 部署在 PaaS 和 IaaS 之上，以软件的形式向用户提供服务。SaaS 将常见 Web 服务模型扩展到云计算资源中，使得用户可以访问运行在云计算环境中的软件，按需定制软件服务。用户可通过瘦客户端界面（如 Web 浏览器等）访问所需的服务，一般不需要用户额外安装所需要的软件，同时也避免了软件维护、升级和打补丁的复杂性。在 SaaS 中，用户不能管理或控制包括网络、服务器、操作系统、存储，甚至应用程序功能在内的底层云基础架构，但允许用户对应用程序的配置进行有限的设置。

随着网络技术的成熟与标准化，SaaS 应用近年来发展迅速。典型的 SaaS 应用包括 Google Gmail、Google Docs、Microsoft Office 365、Salesforce 等。

1.2.3 云计算部署模型

在将系统或应用向云计算平台上迁移时，根据云计算平台的所有权和管理等方面的特点，可以将云计算应用的部署模型分为以下 4 种(见表 1-1)。

表 1-1 云计算部署模型对比

部署模型	扩展性	安全性	性能	可靠性	成本
公有云	非常高	中等安全	中低等	中等	低
私有云	有限	最安全	非常好	非常高	高
社区云	有限	非常安全	非常好	非常高	中等
混合云	非常高	非常安全	好	中高等	中等

1. 公有云

公有云(Public Cloud)的基础设施对一般公众和大型产业集团开放。公有云服务提供商负责对云计算基础设施的维护，以及公有云内的数据和操作的控制。公有云可以由商业机构、大学、政府组织所拥有、管理和运行。公有云上的应用和存储可通过安全 IP 等，面向整个 Internet 提供服务。

在公有云中，多租户(Multi-Tenant)的支持是必需的。多租户指云计算平台支持服务多个用户(Customer)，每个用户称为租户(Tenant)，如在公有云中部署业务的一家企业或个人用户等。不同租户之间要实现性能、资源和数据等方面的安全隔离。

公有云的优势是成本低、扩展性非常好；缺点是对于云端的资源缺乏控制、保密数据的安全性、网络性能和匹配性等问题。常见的公有云服务提供商有 Amazon Web Services(AWS)、Google Cloud 和 Microsoft Azure，以及国内的阿里云、腾讯云等。

2. 私有云

私有云(Private Cloud)是在一个组织机构内部的 IT 环境中实现的云计算服务，是企业传统数据中心的延伸和优化，能够针对各种功能提供存储和处理能力。

“私有”更多是指此类云平台属于非共享资源，而非指其在安全上的优势。私有云是为了一个客户单独使用而构建的，所以，这些平台的数据、安全和服务质量一般都较公有云有更好的保障。私有云由于是用户独享，因此用户拥有构建云的基础设施的权利，并可以控制在此私有云平台上应用程序的部署和配置等。

在私有云模式中，云平台的资源由包含多个用户的单一组织专用。私有云可由该组织、第三方或两者联合拥有、管理和运营。私有云可以通过内部网络(简称内网)、Internet 或虚拟专用网络(VPN)为员工或业务单位提供 IaaS 或软件(应用)服务等。私有云的部署场所可以在机构内部或外部。由于私有云的基础设施为数据存储的地理分布和其他方面的安全性问题提供了更严格的控制，因此，私有云的安全性一般较高。

3. 社区云

社区云(Community Cloud)为来自特定社区的用户提供云基础设施的服务。社区云的用户一般来自具有相似需求或关注点的组织(如具有共同的任务和目标、安全和策略需求等),并且通常需要相互之间共享数据。因此,社区云既具有受限的访问限制,同时云资源又可以在多个独立的机构之间共享。典型的社区云产业包括医疗产业、教育机构产业等。

社区云的基础设施可由参与机构或者第三方进行管理和运营。这些设施可能位于这些机构的场所内部或外部。社区云的费用由少数用户分担,可在一定程度上节约费用。

4. 混合云

混合云(Hybrid Cloud)的基础设施由两个或多个不同类型的云计算设施(公有云、私有云或社区云)组成,同时,每个云计算设施均保持独立性。混合云中的不同云计算设施通过标准化或私有的技术整合在一起,来实现数据和应用的可移植性。例如,在不同的云计算设施之间实现负载均衡等。

混合云能够允许用户将安全性要求较低的数据或应用部署在公有云平台上,来降低部署成本;同时,将敏感的数据或应用继续保留在私有云或社区云中,以保证其安全性。因此,混合云对于小型企业或初创公司具有很大的吸引力。例如,著名的云存储公司 Dropbox 在创立之初,就主要是基于 Amazon S3 云存储的公有云平台为用户提供服务,后来又部署了自己的私有云设施。

1.3　云计算网络及安全技术的挑战

1.3.1　云计算网络的挑战

数据中心是云计算服务的主要基础设施,云计算的所有软硬件资源全部托管在数据中心里面。数据中心网络(即云计算网络)作为云计算技术的核心和载体,对云计算的服务十分重要。数据中心网络通过大量的二层及三层交换机和路由器等网络设备,将服务器、存储等资源有效连接起来,并进一步通过虚拟化等技术,提供了云计算服务。由于数据中心网络不同于传统的局域网或 Internet 等网络,数据中心网络面临着很多全新的技术问题及挑战。

(1) 网络规模庞大。单个数据中心网络中服务器的规模从数千至数万台不止,需要至少几千台交换机才能将这些服务器有效组网连接。面对庞大的网络规模,传统局域网或广域网的路由协议在数据中心网络中无法正常工作。

(2) 流量模式不同。在数据中心网络中,除了从服务器到 Internet 用户的南北向流量(North-South Traffic)外,大部分的流量都是数据中心内部的服务器到服务器之间的东西向流量(East-West Traffic)。另外,根据已有研究,数据中心网络中的大部分数据流都是比较短小的 Mice Flow,它们数量众多且对延迟非常敏感;另外,还包括传输数据量较大的 Elephant Flow,它们传输时间较长,需要较高的带宽,更容易导致拥塞。特殊的流量模式，对数据中心网络中的流量工程等技术提出了重要挑战。

(3) 高带宽、低延迟的需求。由于云计算服务的特点，要求数据中心网络能够提供一个高带宽、低延迟的网络环境。数据中心网络的带宽一般不低于10Gb/s，端到端延迟一般不超过200μs。由于这些要求，数据中心网络一般要求传输过程中零丢包(Lossless)，因为任何丢包所带来的延迟和对吞吐率的影响都是无法忍受的。

(4) 拓扑结构不同。为了能够提供高带宽、低延迟的网络传输性能，在数据中心网络中一般部署了大量的冗余链路。例如，典型的拓扑方式是采用 Clos Topology 结构。这些拓扑结构使得传统的局域网及 Internet 中普遍采用的各种网络技术或协议都无法直接在数据中心网络中使用。

(5) 资源虚拟化。云计算中的资源都是虚拟化的，包括服务器、网络和存储资源等。如何让网络实现和保证虚拟化的需求，是云计算数据中心网络所面临的全新问题和挑战。一般情况下，数据中心网络要求实现"大二层网络"，以支持虚拟机迁移等业务和需求，"大二层网络"必须能够横贯整个数据中心网络，甚至是多个数据中心之间。

1.3.2 云计算网络安全的挑战

近年来，云计算服务提供商频频出现各种安全事件。云计算网络作为云计算的重要载体，其安全性问题格外重要。由于云计算平台巨大的规模和数据量等，计算难度呈现指数级增长，云计算网络面对的安全问题和挑战更加复杂。在云计算业务上，数据流量呈现指数级增长，以及病毒特征库等越来越大，这些庞大的数据量导致病毒特征比对工作负荷急剧增加，消耗掉大量宝贵的计算、网络和存储资源，从而可能造成业务处理延迟甚至中断，并需要投入额外硬件成本。

网络虚拟化等新技术大量运用到云计算网络中，在提高网络性能的同时，也带来一定的安全风险和挑战。网络虚拟化技术将逻辑网络和物理网络分离，以满足云计算环境中多用户、按需服务的特性，但数据流的传输一般通过隧道或虚拟局域网(VLAN)等方式来完成。当这些数据流经过网络安全设备时，尽管网络设备能够获取这些数据流，但不能理解被封装过的数据包(即不可见)，也就不能用正确的安全策略。此外，在同一物理主机内部，虚拟机间数据流是直接通过虚拟交换机进行交换的，无须经过网络安全设备，使得数据包不受这些设备的监控。网络设备正常工作的前提是对流经的数据流可见和可控，而在虚拟化环境中，这些设备的工作模式都受到了挑战。

软件定义网络的集中式管理、可编程性和开放性等特点为云计算网络的安全管理带来了机会，但其自身的安全性也受到挑战。在软件定义网络中，有很多南向接口协议用于控制器和数据层的交换机进行通信。尽管很多南向接口协议有安全通信机制，但缺乏能够实现综合安全部署的方法。这给攻击者有了可乘之机，它们可能利用这些协议的特性在 OpenFlow 交换机中添加新的流表项，以"拦截"某些特定服务类型的数据流，不允许其在网络中传输。

此外，传统基于静态安全特征的安全软件形同虚设，在应对未知威胁，尤其是云计算网络承载的是未知的威胁时，困难重重。同时，虚拟化技术的应用也模糊了网络和系统的安全边界，让安全防护策略很难自适应调整，大幅增加了云计算网络安全运维工作的复杂度。

1.4　相关标准化组织

如同目前的 5G 领域一样，在云计算网络领域也存在着激烈的对标准制定的竞争。在云计算网络领域的标准之争可谓是百花齐放、百家争鸣，很多互联网公司也都加入进来。在本节中，简要介绍云计算领域，特别是云计算网络和安全等方面，一些重要的标准制定机构或产业协会(组织)。了解相关技术标准的制定的机构和组织，对于分析和把握云计算网络技术发展的趋势，具有重要的参考意义。

在云计算网络领域，特别是“大二层网络”等方向，主要的标准化组织包括电气与电子工程师协会(Institute of Electrical and Electronic Engineers，IEEE)和互联网工程任务组(Internet Engineering Task Force，IETF)，以及由业界的部分公司发起的一些产业联盟等。例如，由 IEEE 提出的数据中心桥接(Data Center Bridging，DCB)、最短路径桥接(Shortest Path Bridging，SPB)等，由 IETF 提出的 TRILL(Transparent Interconnection of Lots of Links)、VXLAN 和 NVGRE 等。此外，还有业界提出的网络融合方面的技术，包括 FCoE(Fiber Channel over Ethernet)、RoCE(RDMA over Converged Ethernet)等。在网络功能虚拟化方面，IETF 和欧洲电信标准化协会(European Telecommunications Standards Institute，ETSI)都有制定相应标准或发布白皮书等。具体可参见表 1-2 中列出的部分云计算网络及安全相关的标准组织。

表 1-2　部分云计算网络及安全相关的标准组织

组织名称	主要工作
电气与电子工程师协会(IEEE)	数据中心网络相关协议标准，如 DCB、SPB、VN-Tag 等
互联网工程任务组(IETF)	数据中心网络“大二层网络”技术等，如 VXLAN、iWARP、TRILL、NVGRE 等
国际电信联盟-电信标准化部(ITU-T)	主要负责确立国际无线电和电信的管理制度和标准。继云计算焦点组(FGCC)后成立 SG13 云计算工作组，主要关注云计算架构体系等相关内容。SG7 关注云计算安全课题
欧洲电信标准化协会(ETSI)	成立 TC Cloud 工作组，关注云计算的商业趋势，以及 IT 相关的基础设置即服务层面、输出白皮书等。其下的 ISG 工作组主要负责网络功能虚拟化方面的标准化工作
云安全联盟(CSA)	为云计算环境下提供安全方案，促进完善的实践以提供在云计算内的安全保证，并提供基于使用云计算的架构帮助保护其他形式的计算
美国国家标准与技术研究院(NIST)	属于美国商业部的技术管理部门。发布云计算白皮书，提出业内公认的云计算定义及架构图
中国云计算技术与产业联盟	由电子学会发起，非营利性技术与产业联盟，成员总数超过 300 家，推进中国云计算技术发展
中国通信标准化协会	主要工作为评估电信领域云计算的影响，跟进并完成中国云计算标准起草。其下属工作组 TC1、TC7、TC8、TC11 等基本已涵盖云计算的大部分内容

1.5 本章小结

云计算是为大数据、人工智能等应用提供基础设施的资源及平台。首先,本章从云计算目前的发展状况出发,简要介绍了云计算的基本概念,并且特别阐述了云计算的重要特征和常见的云计算服务模型以及部署模型等。从云计算的定义及主要基本特征等方面都可以看出云计算网络对云计算的重要性。其次,本章继续对云计算环境中网络及其安全问题的挑战进行了简要的解释。最后,本章还简要介绍了在云计算网络等领域相关的技术标准组织或机构,方便读者深入学习。

1.6 习题

1. 什么是云计算？云计算中的资源池化包括哪些计算资源？

2. 常见的云计算服务模型包括哪些？(至少列举 3 个)

3. 虚拟化是云计算中的关键技术之一,在 IaaS 中最常见的虚拟化抽象形式是什么？

4. 简述云计算部署模型中,公有云和私有云之间的主要区别以及各自的优缺点,并举例说明。

5. 在云计算网络中,主要的标准制定机构有哪些？与互联网中的标准制定情况有哪些差异？

第2章

数据中心网络技术

With cloud data centers utilizing racks of servers or stacks of data center pods, networking all of these components together becomes a challenge.

随着云数据中心部署大量的机架式服务器或模块化的组件，将所有这些组件有效联网在一起成为一项挑战。

——Gary Lee

本章目标

学习完本章之后，应当能够：

(1) 理解并给出数据中心网络的特点和网络拓扑结构。

(2) 理解数据中心"大二层网络"的目的及挑战。

(3) 理解并给出数据中心桥接的主要工作。

2.1 数据中心网络概述

数据中心是云计算的主要基础设施，数据中心网络则是云计算网络技术的主要体现形式，也是云计算网络研究的重点。

2.1.1 数据中心简介

在早期的计算机行业中(如20世纪80年代)，应用系统和业务系统更多的都是分散的、单点式的(即数据孤岛)。随着信息技术和业务应用的发展，出现了对数据共享和一致性等方面的需求，于是就出现了早期的数据中心。

数据中心的繁荣开始于1997—2000年互联网泡沫期间，很多公司迫切需要部署系统，并通过互联网提供快速和不间断的运营服务。对于大量的小公司，由于部署和管理的成本等原因，部署这样的系统很多情况下是不可行的。于是，针对这些需求，一些公司(特别是电信运营机构)开始建设部署大型机房设施，称为互联网数据中心(Internet Data Center，IDC)，来为商业客户提供一系列系统部署和运营的解决方案。而针对云计算的数据中心则称为云数据中心(Cloud Data Center，CDC)。不过，现在这些术语的区分已经渐渐模糊，一般都统称为数据中心。

数据中心作为云计算等应用的重要基础设施平台，其一般包括大量的服务器、存储和网络等硬件设备，以及运行在这些设备之上的操作系统和其他应用及管理软件。现代数据中心其实是一个非常复杂的系统，除了包含以上设备及软件系统外，还包括配套的冗余和备用电源系统、冗余的数据通信连接、环境控制系统（如温度控制、消防设施）和各种安全设备等。

数据中心把物理计算资源整合在一起，构成虚拟化资源池，为用户提供计算、存储、网络等各种服务。如今的云计算和云数据中心对每个人的日常生活都具有重大影响。例如，每次当查看微信朋友圈状态、在淘宝上购物、在百度上搜索或导航时，计算机设备（PC、手机、平板计算机等，统称为客户端）都在访问大型云数据中心内的计算和存储资源。数据中心里的计算机一般统称为服务器（Server），它们之间必须通过数据中心网络互相连接，以及通过运营商网络和客户端（Client）相连。或许，只是在百度的搜索框中单击了一下鼠标，但背后却可能产生成百上千个数据中心内部服务器之间的交互通信。而所有的这些交互通信，都必须通过高效的数据中心网络完成，任何延迟或丢包，都会对用户的体验带来严重的影响。

因此，数据中心网络作为整个数据中心的核心，需要将大量的机架式服务器或箱式数据中心模块（包括各种服务器、存储设备、路由器和交换机等）进行有效组网的同时，还要通过虚拟化构成资源池，为各种应用提供高带宽、低延迟和零丢包的网络通信环境。

2.1.2 数据中心网络的流量

数据中心网络中的流量，根据通信双方的实体类型，主要分为两类：服务器与客户端（Server-Client）之间的流量和服务器与服务器（Server-Server）之间的流量。其中，服务器与客户端之间的流量也称为南北向流量（North-South Traffic），用于通过 Internet 提供用户与服务器之间的交互，在数据中心内部主要采用基于 IP 的三层路由转发。本书重点关注的是服务器与服务器之间的流量，也称东西向流量（East-West Traffic），对数据中心上的云计算等应用的性能影响至关重要。在数据中心内部，东西向流量的处理一般分为基于 IP 的三层转发和基于 MAC 的二层转发两种方式。基于 IP 的东西向流量通常是不同业务间的数据调用，如 Web/App 服务器去调用数据库服务器上的数据。基于 MAC 的二层通信通常主要是同一类服务器间的数据同步计算等，例如，使用 Web 集群分流用户访问时，需要对修改或增删的数据进行集群同步或集群任务调度等。

根据 Cisco 公司的全球云指数报告，如图 2-1 所示，2021 年全球数据中心流量根据目的分布情况主要分为 3 类：数据中心内部（Within Data Center）的流量、数据中心之间的流量（Data Center to Data Center，如不同数据中心之间的备份、同步数据等）和数据中心到终端用户的流量（Data Center to User，即南北向流量，如视频流等）。其中，东西向流量包括数据中心内部流量和数据中心之间的流量，约占总流量的 85%，南北向流量只占了约 15%。特别地，随着虚拟化等技术的应用，数据中心内部的东西向流量始终占据总流量中的绝大部分，在 2016 年约为 75.4%，2021 年仍将占 71.5%（不包括 Rack 内部的流量）。而如果将 Rack 内部的流量（主要来源于大数据等应用）考虑进来，数据中心内部的东西向流量将占据超过 90%。同时，由于 CDN、混合云等业务或应用的发展和成熟，数据中心之间的流量也在快速增长，从 2016 年的约 10%将增长到 2021 年的约 14%。

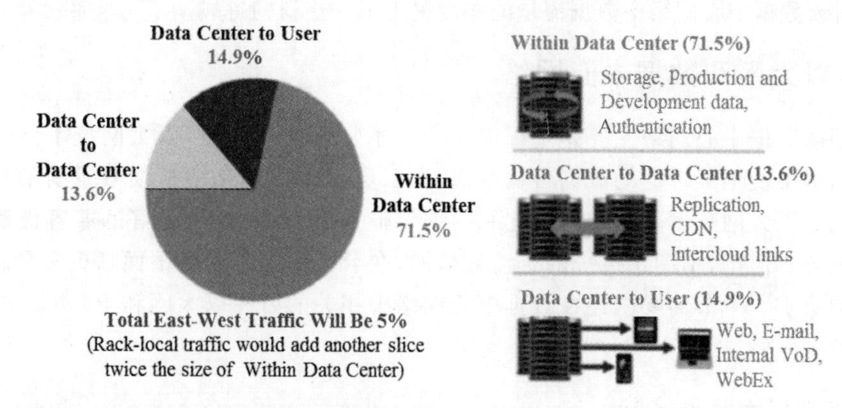

图 2-1　Cisco 公司的全球数据中心流量目的分布预测

另外，根据数据中心网络中流量的大小，还可以将数据流分为两类：大数据流(Elephant Flow)和小数据流(Mice Flow)。图 2-2 是对数据中心网络流量大小的统计分析。可以发现，数据中心网络中产生的 99%的数据流是不超过 100MB 的 Mice Flow；而大小在 100MB～1GB 的 Elephant Flow 只占 1%，却传输了超过 90%的数据量。小数据流 Mice Flow 数量众多但却都非常短小，一般不会对网络造成太多的拥塞，但是对延迟非常敏感。数据中心网络中很大一部分的数据是需要传输较长时间的大数据流，对其调度不合理可能会导致网络负载不均衡。

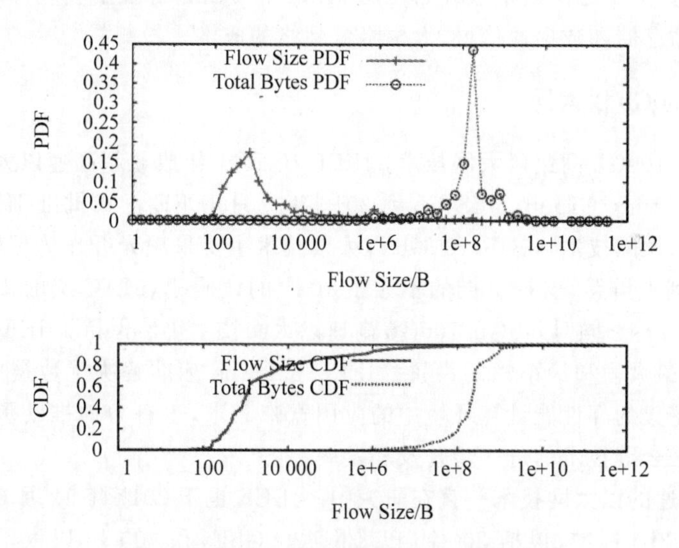

图 2-2　数据中心网络流量大小的统计分析

此外，由于虚拟化技术的应用，在云数据中心网络中，通信的实体已经不再是简单的物理服务器，而是运行在物理服务器上大量的虚拟机(Virtual Machine)或容器(Container)。虚拟机或容器除了数量巨大外,它们还会弹性、动态地部署,以及在物理服务器之间进行迁移。这些都对云数据中心网络中数据流量的调度提出了一些新的挑战。

2.1.3 以太网和数据中心网络

早期的数据中心网络主要是基于以太网技术实现的。如今,以太网技术已经成为数据中心网络中使用最广泛的数据传输技术,在云数据中心网络中扮演着重要的角色。这主要得益于以太网技术较高的性价比和数据传输速率,以及具有很好的兼容性和模块化设计等优势。但是,不同于传统的企业局域网,在云数据中心网络中面临更多全新的挑战和特殊的需求。本节简要阐述在数据中心网络中相关的万兆以太网和40Gb/100Gb以太网技术。

1. 万兆以太网

万兆以太网(10 Gigabit Ethernet,10GE或10GbE)于2002年在IEEE 802.3ae标准中定义。万兆以太网技术保持了IEEE 802.3以太网的帧格式,包括对最大帧和最小帧长度的要求,可以通过全双工模式提供10Gb/s的最高数据传输速率。万兆以太网不支持半双工和CSMA/CD。此外,万兆以太网的传输介质一般以光纤为主,也支持6类或7类双绞线。

在云数据中心网络中,由于虚拟化技术的应用,每台服务器一般需要托管多台虚拟机,对服务器网卡带宽的需求急剧增加。万兆以太网技术的成熟和批量生产,以及万兆以太网每端口价格的大幅降低,使云数据中心网络虚拟机的应用成为可能。此外,基于万兆以太网等技术,数据中心网络中也开始使用iSCSI和FCoE等技术实现网络融合,即在以太网上同时传输存储和数据通信量,大幅降低网络的成本。

2. 40Gb/100Gb 以太网

针对40Gb/100Gb高速以太网技术,IEEE在2006年成立超高速以太网研究工作组(Higher Speed Study Group,HSSG),到2010年6月IEEE正式批准IEEE 802.3ba标准。相比传统以太网技术,40Gb/100Gb以太网技术主要采用光纤作为传输介质,支持全双工通信和点到点链路,支持更低的不大于10^{-12}的误码率,MAC层的传输速率可达到40Gb/s或100Gb/s。同时,40Gb/100Gb高速以太网技术仍然保持了IEEE 802.3以太网的帧格式,以及最大帧和最小帧的设置。IEEE 802.3ba标准解决了数据中心、运营商网络和其他流量密集的高性能计算环境中的应用宽带需求,也有力地推动了数据中心内部虚拟化和网络融合等技术的进一步普及和发展。

此外,更高速的以太网技术一直在研究中。IEEE也于2017年12月6日正式批准了新的IEEE 802.3bs标准,包括200Gb以太网(200GbE)和400Gb以太网(400GbE)等。这些传输速率超过100Gb/s的以太网也称太比特以太网(Terabit Ethernet,TbE)。

图2-3是IDC对不同以太网技术交换机市场占有率预测。随着越来越多的数据中心网络市场被大型云计算提供商所占据,越来越多的应用和业务开始转移到云端,这也使云计算提供商对带宽的需求急剧增加,进一步推动了以太网交换机市场的发展。特别是

100GbE交换机迎来了快速增长的市场。根据Crehan Research的报告，100GbE数据中心交换机的出货量在2018年就已经超过了40GbE数据中心交换机。

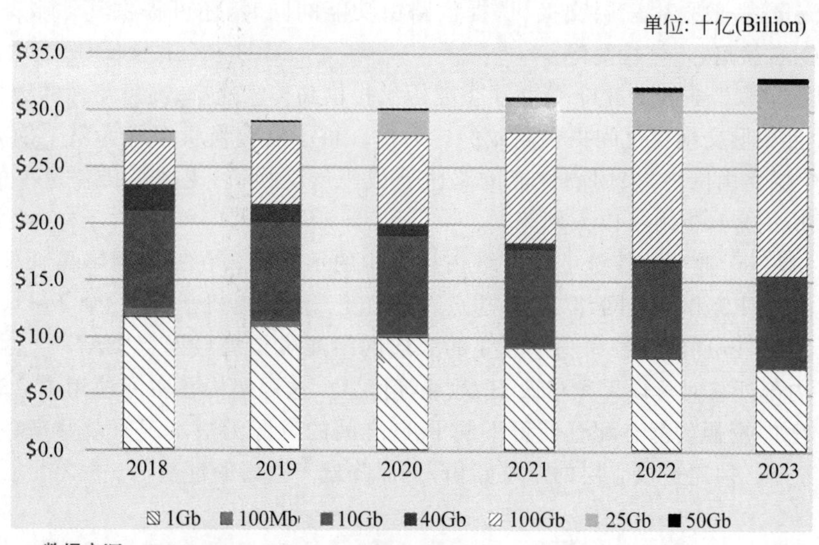

数据来源：IDC Datacenter Network Qview, 4Q18

图2-3　IDC对不同以太网技术交换机市场占有率预测

2.2　数据中心网络拓扑结构

数据中心网络需要为虚拟化及各种应用提供高带宽、低延迟的网络环境。在对云数据中心网络的性能进行优化时，通过对物理网络设备的调整和升级，可以有效地提升网络性能。例如，采用更高性能的网卡、线缆和路由器（交换机）等设备，或配置巨型帧（Jumbo Frame）等。与此同时，网络架构的选择和设计，对网络性能的影响也至关重要。数据中心网络架构可以根据网络拓扑组成的特点，简单分为以交换机为核心（Switch-Centric）的结构和以服务器为核心（Server-Centric）的结构。前者主要依赖交换机来实现互联和路由等功能，后者则在服务器配置多个网卡后允许服务器参与网络互联和路由等。本节对云数据中心网络中的拓扑结构做简要的介绍。

2.2.1　传统三层网络拓扑架构

传统的大型数据中心网络通常采用三层（3-Tier）网络架构（以交换机为核心），也称分层网络互联模型（Hierarchical Internetworking Model），最早由Cisco公司针对企业网络设计提出。该模型将网络拓扑分为如下三层。

(1) 接入层（Access Layer）：也称边缘层（Edge Layer），将终端主机或服务器接入物理网络中。接入层的网络设备可以提供二层或三层交换，一般采用商用交换平台（Commodity Switching Platforms），通常主要关注最小化端口成本（Cost per Port，即为每个以太网端口投入的成本）。接入层交换机通常位于机架顶部，所以也称ToR（Top of

Rack)交换机。

(2) 汇聚层(Aggregation Layer):也称分发层(Distribution Layer),用于汇聚接入层交换机的流量,一般采用三层交换机,提供路由功能的同时,还可提供其他服务,如防火墙、ACL、QoS 策略、入侵检测等。

(3) 核心层(Core Layer):核心层主要用于提供高传输速率、高可靠性的数据转发服务,为多个汇聚层交换机之间提供高效的连通性。核心层交换机通常为整个网络提供一个弹性的三层路由网络,采用高性能的路由器或三层交换机,支持高传输速率的网络技术,如 10Gb/s 或 100Gb/s 以太网等。

图 2-4 是一个典型的传统三层网络拓扑架构的示意图。在三层网络拓扑架构中,汇聚层通常作为 L2 和 L3 网络的分界点。每组汇聚交换机管理一个 PoD(Point of Delivery),每个 PoD 内一般为一个独立的二层网络或虚拟局域网(VLAN)。因此,虚拟机在 PoD 内部迁移时可以无须修改 IP 地址等信息。这种架构在实际使用中会带来诸多的问题。例如,资源的静态配置使得不同 PoD 之间的资源无法实现有效共享;不同 PoD 之间的服务器必须通过核心层的三层路由,从而降低了网络的性能等。

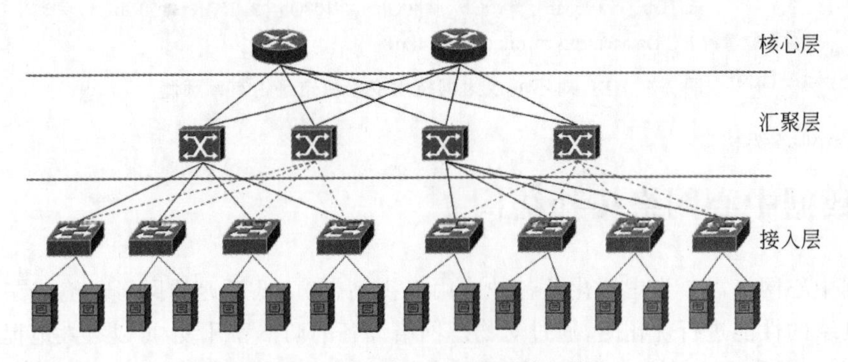

图 2-4 传统三层网络拓扑架构

由于数据中心网络中具有大量东西向流量的特点,以及虚拟化等方面的特殊需求,传统三层网络拓扑架构是无法满足云计算应用需求的。必须针对云计算应用的特点,对数据中心网络拓扑架构进行研究和设计。

2.2.2 基于 Clos 拓扑的网络架构

为了解决传统三层网络拓扑架构的问题,目前常见的方法是在数据中心网络拓扑的设计中应用 Clos 网络架构。

1. Clos 网络架构

Clos 网络架构最早由 Charles Clos 于 1952 年提出,用于解决电话网络中机电开关的性能和成本等问题。Clos 网络架构采用多级设备来实现无阻塞的电路交换网络,并且通过数学理论证明了其可行性。Clos 网络架构是对传统 Crossbar 结构的一种改进。

Clos 网络架构的核心思想是用多个小规模、低成本的单元构建复杂的、大规模的网络架构。一般采用多级交换，典型的为三级交换结构，由 Ingress 节点、Middle 节点和 Egress 节点组成，如图 2-5 所示。图 2-5 中，m 是每个子模块的输入端口数，n 是每个子模块的输出端口数，r 是每级的子模块数。经过合理的重排，只要满足 $r_2 \geqslant \max(m_1, n_3)$，对于任意的输入到输出就总能够找到一条无阻塞的通路。

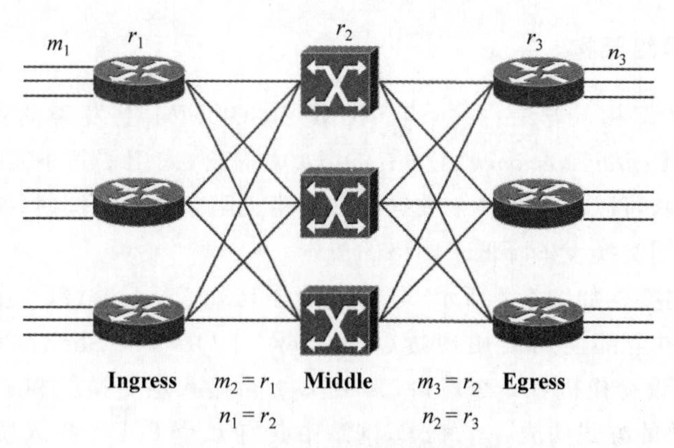

图 2-5 三层 Clos 网络架构模型

2. Spine-Leaf 网络架构

Clos 网络架构的应用主要有两方面：网络架构和交换机内部。在网络架构的应用中，目前的数据中心流行的 Clos 网络架构是二层的 Spine-Leaf 架构。Spine-Leaf 架构可以看作是将一个三层 Clos 网络架构对折，将 Ingress 节点和 Egress 节点放在同一边，如图 2-6 所示。Spine 交换机和 Leaf 交换机之间采用全网状(Full Mesh)方式连接，即每个 Leaf 交换机的上行链路数等于 Spine 交换机的数量，同时每个 Spine 交换机的下行链路数等于 Leaf 交换机的数量。

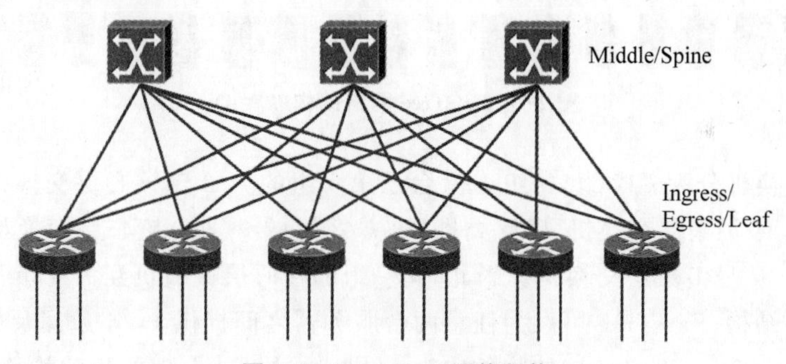

图 2-6 Spine-Leaf 网络架构

在 Spine-Leaf 网络架构中，Leaf 交换机相当于传统三层架构中的接入交换机（即 ToR 交换机），与物理服务器直接相连。Spine 交换机相当于核心交换机，为 Leaf 交换机提供一个弹性的 L3 路由网络。因此，Leaf 交换机是 L2 和 L3 网络的分界点。每个 Leaf 交换机下都是一个独立的二层广播域，两个 Leaf 交换机下的服务器通信，需要通过 Spine 交换机转发。在 Spine 交换机和 Leaf 交换机之间可以通过 ECMP（Equal Cost Multi

Path)等技术动态选择多条路径。

从结构上看,Spine-Leaf 网络架构是扁平的结构,易于进行水平扩展。Spine-Leaf 网络架构提供了可靠的组网连接,因为 Spine 层面与 Leaf 层面是全网状连接,任一层中的单交换机故障都不会影响整个网络结构。

3. Fat-Tree 网络架构

Fat-Tree 网络架构最早在 2008 年 ACM SIGCOMM 上发表的论文 *A Scalable, Commodity Data Center Network Architecture* 中提出,采用了基于 Clos 网络架构的三层交换机互联结构,可以在保证整个数据中心网络无阻塞传输的同时,避免单点失效的问题,并通过使用通用交换设备降低了网络的成本。

Fat-Tree 网络架构如图 2-7 所示,分为边缘层(Edge)、汇聚层(Aggregation)和核心层(Core)。网络中全部使用商用现货(Commercial Off-The-Shelf, COTS)交换机,如 48×1GbE 等。假设交换机有 k 个端口,其中,$k/2$ 台接入层交换机和 $k/2$ 台汇聚层交换机可以通过全连接的方式构成一个 PoD,网络中共有 k 个 PoD。接入层的每台交换机有 $k/2$ 个端口向下连接 $k/2$ 台服务器,同时,每个汇聚层交换机的 $k/2$ 个端口向上连接核心层交换机。因此,网络中共有 $k^2/4$ 台核心层交换机、$k^2/2$ 台接入层交换机和 $k^2/2$ 台汇聚层交换机。可连接的服务器总数达到 $k^3/4$ 台。

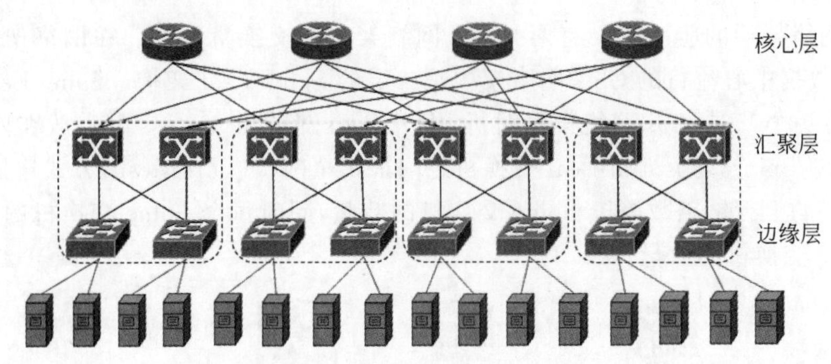

图 2-7 Fat-Tree 网络架构($k=4$)

核心层交换机分为 $k/2$ 组,每组 $k/2$ 台。第 1 组的 $k/2$ 台核心层交换机用于连接所有 PoD 中的 1 号汇聚层交换机,以此类推,第 $k/2$ 组的 $k/2$ 台核心层交换机用于连接所有 PoD 中的 $k/2$ 号汇聚层交换机。因此,同一组的核心层交换机互为冗余备份。通过这样的网络拓扑结构,Fat-Tree 可以为任意两台服务器之间提供 $k^2/4$ 条冗余最短路径。

特别地,Fat-Tree 网络架构的收敛比为 1∶1,通过设计合理的负载均衡机制,理论上可以实现数据中心网络中无阻塞的数据传输。

2.2.3 以服务器为核心的网络架构

目前为止所介绍的三层网络拓扑架构、Clos 网络架构、Spine-Leaf 网络架构、Fat-Tree 网络架构等都是以交换机为核心。此外,还存在以服务器为核心的网络架构,通过在服务器上配置多个网卡,利用服务器软硬件平台的开放性和高可编程性,来实现数据中心网络灵活的联网和路由等功能。在这种架构中,交换机一般只起到简单的纵横式交换的作用,并且网络一般可以通过递归的方式进行扩展,即高层网络可由多个低层网络互联构成。在以服务器为核心的网络架构中,典型的是微软亚洲研究院(MSRA)提出的 DCell、FiConn、BCube 等。下面以 BCube 网络架构为例进行简单的介绍,如图 2-8 所示。

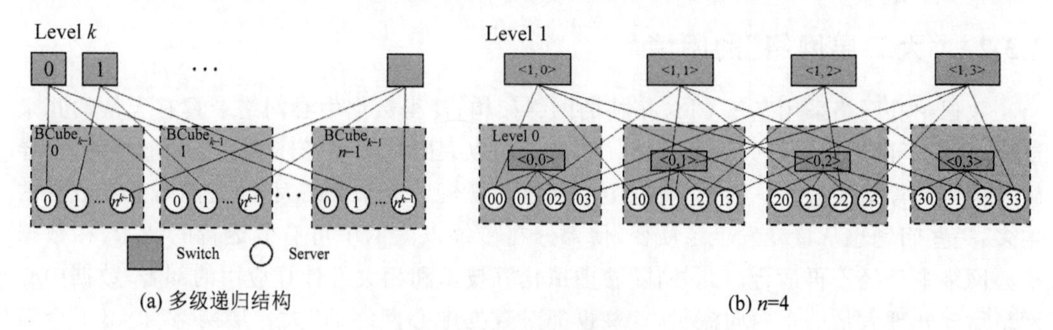

(a) 多级递归结构　　(b) n=4

图 2-8　BCube 网络架构

BCube 为模块化数据中心提供模块内的互联结构,采用递归的方式,通过引入若干更高层的交换机将多个低层的 BCube 网络互联构成超立方体,如图 2-8(a)所示。BCube 的基本单元是 BCube_0,由 n 台服务器与一台 n 个端口的交换机相连构成。通过 n 台高层交换机与 n 个 BCube_0 又可以进一步构成一个 BCube_1,如图 2-8(b)所示。因此,在 BCube 网络架构中,一个 BCube_k 所能容纳的服务器数量为 n^{k+1},但需要在服务器上配置 $k+1$ 个网络端口。BCube_k 中任意一对服务器之间最多存在 $k+1$ 条最短路径,比较适合于 1 对多的网络传输模式。

2.3　数据中心“大二层网络”

“大二层网络”是云数据中心网络的一个重要需求。数据中心网络中的很多技术也都是围绕着“大二层网络”展开。

2.3.1　“大二层网络”的需求

随着云计算和虚拟化技术的发展,数据中心网络的计算资源被池化,为了使计算资源可以任意弹性分配,以及适应日益增长的东西向流量的需求,要求数据中心网络能够提供一个“大二层”的网络环境,即整个数据中心网络都属于一个二层广播域。如今,“大二层网络”已经成为业界的基本共识和需求。这种“大二层网络”的需求,包含了物理网络规模和业务支撑能力两方面的要求。

一方面,在“大二层网络”环境下,虚拟机可以在任意的服务器上创建,或迁移到任何一台服务器上,而不需要对 IP 地址或者默认网关做任何修改。因此,“大二层网络”一般将 L2 和 L3 的网络分界放在核心交换机,核心交换机以下的整个数据中心网络都是 L2 网络。并且,随着数据中心进行灾备或多活的部署需求,在多个数据中心网络之间,也需要实现“大二层网络”的需求,即直流互联(DCI)。

另一方面,随着公有云等应用需求的普及,云数据中心网络还需要提供多租户的能力。大型公有云平台上租户的数量一般十分庞大,不同租户之间需要实现完全的网络隔离。并且,在租户内部还会有划分多个 VLAN 的需求,需要实现租户内部 VLAN 的隔离与路由。另外,不同租户之间的 IP 地址等网络配置有可能会产生重叠。因此,"大二层网络"在设计时,必须对这些需求都能够进行有效管理和配置。

2.3.2 "大二层网络"的困境

数据中心网络采用基于 Clos 拓扑的网络架构,使得数据中心网络中具有大量的冗余链路,造成了网络中存在大量的环路。而传统的以太网技术对于环路是非常敏感的,会导致广播风暴等诸多问题。而且,数据中心网络的规模一般非常庞大,随着网络节点数量的增多,一些问题也从量变发生了质变,使部分在传统以太网中可有效运行的技术,在数据中心网络中已经不再适合。此外,随着虚拟化等技术和相关云计算应用的部署,数据中心网络需要处理大量的东西向流量,这些也都对数据中心网络的"大二层网络"提出了全新的要求。

因此,基于传统以太网技术在数据中心网络中实现"大二层网络"时,会面临诸多挑战和问题。

1. MAC 地址学习的问题

传统以太网中的交换机是基于主机 MAC 地址进行交换,其核心是 MAC 地址表。MAC 地址表的构建需要交换机执行 MAC 地址学习算法,一般采用反向学习算法(Backward Learning Algorithm)。在数据中心网络中,由于网络中的交换机和服务器数量规模庞大,并且在服务器虚拟化应用后,一台物理服务器上可以同时运行多台虚拟机,进一步增加了网络的规模。在如此大规模的"大二层网络"中实现 MAC 地址学习,会急剧地增加交换机的负载。另外,以太网交换机在对 MAC 帧的交换过程中,对于未知的目的 MAC 地址一般采用泛洪的方式。由于"大二层网络"属于一个广播域,在具有大量节点的数据中心网络中泛洪,会很大程度上影响网络的性能。

2. 生成树协议的问题

数据中心网络中,为了提高网络的可靠性和性能,一般部署大量的冗余链路和节点。但是冗余会带来环路,给以太网带来各种严重的问题,所以以太网普遍采用生成树协议(Spanning Tree Protocol,STP)来阻断多余的路径,保证任意两个节点之间只有一条路径可达,从而避免环路。以太网中还提出了快速生成树协议(Rapid Spanning Tree Protocol,RSTP)来提高生成树协议的收敛速度和性能,以及目前应用较多的多重生成树协议(Multiple Spanning Tree Protocol,MSTP)来增加对 VLAN 的支持。这些协议在数据中心网络中应用时,都会阻断冗余的链路,造成链路资源的浪费,也降低了网络的性能。同时,这些协议在实现时一般都比较复杂,也增加了数据中心网络交换机的负载,降低了网络的灵活性。

3. VLAN 技术的局限

在传统的二层网络中，主要采用 VLAN 技术实现逻辑网络的隔离，如以太网采用 IEEE 802.1Q 协议。但是，IEEE 802.1Q 定义的 VLAN 标准最多支持 4094 个有效 VLAN。而在数据中心网络中，特别是多租户的公有云中，租户的数量将远远大于这个数字。每个租户内部可能还会需要自定义 VLAN 的配置。同时，在虚拟化的云数据中心网络中，不同租户的虚拟机可能会部署在同一台服务器中，并且虚拟机可以在任意两台服务器之间进行迁移。因此，传统以太网中的 VLAN 技术完全无法满足这些需求。

4. 网络安全问题

数据中心网络中，“大二层网络”架构虽然使虚拟机网络能够灵活创建，但是带来的问题也十分明显。共享的二层广播域，随着网络规模的增加，会带来严重的 BUM (Broadcast，Unknown Unicast，Multicast)风暴问题，在影响正常的网络流量的同时，也带来了严重的安全隐患。

2.3.3　多链路透明互联

如果要在数据中心网络中实现一个灵活的“大二层网络”环境，就需要解决 2.3.2 节中提到的所有问题。最直接的方法是摆脱 STP 等协议，根除它们所带来的网络性能等各种问题。一种方案是采用基于 Overlay 的网络虚拟化技术，具体将在第 4 章介绍。本节简单介绍另一种方法，即实现二层多路径(Layer 2 Multipath，L2MP)传输技术(也称 L2 Fabric 技术)。

L2MP 方案在业界典型的代表包括 IETF 提出的多链路透明互联(Transparent Interconnection of Lots of Links，TRILL)和 IEEE 提出的最短路径桥接(Shortest Path Bridging，SPB)。此外，还包括部分厂商的私有技术，如 Cisco 公司的 FabricPath、Juniper 公司的 QFabric 和 Brocade 公司的 VCS(Virtual Cluster Switching)等。这些技术在很多具体设计和实现思想上都比较类似。下面以 TRILL 为例，对 L2MP 的方法做简要的介绍。

TRILL 的主要思想是将三层网络中基于链路状态的路由技术应用到二层网络中，来充分利用数据中心网络中冗余的链路和节点，实现基于数据中心全网的“大二层网络”，摆脱 STP 的束缚，提升网络的性能和可扩展性。

在 TRILL 标准中，支持 TRILL 的交换机称为 RBridge(Routing Bridge)，相当于三层网络中路由器的功能，用于在网络中实现二层网络上的多路径传输。每个 RBridge 通过 Nickname 进行标识。需要注意的是，网络中不需要所有的交换机都支持 TRILL。

当 MAC 帧从源服务器发出后，入口(Ingress)RBridge 会对数据帧进行封装，并在出口(Egress)RBridge 上进行解封装。TRILL 的帧封装方式为，在原始 MAC 帧外添加一个 TRILL Header(相当于三层路由中的 IP 包头)和一个最外层的 MAC 帧头。其具体封装格式如图 2-9 所示。

TRILL 的路由算法采用的是基于链路状态的中间系统到中间系统(Intermediate System to Intermediate System，IS-IS)路由协议。这主要是由于 IS-IS 协议采用了 TLV 的编

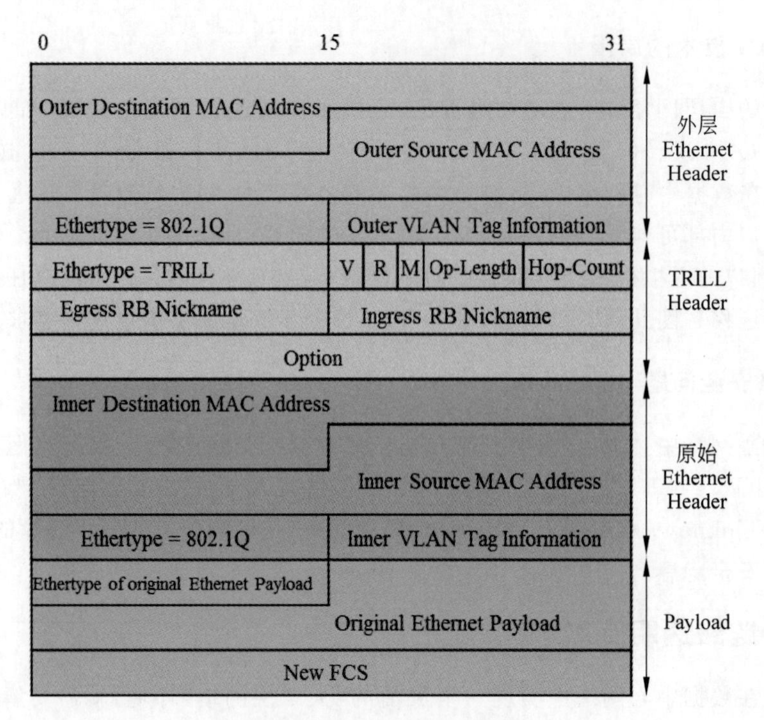

图 2-9 TRILL 帧封装格式

码机制，具有较好的灵活性，可以直接基于 MAC 地址实现。基于 IS-IS，TRILL 可以在 RBridge 之间建立邻居关系，并生成 RBridge 的拓扑，以及基于 RBridge Nickname 的路由表。同时，TRILL 还会维护每台虚拟机的 MAC 地址和其所在 RBridge 的 Nickname 之间的映射关系。此外，TRILL 还支持组播等应用。关于 TRILL 的技术细节，可以参考 RFC 6325。

TRILL 帧转发数据包的过程如图 2-10 所示。MAC 数据帧从源虚拟机 A 发出后，会被入口 RBridge 1 接收到。该入口 RBridge 会根据目的 MAC 地址表及出口 RBridge 的

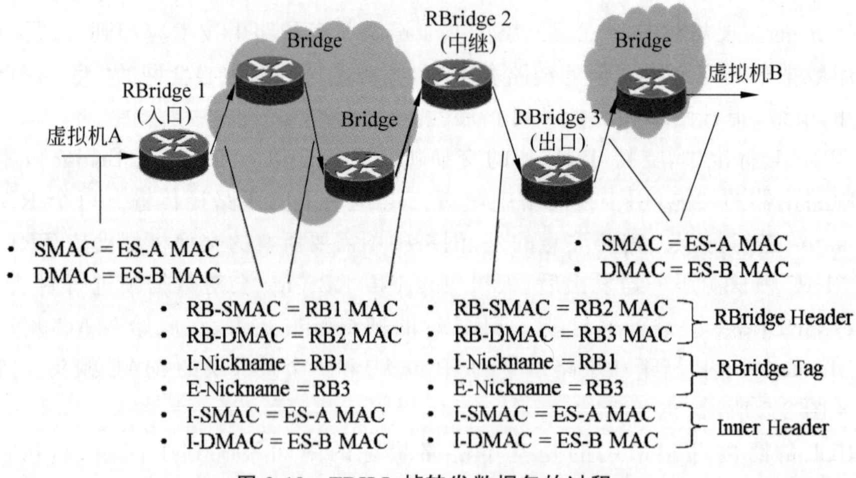

图 2-10 TRILL 帧转发数据包的过程

Nickname，在对原始的MAC帧进行封装后（添加一个外层Ethernet Header和一个TRILL Header），根据路由表转发给下条的中继RBridge 2，并通过逐跳路由的形式，转发直到出口RBridge。出口RBridge 3在剥掉外层MAC帧头和TRILL Header后，将原始的MAC帧转发给目的虚拟机B。

TRILL弥补了数据中心网络中STP等技术的缺陷，实现了基于Clos拓扑的网络架构，扩大了二层网络的范围。但是由于TRILL机制过于复杂、多租户能力不足等缺陷，以及目前网络虚拟化领域存在的各种竞争，如VXLAN等，导致TRILL在实际中部署和应用比较有限。

2.4　数据中心桥接

数据中心网络主要用于实现高效的流量传输，不同类型的流量对网络的需求不同。对于数据流量业务，一般可以容忍网络具有一定的丢包和延迟；对于存储流量，对丢包所带来的I/O延时的抖动会非常敏感；在高性能计算等应用中，对于网络的延迟也具有非常苛刻的要求。由于以太网只提供不可靠的、尽力而为的传输服务，并且在网络拥塞时会丢弃数据包，所以无法适应存储和高性能计算等网络环境的需求。因此，企业数据中心中一般将数据和存储等网络分开部署，如存储网络可能会采用基于FC（Fiber Channel）的光纤通道网络。分开设计和部署存储数据网络的方式增加了数据中心的投入和管理成本。因此，数据中心网络资源的融合势在必行，需要有一个通用的承载协议，能够适应不同类型应用服务的需求，而基于以太网技术的数据中心桥接技术成为了一个最佳的选择。

2.4.1　数据中心桥接概述

数据中心桥接（Data Center Bridging，DCB）包含了由IEEE制定的一系列协议集合（IEEE 802.1）。基于万兆及更高传输速率的以太网技术，DCB对以太网技术的特性进行了扩充和改进，主要包括4方面的内容（见图2-11）：基于优先级的流量控制（Priorit-based Flow Control，PFC）、多级调度的增强传输选择（Enhanced Transmission Selection，ETS）、基于反馈的量化拥塞通知（Quantized Congestion Notification，QCN）和提供了DCB自动化配置和保持兼容性的数据中心桥接交换（Data Center Bridging

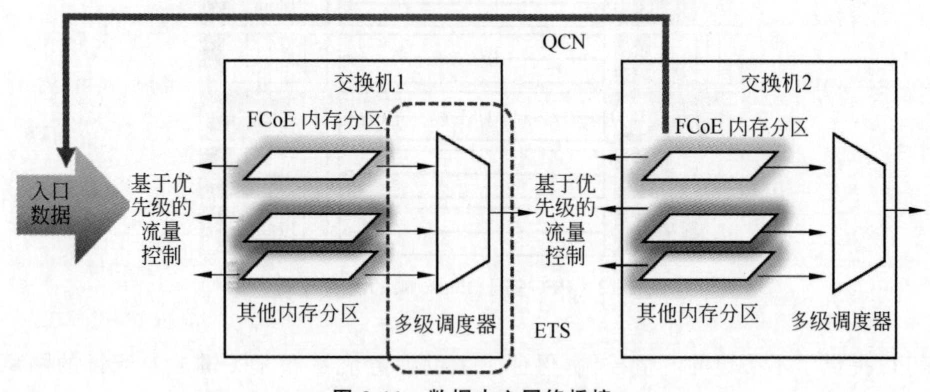

图2-11　数据中心网络桥接

eXchange,DCBX)协议。DCB 通过这 4 种机制的配置,在保持对现有以太网的兼容性及灵活性的基础上,避免了链路传输过程中的丢包,保证了数据传输的服务质量。

2.4.2 数据中心桥接主要机制

本节介绍 DCB 的 4 个主要机制。

1. 基于优先级的流量控制

由于传统以太网提供的是不可靠的传输服务,一般没有提供相应的可靠传输和流量控制机制,因此数据包可能会在交换机上产生拥塞丢包。为了缓解这些问题,以太网在 IEEE 802.3x 协议中定义了 PAUSE 帧,为 MAC 子层提供了一个全双工的流量控制框架。PAUSE 帧长度为以太网的最短帧长 64B,内容包含了暂停时间参数。当接收端口出现拥塞(接收缓冲区满),不能再接收更多数据包时,会发出 PAUSE 帧。发送设备在收到 PAUSE 帧后,在暂停时间内将停止发送数据包,直到暂停时间结束并且未再收到后续 PAUSE 帧。因此,IEEE 802.3x 提供了一种较粗粒度的流量控制机制,但是这种基于 PAUSE 帧的机制不具备区分不同业务的能力。

PFC 在此基础上进行了改进(定义在 IEEE 802.1Qbb 标准中),作为 DCB 协议集的一部分,在以太网链路上进行了流量区分,最多可以支持 8 个优先级(实际使用中,一般只用到 2~3 个优先级)。发送和接收数据的交换机在内存中也划分了不同的内存分区(即优先级队列),分别构成了互相独立的优先级通道。与 IEEE 802.3x 不同的是,IEEE 802.1Qbb PFC 协议中,不同优先级通道的 PAUSE 帧彼此互相独立,如图 2-12 所示。当某一通道的内存分区满时,PFC 会只暂停对应的通道。并且,通过 PAUSE 帧,PFC 可以逐跳向上游的交换机进行反馈。

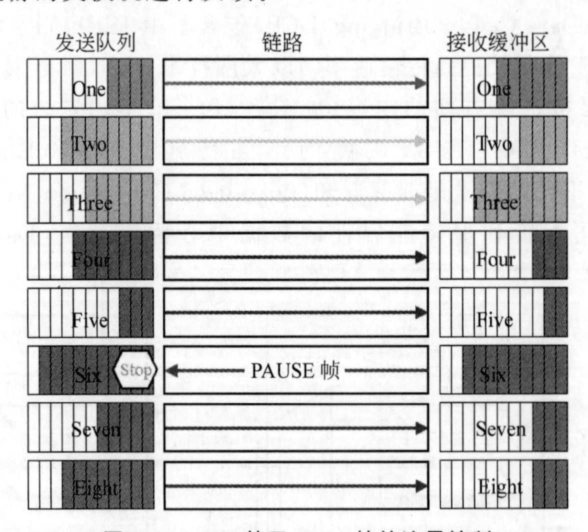

图 2-12 PFC 基于 Pause 帧的流量控制

PFC 提供了不丢包的流量控制,保证了关键业务流量和非关键业务流量的隔离,是 DCB 的基础。

2. 增强传输选择

PFC 实现了以太网链路上的流量控制，但并未涉及链路带宽的分配问题。IEEE 802.1Qaz 所定义的 ETS，将传统网络 QoS 的带宽管理方法，移植到了基于 PFC 的以太网环境中。ETS 对 8 个优先级通道，赋予了不同的带宽限制，在保证业务流量获取其所需带宽的同时，不会影响其他的业务流量。

ETS 将不同类型的业务流量归类为不同的优先级组(Priority Group，PG)，每个 PG 分配一个优先级组 ID(Priority Group ID，PGID)，取值为 0～7，分别对应一个带宽的百分比，代表最小保证带宽。8 个 PGID 的带宽百分比之和为 100%。PGID 另一个可能的取值为 15，标识该 PG 需要得到严格优先级保证(Strict Priority Queue)。交换机只有先满足 PGID 为 15 的流量需求后，才会将剩余的带宽分配给其他数据流。

ETS 提供了一种规范，实际中还需要通过 DCBX 协议在网络中进行协商，来调整链路上的带宽分配。

3. 量化拥塞通知

由于 PFC 在拥塞发生时，只能逐跳向上游交换机反馈，并且采用定性的方式让上游交换机暂停发送数据，而不是根据拥塞情况调整传输速率。因此，IEEE 制定了 802.1Qau 标准，提出了 QCN 机制。QCN 是一种可以直接溯源、可量化调整的拥塞控制机制。QCN 在交换机的出口设置拥塞控制检测点通过周期性随机采样等方式进行分析。当拥塞发生时，会基于数据帧的源 MAC 地址，向流量源头的网卡直接发送拥塞通知消息(Congestion Notification Messages，CNM)。该网卡会根据 CNM 的内容，对相应的入口队列进行传输速率限制，根据反馈信息定量减少发送流量的速率。当一段时间内没有收到 CNM，会通过算法恢复传输速率，保证在拥塞解除后能够充分利用带宽。

4. 数据中心桥接交换

PFC、ETS 和 QCN 都属于在数据链路层的控制机制，与传统以太网技术有很大的差异。因此，DCB 一方面需要网络中参与的网络设备协商交换相关参数；另一方面需要提供对普通以太网交换机的兼容性。DCBX 就是用于完成这些工作的一个自动协商协议，定义在 IEEE 802.1Qaz 中。

DCBX 可以允许链路两端的设备自动确认对端是否支持 PFC 和 ETS，并且能够自动协商 PFC 和 ETS 等的参数。例如，有多少种流量可以支持 PFC，ETS 支持的优先级组的数量，每个 PGI 分配的带宽百分比。QCN 的相关配置也可以通过 DCBX 协议自动进行。通过 DCBX 协议的协商，设备之间就可以建立起 DCB 链路。DCBX 协议只支持点到点链路，如果链路的一端收到多个 DCBX 协议的对端，那么所有收到的 DCBX 协议将被忽略掉。

DCBX 是基于数据链路层发现协议(Link Layer Discovery Protocol，LLDP)来承载。LLDP 是运行在交换机之间的一个二层协议，几乎所有的以太网交换机都支持 LLDP；同时，LLDP 采用的 TLV 形式，可以非常方便地进行内容扩展。因此，DCBX 协议可以很容易地兼容普通的以太网交换机。当交换机收到 LLDP 时，会寻找与 DCB 相关的字段(如

PFC、ETS等),如果没有找到,就说明对方是一台普通的以太网设备。

2.4.3 关于数据中心桥接的思考

DCB技术为FCoE等数据和存储融合技术提供了一个可靠的数据平面。FCoE的目的是能够将传统基于光纤通道(FC)的存储区域网(SAN)的流量在以太网上传输,这就要求以太网在数据传输过程中不能产生丢包和具有灵活的带宽调度能力。DCB为FCoE的数据传输提供了足够可靠性,同时,基于优先级的调度方式又保持了以太网的灵活性。在PFC基础上,DCB通过ETS保证了在和以太网数据共享链路时FCoE流量的服务质量。因此,DCB已经成为实现FCoE的前提和基础,是FCoE的重要数据平面。

对于DCB中的QCN(由Cisco等公司推动),其想法是很美好的,直接在源端定量地进行拥塞控制。但是,QCN在数据中心网络中的实际应用比较少。主要原因有以下几个方面:首先,QCN属于二层的控制协议,无法跨越IP网络,这限制了QCN在大型数据中心网络中的部署。其次,QCN需要服务器网卡的支持,增加了网卡的成本和复杂度,很多供应商的网卡并未实现这种功能。再次,QCN是一种基于反馈回路的流量控制机制,由于其高度依赖于拥塞节点的反应时间、CNM帧的发送时间和源节点的网卡队列调度时间等因素,因此比较适合于生命周期较长的大数据流;数据中心网络中数量众多的是十分短小的小数据流。最后,由于QCN通过随机采样的方式,因此被调整的数据流不一定是导致网络拥塞下的主要源头。

此外,DCBX协议主要用于交换机之间相关参数的协商和配置。但是,随着软件定义网络(SDN)等技术的普及和应用(见第5章),DCBX协议的部分协调和配置功能也将逐渐被SDN所取代。

2.5 本章小结

数据中心网络作为云计算等应用的基础支撑平台,对云计算的实现、部署和性能都具有非常重要的影响。本章中,首先介绍了数据中心网络的特点,特别是数据中心网络中的流量特点。服务器与服务器之间的东西向流量在数据中心网络中占据重要比例,与此同时,数量众多的小流量对延迟敏感,而较大的大数据流却容易对数据中心网络造成拥塞。以太网是数据中心网络的技术基础,基于以太网技术,数据中心采用了各种不同的网络架构,包括基于Clos拓扑的Spine-Leaf架构、Fat-Tree架构,针对模块化数据中心的BCube架构等。基于云计算等应用的需求,"大二层网络"成为数据中心网络的基本要求。目前对于"大二层网络"的实现,主要采用了一些Overlay的方案。另外,针对数据与存储融合的数据中心网络,数据中心网络桥接也是一项重要的技术。

2.6 习题

1. 根据通信双方实体的不同,数据中心网络中的流量可以分为________和________。

2. 根据流量的大小进行分类，数据中心网络中超过 99%的数据流是对延迟敏感、不超过 100MB 的________流；而________流只占 1%，却传输了超过 90%的数据量。

3. 简述虚拟化对数据中心网络中流量分布的影响。

4. 简述云计算网络中为什么需要“大二层网络”？“大二层网络”给数据中心网络带来了怎样的挑战？

5. 简述数据中心桥接的 4 个主要机制。

第3章 服务器虚拟化与网络技术

Half the work that is done in the world is to make things appear what they are not.

世界上一半的工作都是要让事物看起来不是它们原来的样子。

——E. R. Beadle

本章目标

学习完本章之后，应当能够：

(1) 理解并给出服务器虚拟化的基本概念、技术分类及优势。

(2) 了解硬件辅助虚拟化的基本概念。

(3) 列举服务器虚拟化中虚拟网络接入的常见技术。

(4) 理解目前广泛使用的容器网络技术。

在当前的云数据中心网络中，特别是多租户的数据中心网络里，在同一台物理服务器上同时运行多台虚拟机(Virtual Machine，VM)是十分常见的。这依赖于服务器的虚拟化及相关的网络技术来进行实现。服务器虚拟化技术对扩展数据中心可承载的实际用户数和提高硬件资源的利用率等方面，起着至关重要的作用。对于云计算服务提供商(如微软、亚马逊、谷歌和阿里云等公司)，通过虚拟化技术来降低实际使用的物理服务器数量，并提高这些物理服务器上的利用率，将能够有效地降低硬件及管理成本的投入。本章主要介绍服务器的虚拟化技术，以及与其相关的网络技术。

3.1 虚拟化简述

相对于普通 PC，云服务提供商拥有的物理服务器的硬件配置(包括 CPU、内存、网络带宽等)显然十分强大。然而，云服务的用户却并不需要每时每刻都让所租用的服务器处于满负荷运行的状态。因此，云服务提供商就可以通过虚拟化技术，将单一的物理服务器虚拟为更多的虚拟机，并把这些虚拟机租给不同的用户。这种做法既可以提高服务器资源的利用率，使得更多的用户享受到云计算带来的便利性，同时虚拟化的资源也非常方便进行管理和调度。

典型的例子：阿里云等公司为了应对“黑色星期五”或“双 11”等特殊时间

点的流量高峰，基本的办法就是通过准备足够多的服务器，来保证数据中心受到巨大流量冲击时仍能向用户提供服务。然而，在流量高峰恢复正常后，就不需要如此多的服务器了。因此，云服务提供商可以把这些暂时不需要的服务器经过虚拟化后租给其他用户来获取收入。这也是云计算服务能够兴起的重要商业动机之一。

3.1.1　虚拟化概念

虚拟化并不是一个新的概念，而是一种发展了几十年的技术。最早在20世纪60年代，IBM公司就通过开发虚拟机监视器(Virtual Machine Monitor，VMM)，采用时间共享的方式，将当时十分昂贵的大型机从逻辑上虚拟为多个小型机，使得多个用户能够共享大型机的计算资源，访问原先只能通过独占大型机才能获得的服务。这是一种典型的服务器虚拟化的思想。

当前对虚拟化较为全面的定义：

> **虚拟化**是一种将物理资源(包括计算、存储和网络等)进行抽象、转换和隔离，并最终向用户呈现出一个可动态配置的虚拟运行环境，使得用户在使用这些资源时就可以不受资源的物理配置与地理位置的限制。

云计算环境中的虚拟化包括服务器虚拟化、网络虚拟化、存储虚拟化，以及应用虚拟化等多种不同的虚拟化技术。本章主要关注服务器虚拟化技术。

在服务器虚拟化中，物理服务器通常称为宿主机(Host Machine)，在其上运行的操作系统称为宿主操作系统(Host OS)。Hypervisor(即VMM)是用来创建与运行虚拟机的软件、固件或硬件[①]。在Hypervisor上运行的虚拟机也称客户机(Guest Machine)，在虚拟机中运行的操作系统被称为客户操作系统(Guest OS)。

如今云计算中的虚拟化技术，与60年前刚诞生的虚拟化技术并没有本质上的区别，都是一种资源管理技术，都是向用户提供在Hypervisor的统一管理下的资源。这里的用户，既可以是虚拟机(包括客户机操作系统和运行于其上的程序)，也可以是单独的程序，如Docker运行环境中独立的(Self-contained)应用程序。因此，Hypervisor与用户的关系类似于操作系统与应用程序的关系：Hypervisor为用户统一管理他们所需要的各类资源。

虚拟化技术发展历史

从20世纪60年代开始，美国的计算机学术界就开始了虚拟技术的萌芽，1959年6月，在国际信息处理大会上，克里斯托弗·斯特雷奇(Christopher Strachey)在纽约的信息技术国际会议上发表了题为《大型高速计算机分时技术》的论文，被认为是虚拟化技术最早的论述。

---

① Hypervisor包括两类：Type 1和Type 2。其中，Type 1类型的Hypervisor也称Native或Bare-Metal Hypervisor；Type 2类型的Hypervisor也称Hosted Hypervisor。Type 2类型的Hypervisor需要运行在传统操作系统之上。云计算环境下主要为Type 1类型的Hypervisor。因此，如无特别说明，本书主要关注Type 1类型的Hypervisor。

1964 年,IBM 公司的 M44/44X 项目实现了在同一台主机上模拟出多个 7044 系统,首次使用 Virtual Machine 和 Virtual Machine Monitor 等名词,被认为是世界上第一个支持虚拟化的系统。1972 年,IBM 剑桥实验室(CSC)发布了 CP40,引入革命性的虚拟机、虚拟内存分时操作等概念,成为后来的 S360 主机的基础。

1972 年,IBM 公司发布了 VM/370,这是一个用在 S370、S390、zSeries 上的虚拟机操作系统。

1998 年,VMware 公司成立,通过运行在 Windows NT 上的 VMware 启动 Windows 95 操作系统。

2001 年,VMware 公司推出第一个基于 x86 服务器的虚拟化产品。

2006 年,Intel 和 AMD 公司陆续宣布从处理器层面支持虚拟化,市场上出现更多的虚拟化解决方案。虚拟化逐渐成为 IT 行业的主流技术。

3.1.2 服务器虚拟化技术及分类

Hypervisor 是一个完备的操作系统,它除具备传统操作系统的基本功能外,还具备虚拟化的功能,包括对物理资源的抽象、转换和隔离操作,而这些操作一般被认为是对物理资源的虚拟化操作。

现代计算机体系结构一般通过划分多个特权级来分隔系统软件和应用软件。按照运行级别的不同,CPU 的指令可以简单分为两类。

(1) 特权指令(Privileged Instructions)。会修改操作系统本身的指令,或者使用外部资源操作(如磁盘和网络等)的指令等。这些指令一般需要通过调用操作系统提供的接口,进入系统模式后才能被实际执行。特权指令只能在最高级别上运行,在低级别状态下执行会产生 Trap。

(2) 非特权指令(Non-Privileged Instruction)。不会影响操作系统对硬件的支配权的指令或不涉及 I/O 的指令。此类指令无须操作系统介入即可执行,可以在各个级别的状态下执行。

现代操作系统的工作模式通常包含用户态(User Mode)和内核态(Kernel Mode)。处于内核态的操作系统能够完全支配底层硬件,可以执行包括特权指令在内的任何指令。相对地,除了操作系统以外的其他程序(也称应用程序)则运行在用户态之上,仅能运行非特权指令。如果应用程序在用户态执行特权指令则会陷入内核态,并在内核态完成这些指令。

根据虚拟化机制的不同,可以将虚拟化技术分为 4 类。

1. 全虚拟化

在全虚拟化(Full Virtualization)模式下(见图 3-1),Guest OS 不修改任何代码就可以直接运行在 Hypervisor 上。这种模式下,来自 Guest OS 的非特权指令会直接被 Hypervisor 传递(Bypass)给物理服务器 CPU 执行;而特权指令(例如,修改虚拟机的运行模式或下面物理服务器的状态、读写时钟或者中断寄存器等)会触发异常,被

Hypervisor 捕获并做适当处理后再被物理服务器 CPU 运行(即 Trap-and-Emulate)。Hypervisor 一般是对每条指令进行解释和执行,通过二进制代码翻译(Binary Translation)等方式,模拟出该指令执行的效果。

图 3-1　全虚拟化

全虚拟化方式的优点是无须修改 Guest OS 就可以运行虚拟机,即 Guest OS 根本感知不到自己运行在一个虚拟化环境中;缺点是性能开销较大。当前使用较多的全虚拟化软件,如 VMware Workstation、VirtualBox 和 Microsoft Hyper-V 等。

2. 半虚拟化

由于全虚拟化在频繁调用 Hypervisor 以处理特权指令的过程中,会带来较大的性能开销,因此,如何降低该部分开销成为提升 Guest OS 的性能亟须解决的问题。

图 3-2　半虚拟化

一种解决方法是采用半虚拟化(Para Virtualization)技术,如图 3-2 所示,也称操作系统辅助虚拟化(OS Assisted Virtualization),通过修改 Guest OS 内核,替换掉不能虚拟化的指令,通过超级调用(Hypercall)直接和 Hypervisor 进行通信。Hypervisor 提供了超级调用接口来满足关键内核操作,如内存管理、中断和时间保持等。这样就省去了全虚拟化中的异常捕获和模拟等操作,提高了虚拟化的效率,使得 Guest OS 的运行性能可以接近在物理服务器上的性能。

典型的半虚拟化技术包括 Xen 等。然而,由于半虚拟化要求对 Guest OS 进行一定的修改,在不开放源代码的操作系统(如 Windows 系统等)上较难使用。

3. 硬件辅助虚拟化

随着虚拟化技术的发展,硬件厂商开始研发新功能以简化虚拟化技术,包括 Intel VT (Intel Virtualization Technology)和 AMD-V(AMD Virtualization)等技术。该类 CPU 针对特权指令设计新的操作模式,包括 VMX root 模式和 VMX non-root 模式。Hypervisor 可以运行在 VMX root 模式下,而 Guest OS 运行在 VMX non-root 模式下。两种操作模式可以互相转换。通过这种在硬件上的区分,避免了在全虚拟化方式下,对特权指令的异常捕获、模拟等操作,提升了客户机性能。

随着 CPU 厂商支持虚拟化的力度越来越大,硬件辅助的全虚拟化技术的性能逐渐接近半虚拟化,特别是考虑到全虚拟化无须修改 Guest OS,因此硬件辅助虚拟化(Hardware Assisted Virtualization)成为一个重要的发展趋势。支持硬件辅助虚拟化的软件包括 VMware ESXi、Microsoft Hyper-V 和 Xen 3.0 等。3.2 节中将会对硬件辅助虚拟化相关技术进行详细介绍。

4. 操作系统层面的虚拟化

在云计算平台中,会经常遇到一些需要大规模部署统一软件的情况。以部署 Web 服务器集群来实现大流量情况下的负载均衡为例,把每个 Web 服务器实例都安装到一个单独的虚拟机实例中是完全可行的。然而,每个 Web 服务器实例都仅仅用到了 Guest OS 所提供的一小部分功能,使得这种方式会浪费大量的资源。

为了解决这个问题,把这些 Web 服务器实例部署在同一个操作系统中,使得它们可以共享 Host OS 提供的服务。然而,这些部署在同一操作系统中的 Web 服务器之间很可能会在资源使用上产生冲突,而要在这种环境下实现不同实例之间的资源隔离,就需要用到操作系统层面的虚拟化(OS Level Virtualization)。

这种虚拟化方式利用操作系统提供的资源管理技术,如 Linux 系统下的 namespace、cgroups 和 chroot 等,把应用程序所用到的资源进行抽象、转换和隔离,使这些程序在部署同一操作系统中也不会互相冲突。这种方式的优势在于占用服务器空间少,通常几秒内即可引导,同时可以弹性地增加或释放资源。此类虚拟化技术也称容器技术,其中的代表性产品是 Docker。

3.1.3 虚拟化技术优势和典型应用场景

目前,虚拟化技术已经在市场上得到了广泛的应用。特别是,虚拟化技术促进了云计算概念的产生和发展,已经成为云计算的主要支撑技术之一。两者相辅相成、互相促进。究其原因,是因为虚拟化技术为云计算的发展带来了以下两点优势。

(1) 提高资源利用率和资源隔离。通过使用虚拟化技术,云服务提供商能够把昂贵的物理服务器虚拟为数量众多的逻辑服务器。这样,物理服务器就可以让多用户同时共享使用,并且这些用户不会在资源调用上产生冲突,最终使物理服务器上的资源始终保持较高的利用率。

(2) 便于部署与迁移。Hypervisor 会对宿主机的物理资源进行抽象,并向 Guest OS 提供统一的运行环境,使后者并不会感知到自己运行在虚拟环境中。这样就可以使用户的程序能够被部署在任意物理服务器上,极大地方便了用户程序的部署与迁移。

由于虚拟化环境提供了比非虚拟化环境更高的资源利用率和便利性,使虚拟化技术的应用场景得到了较大的增加。以下用 3 个例子来阐述虚拟化技术的典型应用场景。

(1) 在数据中心环境中批量部署相同的程序运行环境。在没有虚拟化技术的环境中,要保证不同的运行环境不会在资源使用上产生冲突,管理员需要为每套运行环境准备一台物理服务器以及与之相应的操作系统。而在虚拟化场景中,管理员只需要准备足够的物理服务器集群,然后基于物理服务器集群批量建立虚拟机就可以完成任务。

(2) 在云计算平台中向多租户提供虚拟机以提高物理服务器的硬件资源利用率。在此场景中,租户通常不会让所租用的虚拟主机每时每刻都处于满负荷运行的状态,所以云服务提供商可以通过虚拟化技术让物理服务器承载更多的虚拟主机,以实现提高资源利用效率的目的。而对性能要求极高的用户,则可以向云服务提供商租用非虚拟化的主机,并独占该主机的所有资源。

(3) 在桌面环境通过虚拟化技术提供灵活的应用开发平台。在此场景中，用户通常需要使用虚拟化技术为运行于异构(Heterogeneous)操作系统下的程序提供运行环境，如在运行 Windows 系统的主机中运行 Linux 程序。用户就可以使用虚拟化软件(如 VMware 和 VirtualBox 等)，在 Windows 系统中建立基于 Linux 系统的运行环境，并进行相关程序的开发与测试工作。

对于虚拟机技术，在云计算环境下，并不是所有的云数据中心都会采用虚拟机技术。在 IaaS 中，云服务商允许用户选择如何使用所租用的硬件资源，包括虚拟机的部署等；在 PaaS 中，云服务商一般会采用虚拟机技术来优化服务器资源；在 SaaS 中，云服务商除了可以采用虚拟机技术外，也有可能采用其他私有的方案来提供服务。

3.1.4　容器技术

在虚拟化技术中，另一个与虚拟机密切相关的概念是容器(Container)。容器指基于操作系统的资源隔离技术，为应用程序构建出一个轻量级、标准化的，并与其他应用程序互相隔离的运行环境。容器中包含应用程序本身以及必需的运行环境(一般统称镜像)，使得该容器能够在任何具有容器引擎(如 Docker Engine)的环境中运行。图 3-3 为容器技术与虚拟机技术架构的对比。

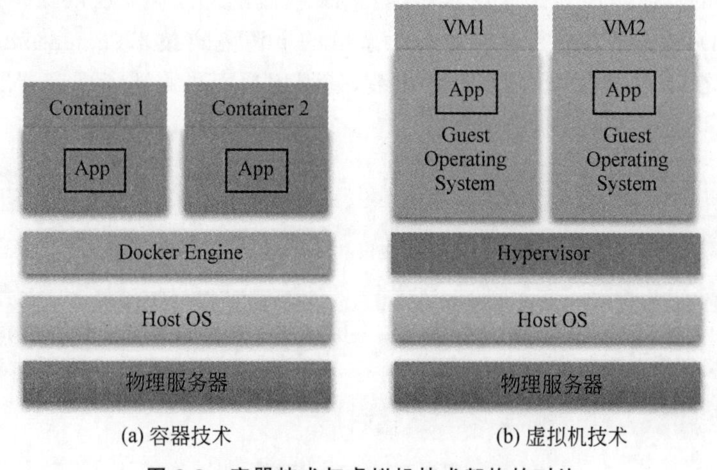

图 3-3　容器技术与虚拟机技术架构的对比

图 3-3(a)所示的容器技术封装了应用正常运行所需要的运行环境，而图 3-3(b)所示的虚拟机技术，可以通过独立的 Guest OS 和 Hypervisor 来提供完全独立于宿主机的运行环境。在虚拟机上进行的任何操作都不会改变宿主机本身。因此，虚拟机技术能够提供相比于容器技术更好的资源隔离性。然而，由于 Hypervisor 在对硬件资源进行虚拟化的过程中不可避免地会带来性能损失，而容器可以直接通过 Host OS 来使用物理服务器的硬件资源，使容器技术在硬件资源的利用率上明显优于虚拟机技术。

实际上，对于一个网络服务，如一个 Web 服务器实例，并不需要用到操作系统的所有功能。在大规模部署类似的服务时，为每个 Web 服务器实例都提供一个完整的操作系统将浪费许多资源。同时，使用虚拟机技术需要启动操作系统，而使用容器技术可以大大节省开发、测试和部署的时间,做到"一次构建,到处运行"。另外,由于容器中通常会封装有正常运行服务所需要的依赖项,在新节点上部署服务时会较少遇到运行环境问题。由此可见,使用虚拟机技术的核心诉求是提高硬件资源的利用率;使用容器技术的核心诉求则是加速应用的开发、测试和部署流程。与重量级的虚拟机技术相比,容器技术只是一种轻量级的资源隔离技术。两者的简要对比见表 3-1。

表 3-1 容器技术与虚拟机技术的简要对比

项 目	容 器	虚 拟 机
启动时间	几百毫秒到几秒	几十秒到几分钟
占用存储空间	MB 级	GB 级
总体性能	接近裸机	较明显损失
单主机可部署数量	最多支持上千个容器	最多支持几十台虚拟机

现有研究指出,在云环境中,一台物理服务器甚至能容纳高达上千个容器。可以使用 Docker 官网提供的 RIO Calculator 来计算部署相同服务时分别使用 Docker 和使用虚拟机的成本差距。

容器技术的具体实现方式五花八门,目前最主流的实现是 Docker。Docker 架构如图 3-4 所示。Docker 的实现是基于 Linux 系统的资源隔离技术(namespace、cgroups 和 chroot 等),并在此基础上实现了良好的封装,使得用户不再需要考虑容器所需资源的实际管理操作。

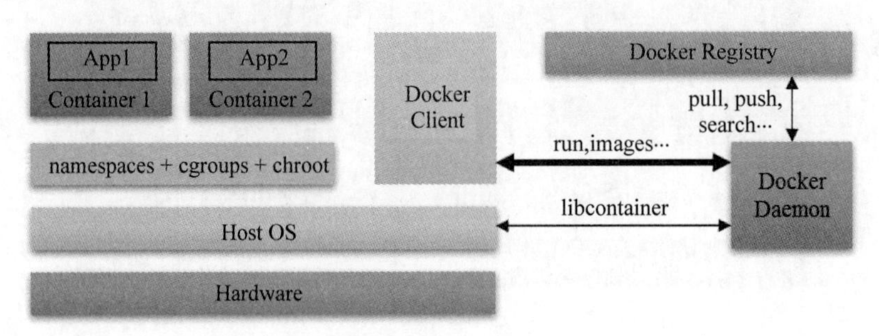

图 3-4 Docker 架构

虚拟机开启了云计算时代,而容器作为下一代虚拟化技术,正在逐渐改变业界开发、测试和部署应用的方式。

3.1.5 常见 Hypervisor

要动态管理云计算平台中的各项虚拟化资源,不可避免地要至少使用以下 3 种常用 Hypervisor 中的一种:VMware vSphere、Microsoft Hyper-V 和 OpenStack。其中,前两者是 VMware 和 Microsoft 公司推出的商用虚拟化平台,并提供了一些基本的管理功能;OpenStack 则是一种开源云操作系统,包含了一系列与虚拟化资源相关的管理功能。

从市场地位方面,VMware 公司在虚拟化领域中的地位相当于桌面操作系统领域中的 Microsoft 公司、数据库领域中的 Oracle 公司或小型机领域中的 IBM 公司，长期以来占据了虚拟化领域的垄断地位。这不仅是因为 VMware 公司进入虚拟化的时间早、体量大，而是由于 VMware 公司的虚拟化产品具有高性能、高稳定性、高容错性和高可扩展性等一系列优秀特性。这些特性使 VMware vSphere 在私有云领域占比超过 50%①。

虽然用户通过付费就可以获取到 VMware vSphere 或 Microsoft Hyper-V 稳定高效的虚拟化服务。但是在庞大的数据中心环境下，完全依赖商用虚拟化技术需要付出昂贵的授权费用。因此，技术实力充足的用户（如阿里巴巴和谷歌等企业），已经开始趋向于使用开源工具（如 OpenStack 等）来实现云数据中心所需要的各项虚拟化功能，并结合通用的 x86 服务器和由 Linux 系统内核支持的 KVM 虚拟化等技术来降低成本。

图 3-5 为 OpenStack 架构。OpenStack 架构中主要包含以下 6 个核心项目：实现计算资源虚拟化的 Nova 项目、实现网络资源虚拟化（管理）的 Neutron 项目、为虚拟机提供 OS 镜像服务的 Glance 项目、提供分布式块存储服务的 Cinder 项目、提供身份认证服务的 Keystone 项目，以及提供对象存储服务的 Swift 项目。除此之外，还有其他的可选服务，如提供环境监控服务的 Ceilometer 项目和提供控制面板的 Horizon 项目等。受限于 OpenStack 的开源要求，其通常使用开源的 KVM 和 libvirt 以实现对资源的虚拟化。

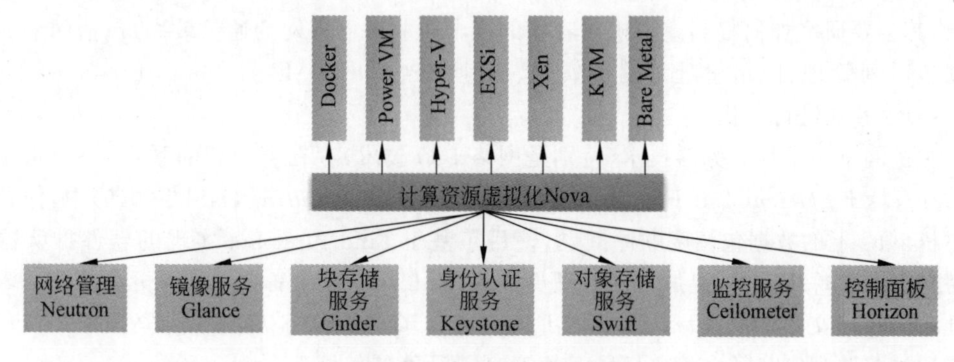

图 3-5　OpenStack 架构

3.1.6　主机网络技术

当前，数据中心环境下的主机网络技术（Host Networking）是一个十分热门的新兴研究领域，各界对于主机网络技术的领域范围尚未有明确的定义。然而，基于现有的一些研究成果，主机网络技术要解决的主要问题是数据包在数据中心的虚拟化网络中的“最后一千米”问题，即如何在主机范围内解决好数据包的调度问题，以达到尽可能地提高网络吞吐率和降低延迟的目的。因此，本节把主机网络技术的研究范围确定为数据中心服务器上的网络 I/O（即图 3-6 中的 Host Networking 部分）。

如图 3-6 所示，主机网络技术主要包括以下两方面的内容。

（1）服务器上虚拟机或容器之间的通信。本部分的研究重点在于如何实现同一物理

① 来源：RightScale 2018 State of the Cloud Report，2018。

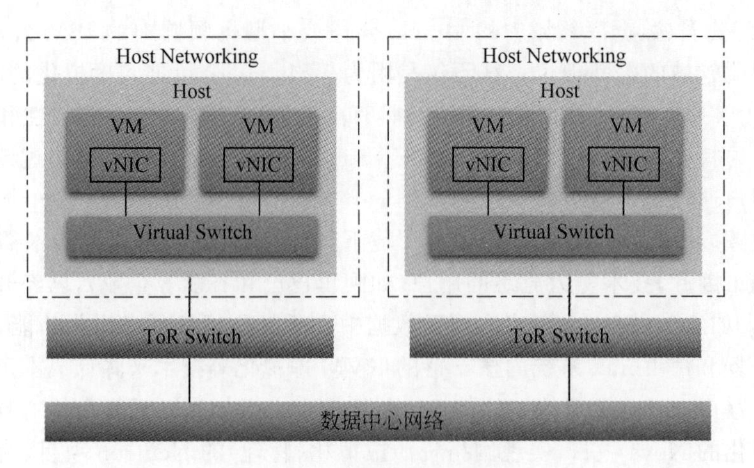

图 3-6 主机网络技术示意图

服务器上的不同虚拟机或容器之间的高效通信。此方向目前发展较为完善,主要包括基于虚拟交换机和传统的 TCP/IP 通信等。

(2) 虚拟机或容器的网卡与服务器外网之间的通信。本部分是主机网络技术的研究热点,其主要研究如何提高虚拟机或容器的网卡与服务器外网的通信效率,包括网卡上的数据包队列管理、网络管理策略的实现、高速 RPC 和 RDMA(Remote Direct Memory Access)等方式进行优化。

主机网络技术与服务器技术(特别是网络 I/O 技术)存在着密切的联系。例如,在论文 *Eiffel: Efficient and Flexible Software Packet Scheduling*(NSDI 2019)中,作者针对主机 NIC 上的数据包调度顺序问题,使用了基于 Find First Set 实现的软件排队器来代替昂贵的硬件排队器,更加方便管理员实现(Enforce)网络策略并取得更高的网络 I/O 吞吐率。在论文 *Loom: Flexible and Efficient NIC Packet Scheduling*(NSDI 2019)中,作者通过多队列实现了多租户环境下的策略实现和有序调度。

3.2 硬件辅助虚拟化

3.2.1 硬件辅助虚拟化概述

在服务器虚拟化中,由于客户机上的 Guest OS 运行在用户态之上,以及全虚拟化模式没有对 Guest OS 进行任何改动,如果需要让 Guest OS 认为自己正在运行于内核态,就需要让 Hypervisor 捕获 Guest OS 所执行的特权指令,并且通过软件的方式模拟这些指令。然而,完全通过软件模拟的方式来执行这些特权指令会给 CPU 带来较大的性能开销。因此,现代 CPU 一般都实现了特殊的技术来辅助优化 Hypervisor 处理特权指令,因此能有效降低 Trap-and-Emulate 过程给 CPU 带来的性能开销。例如,在常用的 x86 CPU 上,硬件辅助虚拟化技术主要有 Intel 公司的 VT-x(2005 年加入)技术以及 AMD 的 AMD-V 技术(2006 年加入)。

硬件辅助虚拟化技术并非十全十美。要启用硬件辅助虚拟化技术,除了要 CPU 在硬件层面进行支持外，也需要操作系统和上层应用的支持。同时，启用硬件辅助虚拟化技术也会带来一些安全风险。

3.2.2　硬件辅助的网卡虚拟化技术

由于让 Hypervisor 拦截虚拟机的网络 I/O 操作并通过模拟网卡操作的方式来完成相关指令，会极大地消耗宿主机的 CPU 资源，使能被应用程序使用的 CPU 资源降低。同时，通过模拟的方式也无法充分利用网卡硬件资源；通过使用由网卡支持的硬件辅助虚拟化技术，可以有效降低进行大流量网络 I/O 操作时给宿主机 CPU 带来的负载。

本节主要介绍服务器虚拟化技术中的 3 种典型的硬件辅助网卡虚拟化技术：直接分配(Direct Assignment)、虚拟机设备队列(Virtual Machine Device Queue，VMDq)和单根 I/O 虚拟化(Single-Root Input/Output Virtualization，SR-IOV)。

1. 直接分配

直接分配技术指的是把一张物理网卡独占性地分配给一台虚拟机。典型的例子为在 Intel 平台上使用直接分配技术为虚拟机加速网络 I/O 处理，如图 3-7 所示。该技术要求宿主机支持并开启 VT-d(Virtualization Technology for Direct)I/O 功能，使宿主机中的每台虚拟机都能够独占性地获得宿主机中的一块网卡。虚拟机的网络 I/O 数据流在 VT-d 技术的支持下直接被送达独占使用的网卡。这样，虚拟机的网络 I/O 数据流不再需要被 Hypervisor 中的虚拟交换机处理，能极大地减轻 CPU 处理网络 I/O 的负担，并能够向虚拟机提供媲美使用物理网卡时的网络 I/O 性能。然而，这种方式要求为每台虚拟机都提供一块供其独占使用的物理网卡，当宿主机上需要部署几十甚至上百台虚拟机时，显然不可能提供如此多的物理网卡。

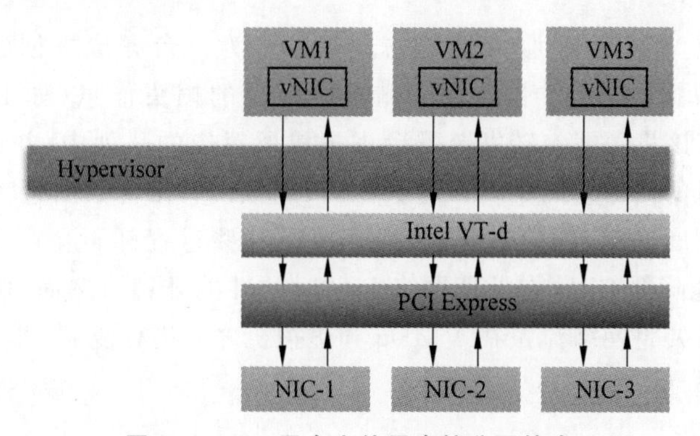

图 3-7　Intel 平台上使用直接分配技术

2. 虚拟机设备队列 VMDq

随着服务器中虚拟机数量的增加，对所有虚拟机通信流量的管理会消耗 CPU 资源，进而降低虚拟化的性能。例如，在网卡无虚拟化支持的情况下，网卡在收到数据包后，需要完成以下操作才能最终把数据包交付给指定的虚拟机。

(1) 网卡收到数据包,向 CPU(如 CPU0)发送中断。

(2) CPU0 收到中断信号并检查包头,确定这个数据包应当转发给哪台虚拟机。

(3) 中断目标虚拟机的 CPU,并由此 CPU 负责把数据包复制到虚拟机的内存中。

上述过程中会多次产生 CPU 中断,影响服务器和虚拟机上其他程序的正常运行。因此,Intel 公司提出了虚拟机设备队列技术来提高此类场景中对网络 I/O 数据流的处理速度,如图 3-8 所示。通过支持 VMDq 技术的网卡代替 CPU 处理这些数据流,能有效降低网络 I/O 给 CPU 带来的性能开销并提高网络吞吐率。

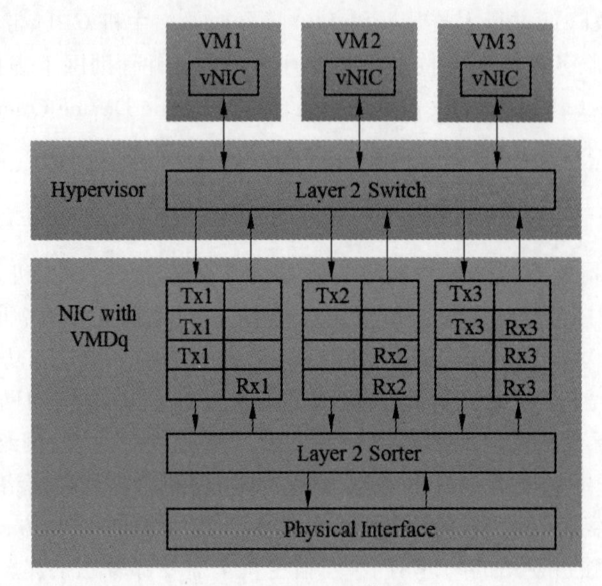

图 3-8 VMDq 模型

在具体实现上,VMDq 在服务器的物理网卡中为每台虚拟机创建了一个独立的队列。当网卡收到数据包时,网卡会先检测该数据包的帧头信息(如 MAC 地址、VLAN Tag 等),再决定应该将数据包转发至哪台虚拟机所对应的队列中,并最终由 Hypervisor 复制到目标虚拟机的内存空间中。发送数据时,虚拟机直接将数据包转发到相应队列中,网卡再根据各种调度机制(如轮询等)发送出去。这些过程都不会产生 CPU 中断,因此 VMDq 能够极大地降低 CPU 在处理网络 I/O 时的性能开销。然而,由于 Hypervisor 和虚拟交换机仍然需要将网络流量在 VMDq 和虚拟机之间进行复制,此类操作还是会带来一定的性能开销。

3. 单根 I/O 虚拟化

PCIe(Peripheral Component Interconnect Express)是一种通用串行总线,能够提供远高于 PCI 总线的带宽。在数据中心常用的 x86 系统结构中,CPU 一般使用 PCIe 总线接入高速设备(如显卡和高性能网卡),而接入的高速设备则形成以 CPU 为根的逻辑设备树。然而,即使采用了 PCIe 总线,CPU 在虚拟化环境下处理网卡产生的高速中断时,也需要消耗大量计算资源。

为了进一步降低CPU的负担,Intel公司提出了SR-IOV,如图3-9所示,允许不同的虚拟机共享当前物理服务器上的硬件资源(Root指的是CPU)。与VMDq不同,SR-IOV使虚拟机能够以虚拟独占的方式直接连接到PCIe插槽上的高性能网卡,使虚拟机能够获得媲美独占物理网卡的I/O性能。

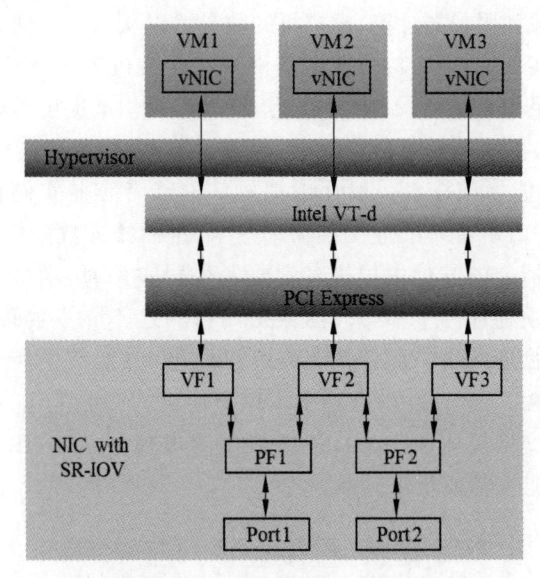

图3-9 SR-IOV实例

SR-IOV包含两个重要概念:物理功能(Physical Function,PF)和虚拟功能(Virtual Function,VF)。PF指的是物理网卡所提供的一项物理功能;VF指的是由支持SR-IOV的物理网卡虚拟出来,并向虚拟机提供的一个能够实现虚拟独占的功能。VF可以与其他VF共享同一个PF的物理资源,如缓存和端口等。

在网卡启用SR-IOV功能后,每个PF和VF都会被分配一个PCIe Requester ID(RID),使CPU中的输入输出内存管理单元(I/O Memory Management Unit,IOMMU)能够区分不同VF的数据流。这样,网络数据流就能从PCIe网卡(实际上为VF)直接被导向虚拟机,免去了Hypervisor中的虚拟交换机的参与,完全消除了这一部分操作所带来的性能开销,极大地提高了虚拟机的网络吞吐率。

PCIe总线中除了SR-IOV技术外,还有MR-IOV技术。不同的是,MR-IOV技术可以使多个服务器共享不同的I/O设备,如网卡、主机总线适配器(Host Bus Adapter,HBA)和主机通道适配器(Host Channel Adapter,HCA)等。由于MR-IOV技术实际应用较少,在此不再赘述。

3.3 虚拟网络接入技术

在虚拟化的数据中心网络环境中,如何合理高效地把虚拟机接入数据中心网络中,是规划、构建和管理虚拟化数据中心网络的关键问题。本节主要关注如何在数据中心网络的边缘部分,将虚拟机接入网络中。针对数据中心整体网络的虚拟化技术相关的内容,将在第4章中详细阐述。

3.3.1 虚拟交换机

在虚拟化的数据中心环境中,每台物理服务器上所承载的虚拟机和容器的数量十分巨大(例如,根据工作负载和服务器性能,虚拟机的数量可以从几十个到上百个不等)。为每台虚拟机实例或者容器实例按1∶1的方式配备网卡和交换机等物理资源显然不可取。为了解决物理资源不能满足虚拟化场景需求的问题,业界很自然地提出了虚拟交换机技术。

虚拟交换机技术,指的是通过软件的形式来虚拟一台物理交换机,并实现与物理交换机同样的存储-转发功能。该技术一般让虚拟机实例或者容器实例首先连接到物理服务器上的虚拟交换机,并由后者统一连接到物理网卡,进而接入数据中心网络。当数据流的目的地为本物理服务器上的其他虚拟机实例或者容器实例时,虚拟交换机可以直接把数据流导向目的地而无须物理网卡参与。当数据流目的地不在本物理服务器上时,数据流会被虚拟交换机导向物理网卡。此种情况也可以使用3.2.2节中所述的硬件辅助网卡虚拟化技术加速处理过程。图3-10中阐述了虚拟交换机的一般工作方式,即在Hypervisor中集成一个二层虚拟交换机(vSwitch),从虚拟机的虚拟网卡(vNIC)中发出的流量需要先经过vSwitch后才能被转发至下一跳。

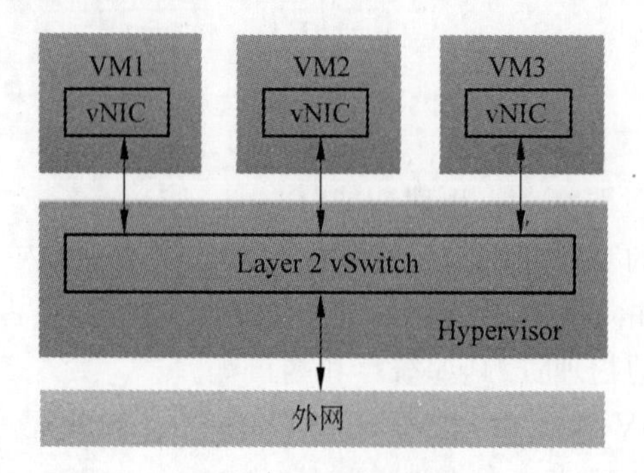

图3-10 虚拟交换机

与传统物理交换机相比,虚拟交换机具有以下优势:可以很方便地进行按需部署;虚拟交换机上的网络策略能够更加方便地随着虚拟机的迁移而转移;可以通过在Hypervisor内进行部署的形式提高性能;能够很方便地通过软件升级的形式给虚拟交换机扩充新的功能等。

本节介绍4种广泛使用的虚拟交换机:VMware vSwitch、Microsoft Hyper-V Virtual Switch、Cisco Nexus 1000V和Open vSwitch。表3-2中对比了这4种虚拟交换机的特性。

表3-2 虚拟交换机的特性对比

特　　性	VMware vSwitch	Microsoft Hyper-V Virtual Switch	Cisco Nexus 1000V	Open vSwitch
维护者	VMware	Microsoft	Cisco	VMware和Nicira

续表

特 性	VMware vSwitch	Microsoft Hyper-V Virtual Switch	Cisco Nexus 1000V	Open vSwitch
目标平台	VMware ESXi	Microsoft Hyper-V	VMware vSphere	KVM、Xen 和 OpenStack
协议支持	VLANs、IPv6、Session Synchronization、Path Monitoring、VXLAN、GENEVE 和 NSX Gateway 等	PVLANS、Virtual Port ACL、Trunk Mode to Virtual Machines 和 WMI 等	VLAN、SPAN、QoS、Cisco vPath、Cisco VN-Link 等	NetFlow、sFlow、Port Mirroring、VLAN、LACP 等

1. VMware vSwitch

VMware vSwitch 是 VMware 公司用于在 vSphere 中连接 ESXi 环境虚拟机的虚拟交换机,包含集中式(如 vSwitch)和分布式(如 dvSwitch)两种。

在单台 ESXi 实例上部署虚拟机时,可以使用集中式的 vSwitch,可以支持 4096 台虚拟机接入网络。同时,vSwitch 也支持 Link Discovery(通过自动收集拓扑信息来方便排除网络故障)、NIC Teaming(多块物理网卡在进行链路聚合后再连接到 vSwitch,以提供高带宽和容错性)和 Traffic Shaping(可以限制流经 vSwitch 的数据流的带宽)等高级特性。

在数据中心等分布式环境中组件虚拟化网络时,可以使用 dvSwitch,以便把一个统一的虚拟交换机部署在多台 ESXi 实例上,并可最多支持 60 000 台虚拟机接入网络,以及在 vCenter 服务器上的统一配置接口,如图 3-11 所示。除了 vSwitch 所提供的特性外,

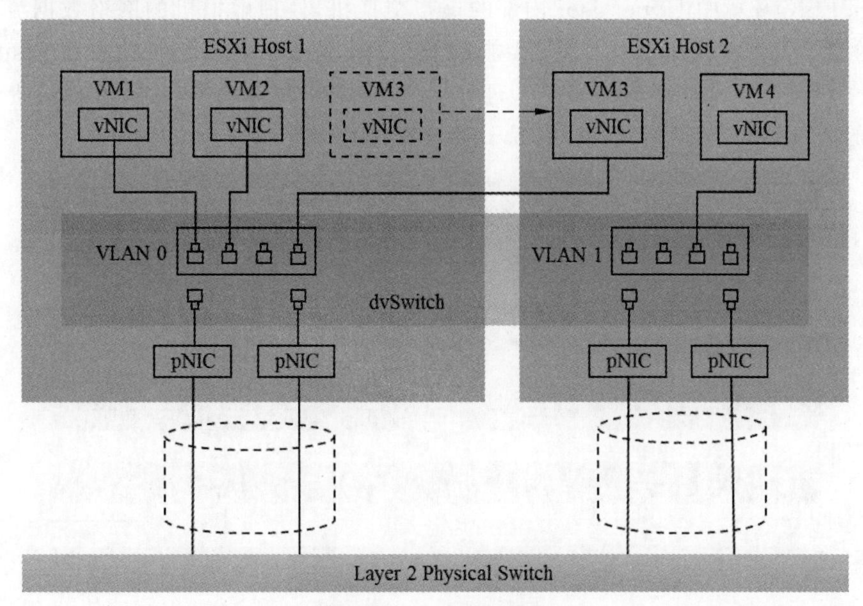

图 3-11 dvSwitch 模型

dvSwitch 还提供了许多新的高级特性，例如，Port Group Blocking（以组的形式来屏蔽经过指定端口组的数据流）、Per-port Policy（可以针对每个端口设置不同的网络策略）以及对 LLDP 的支持等。

2. Microsoft Hyper-V Virtual Switch

与 VMware 的虚拟交换机相似，Hyper-V 环境下也需要使用虚拟交换机，来实现让 Hyper-V 虚拟化环境中的虚拟机之间的互联互通。Hyper-V Virtual Switch 是一个二层虚拟交换机，提供了可编程性、动态策略和资源隔离等高级特性。然而，Microsoft Hyper-V Virtual Switch 只支持连接到以太网，而不支持连接到其他类型的网络（如光纤网络）。这使它的应用场景受到极大限制。此外，由于 Microsoft Hyper-V Virtual Switch 提供了对 NDIS（Network Device Interface Specification）过滤器和 WFP（Windows Filtering Platform）的支持，使它非常适合 Windows 虚拟化环境中虚拟交换机。

3. Cisco Nexus 1000V

作为传统的 ICT 设备厂商，Cisco 公司也与 VMware 公司合作，为 VMware ESXi 环境开发了软件交换机：Cisco Nexus 1000V。Cisco Nexus 1000V 能够较好地支持 VN-Tag 和VN-Link 等 Cisco 公司自研的接入层虚拟化技术。与 VMware vSwitch 和 Microsoft Hyper-V Virtual Switch 一样，Cisco Nexus 1000V 也是一款支持 VLAN、QoS 和 NetFlow 等云数据中心常用技术的分布式虚拟交换机。

Cisco Nexus 1000V 虚拟交换机包含两个主要部件：在 IIypervisor 内部作为虚拟交换机运行的虚拟以太网模块（Virtual Ethernet Module，VEM）和管理 VEM 的外部虚拟控制引擎模块（Virtual Supervisor Module，VSM），如图 3-12 所示。其中，VEM 会作为 VMware ESXi 环境中 Hypervisor 内部的虚拟交换机，处理虚拟机的网络数据流。由于 VEM 内置于 Hypervisor 中，故 VEM 能够很好地支持 VMware vMotion 和 Distributed Resource Scheduler（DRS）等虚拟机管理技术。VSM 作为管理组件，向管理员提供了数据方面的高可靠性、高可扩展性以及易于管理等高级特性。

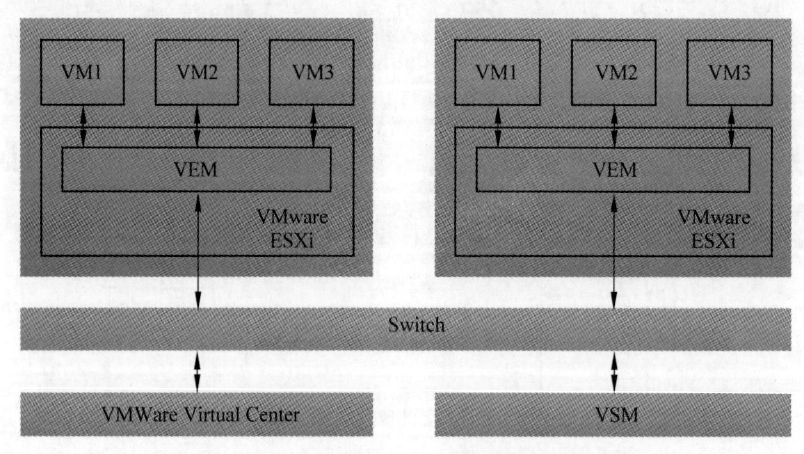

图 3-12 Cisco Nexus 1000V 虚拟交换机架构图

4. Open vSwitch

除了 VMware vSwitch 和 Microsoft Hyper-V Virtual Switch 这两种得到广泛使用的商用虚拟交换机外，开源社区也在 Nicira 公司的主导下基于 Apache 2.0 协议提出了开源的分布式多层虚拟交换机 Open vSwitch(OVS)，如图 3-13 所示。OVS 的目的是让大规模网络实现管理自动化，并且可以通过编程扩展(在 SDN 环境中使用)。为了维持对现有网络的兼容，OVS 也支持标准的管理接口和协议。由于 OVS 是一个开源项目，开发人员可以根据需要自行添加需要的功能而不必受限于商业软件的许可条款。而且，OVS 支持多种基于 Linux 系统的虚拟化技术(如 Xen 和 KVM)，使得 OVS 在 OpenStack、openQRM 和 OpenNebula 等开源分布式云计算平台中得到了广泛应用。OVS 在 Linux Kernel v3.3 以后已被加入了 Linux 系统内核中。

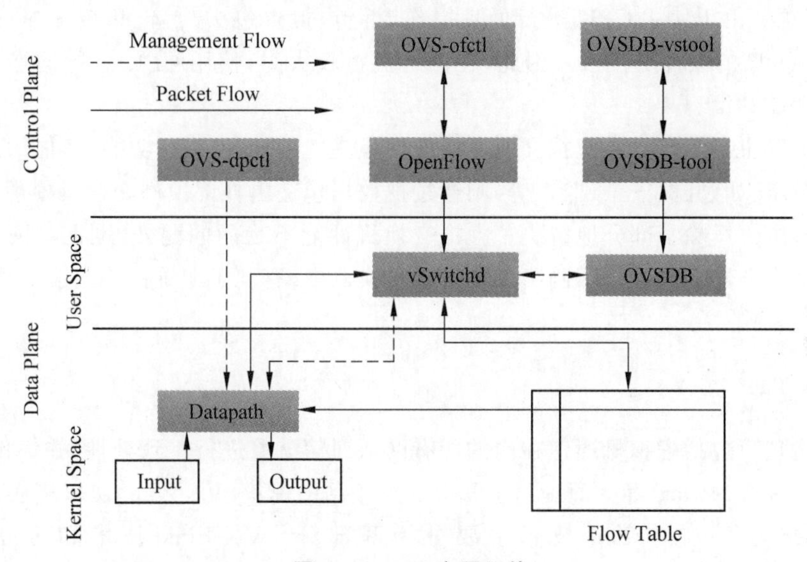

图 3-13　OVS 主要组件

在功能上，OVS 支持 VLAN、LACP(IEEE 802.1AX—2008)和 sFlow 等功能。而在控制和管理方面，OVS 也支持 OpenFlow 协议并内置了 Open vSwitch DataBase (OVSDB)，使 OVS 既能够被当作虚拟交换机使用，也可以当作物理交换机的控制面使用。同时，在 SDN 环境下，OVS 可以被任何支持 OpenFlow 协议的控制器控制，使得 OVS 在 SDN 相关的开发工作中具有举足轻重的地位。除 SDN 外，OVS 也可以单纯地作为一个独立的二层交换机使用，让其通过自动学习数据流的 MAC 地址而建立转发表。

3.3.2　边际虚拟网桥

对于普遍部署了虚拟机的云数据中心，把物理服务器上的数十台虚拟机通过适当的方式有效接入网络是一个核心要求。本节介绍一些数据中心网络中实现虚拟机接入网络的基本技术。这些技术同属于边际虚拟网桥(Edge Virtual Bridging，EVB)技术，其目标就是让虚拟机以适当的方式共享宿主机上的物理网卡,并尽量达到与虚拟机独占物理网卡相近的性能。目前,实现 EVB 的技术主要有 IEEE 802.11Qbh(VN-Tag)和 IEEE 802.11Qbg(VEPA)等。

1. 边际虚拟网桥技术概述

边际虚拟网桥技术与 3.3.1 节中所介绍的虚拟交换机技术具有较大的联系。从网络的角度,虚拟机处于当前物理服务器上的所有虚拟机所组成的一个本地网络中。要把这些虚拟机接入外网,一个直观的想法就是在 Hypervisor 中内置一个虚拟交换机,通过桥接(Bridge)的方式把虚拟机和外网连接起来。这样,虚拟机的网络流量首先会经过这个虚拟交换机处理,然后才能进入外网(见图 3-10)。

通过在 Hypervisor 中集成的虚拟交换机处理本地虚拟网络的流量,需要占用宿主机的 CPU 资源。由于使用 CPU 进行处理操作(拆包、检查包头、封包和转发等)的效率远低于使用 ASIC 的硬件交换机。因此,在网络流量较大时,使用 CPU 进行网络处理将带来极大的性能开销。

另一种解决方案是只在虚拟交换机中保留最基本的储存-转发功能,其他的高级功能和复杂的策略(如过滤、安全、监控等)则通过把数据包交由外部硬件交换机处理的方式实现。这种解决方案除了部分地解决了虚拟交换机性能不足的问题外,也把与网络相关的管理操作从服务器上转移到了网络中的硬件交换机中,有利于明确网络与服务器的边界,简化了运维操作。

2. VN-Tag

为了实现对包括虚拟机通信在内的所有网络通信流量进行一致处理,并优化 VEB 的性能,Cisco 和 VMware 等厂商提出了私有的虚拟网络标签(VN-Tag)协议来实现虚拟机接入外网的功能。VN-Tag 技术主要分为两部分:VN-Link 技术和 FEX(Fabric Extender)技术。前者是位于服务器的交换组件(如支持 VN-Tag 的物理网卡),负责接入服务器上的各台虚拟机;后者主要部署在外网的物理交换机上,负责数据中心内虚拟机之间的互联互通。

图 3-14 中展示了标准以太网帧、使用了 VLAN 的以太网帧和使用了 VN-Tag 的以太网帧的格式。与 VLAN 相比,VN-Tag 保留了 VLAN Tag,并在 VLAN Tag 前添加了 VN-Tag。同时,把 VLAN 帧中的 EtherType 字段前移到 VN-Tag 的首部。与标准以太网帧相比,相当于在 EtherType/Len 字段后面添加了 VN-Tag。VN-Tag 中各字段的含义如表 3-3 所示。

VN-Tag 的具体通信过程如下:服务器上的交换组件收到来自源虚拟机的数据帧后,向数据帧中添加 VN-Tag,并设置标签中的相关字段,然后转发给外部的物理交换机。外部的物理交换机接收到此帧后,根据路由算法决定应该将此帧从哪个端口转发给目的服务器(根据 Destination VIF 进行转发)。目的服务器收到此帧后,先去除帧中的 VN-Tag,然后再把原始数据帧转发给目的虚拟机。

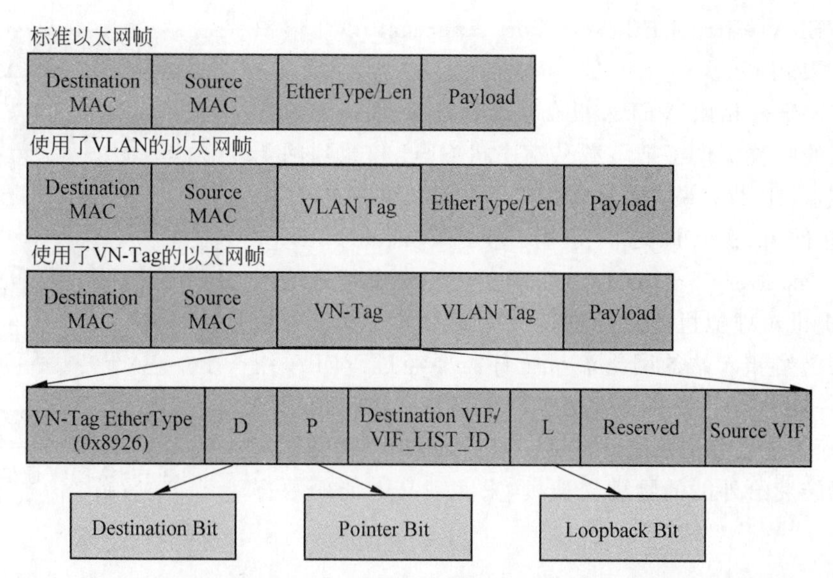

图 3-14　标准以太网帧、使用了 VLAN 的以太网帧和使用了 VN-Tag 的以太网帧的格式

表 3-3　VN-Tag 中各字段的含义

字段名称	含　义
Destination Bit	方向标志，1 标志此帧是从网桥被发送至接口虚拟器
Pointer Bit	指针标志，1 标志是否有 VIF_LIST_ID 包含在此帧内
Destination VIF	目标端口的 VIF_ID
VIF_LIST_ID	需要转发此帧的下行端口列表，用于广播或者多播操作
Reserved	保留字段
Loopback Bit	环回标志，1 标志此帧是一个从接收到此帧的端口返回的多播帧
Source VIF	源端口的 VIF_ID

在具体实现上，服务器上的交换组件（支持 VN-Tag 的物理网卡）只负责 VN-Tag 的添加与删除，使得虚拟机能够接入支持 VN-Link 的网络中，不负责任何与寻址或者策略相关的工作。FEX 技术使用 Cisco Nexus 2000 Series 交换机（N2K）作为 Cisco Nexus 5000 Series 交换机（N5K）在 ToR 上的分布式接入。由于 N2K 与 N5K 之间的连接具有高带宽、低延迟和低阻塞等优秀特性，保证了分布式接入的性能。VN-Tag 技术能够让数据中心的接入网络虚拟为一个“大二层网络”，并且网络策略能够随虚拟机的迁移而迁移。

3. VEPA

由于 VN-Tag 需要部署支持相关功能的网卡与交换机等设备，限制了实际网络中 VN-Tag 的部署。因此，研究人员也提出了另一种优化 EVB 性能的方式：虚拟以太网端口聚合 VEPA(Virtual Ethernet Port Aggregator)通信模型,如图 3-15 所示。

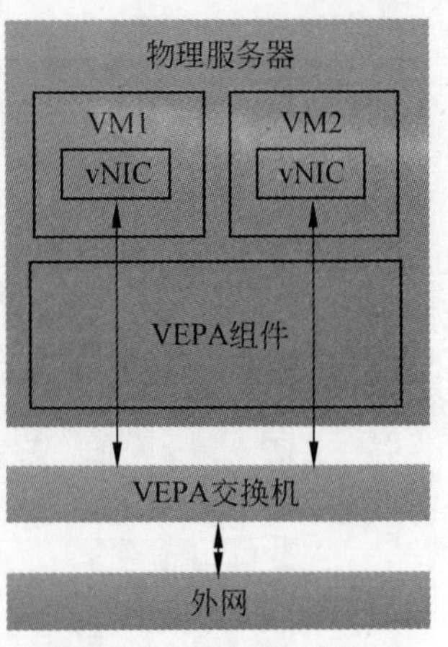

图 3-15 VEPA 通信模型

与 VN-Tag 相比,VEPA 没有修改数据帧,而是通过对转发规则的修改实现了把负载从宿主机 CPU 卸载到网卡上的功能。具体来说,就是 VEPA 要求在宿主机上的 VEPA 组件和虚拟机之间运行 VDP(Virtual Station Interface Discovery Protocol)。VDP 负责识别虚拟机的接入点,并提供对虚拟机迁移的支持。VEPA 协议要求虚拟机的网络出站和入站的网络流量全部需要经过 VEPA 组件,并且 VEPA 组件上的流量方向只能是流入或流出物理服务器,而不能在虚拟机之间流动。这样,VEPA 就能够通过把流量转发给外网的物理交换机,来实现高性能的数据包交换。

3.4 容器网络技术

由于容器技术能够以十分轻量级的方式来部署应用,使得以 Docker 为主的容器技术已经在数据中心等企业环境中得到广泛应用。不同于虚拟机网络,容器网络在设计和实现时面临更多的挑战。例如,容器采用 Network Namespace 提供网络在内核中的隔离,网络设计需更为慎重;容器在数量、动态性和分布上也都不同于虚拟机,面临着更多新的挑战。本节以 Docker 和 kubernetes 为例,介绍容器间的网络通信方式。

3.4.1 接入方式

以 Docker 为例,目前容器主要支持以下 6 种网络接入方式。

1. Bridge

桥接(Bridge)网络指的是利用 Linux Bridge 等虚拟网桥来连接到物理网卡,使容器拥有独立的 Network Namespace,如图 3-16 所示。默认情况下 Docker 会使用此网络接入方式。当 Docker 进程启动时,会在主机上创建一个名为 docker0 的虚拟网桥,主机上的其他容器会连接到该虚拟网桥上。在单一(Standalone)Docker 宿主机上部署 Docker 时,通常也使用这种方式来让 Docker 容器连接到网络。

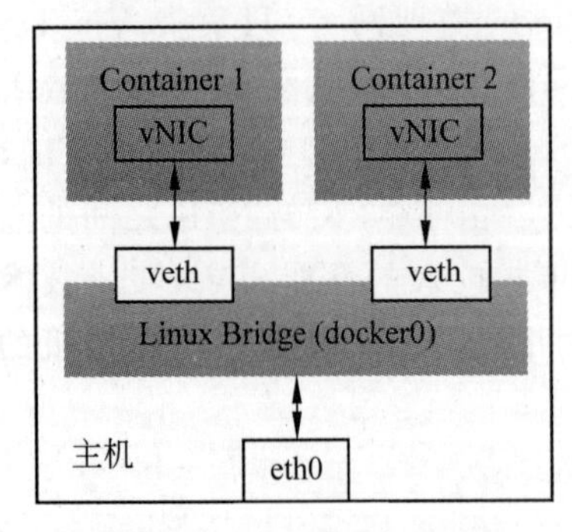

图 3-16 Bridge 接入方式

除了 Linux Bridge 外,Docker 还支持使用 OVS 等虚拟交换机进行桥接。使用 OVS 能够支持相比 Linux Bridge 更为强大的转发和管理功能,如 VLAN、Tunnel 和 Traffic Shaping 等高级网络功能。因此,生产环境中也多用 OVS 配合适当的 SDN 控制器实现容器的网络桥接需求。

2. Host

在 Host 方式下，容器直接使用主机的网络协议栈，并共享主机的 IP 地址，如图 3-17 所示。但是由于这种方式不会给容器分配独立的 Network Namespace，而是处于宿主机的网络环境中，共用宿主机的 L2～L4 网络资源。因此，该方式具有较低的额外开销，但是网络隔离性差，如 Docker 使用的端口容易与主机上其他程序的端口冲突（容器仍具有独立的进程空间和文件系统）。

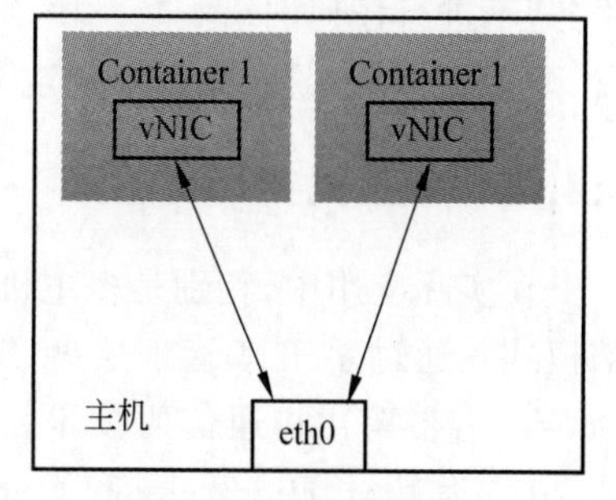

图 3-17　Host 接入方式

3. Container

Container 方式可以与其他容器共享网络协议栈，如图 3-18 所示。除了 Network Namespace 外，不同的容器仍然拥有独立的进程空间和文件系统。从网络角度，两个容器作为一个整体对外提供服务。

4. macvlan

macvlan 方式把 Docker 宿主机的物理网卡在逻辑上虚拟出多个虚拟网卡，并且给每个子接口分配一个虚拟的 MAC 地址，如图 3-19 所示。使用该方式的容器在发送数据时，如果目的 IP 地址位于本机，则直接转发到相应的容器中；否则交给物理网卡处理，以转发到处于外网上的目标主机。在接收数据时，采用类似的处理。

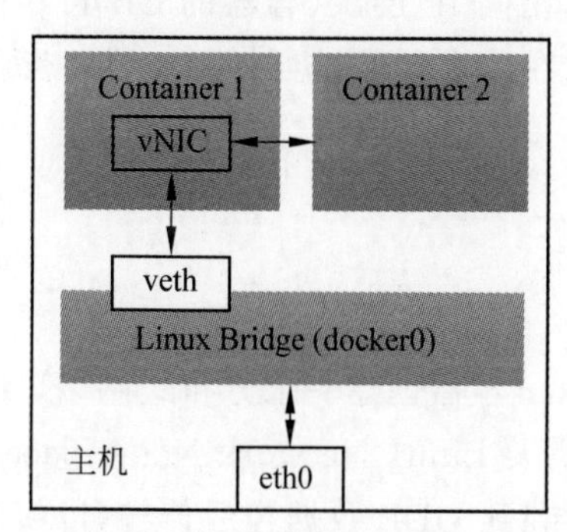

图 3-18　Container 接入方式

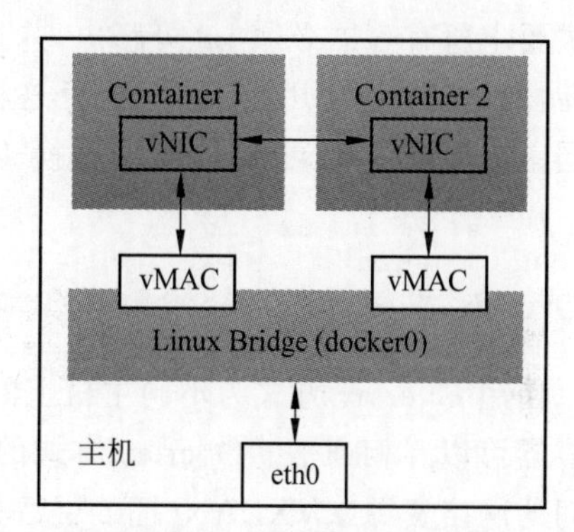

图 3-19　macvlan 接入方式

5. User-defined

该方式支持 Docker 1.9 及以上版本，由用户自行确定实际使用的网络类型，可以使用第三方插件，也可以使用一个新的 Bridge 网络，甚至可以使用由 OVS 等虚拟交换机软件来创建网络。

6. None

在该方式下，容器拥有自己的 Network Namespace，但是不为该容器提供网络 I/O 服务，不进行任何网络配置。由于容器没有网卡、IP、路由等信息，需要用户为容器添加网卡、配置 IP 等。通常与用户自定义的网络驱动程序配合使用。

3.4.2 跨主机网络通信

在实际应用中，特别是多主机的 Docker 集群上，不可能使用 Docker 的单主机网络通信模式且通过手工来管理这些 IP 地址与端口映射。因此，业界也开发出了多种实现 Docker 容器跨主机通信的技术。本节简要介绍其中 3 种常用的 Docker 跨主机通信方式，分别为 Flat、Hierarchy 和 Overlay。

1. Flat

Flat 方式是一种扁平化的跨主机通信方式，可以分为在二层网络实现的 Flat 方式(L2 Flat)和在三层网络实现的 Flat 方式(L3 Flat)。L2 Flat 要求所有容器都在同一个 VLAN 构建的“大二层网络”中，而 L3 Flat 则要求所有容器都在同一个可路由的网络环境中。这两种方式都可以使得容器在不同主机上迁移时，不需要更换 IP 地址。

2. Hierarchy

由于数据中心的网络实际上是按照层次性来组织的(如 Host-Leaf-Spine)，在实现容器的跨主机通信时也可以参考这种层次型的组织方式。在实现上，容器的层次型跨主机通信方式要求所有容器必须 L3 可路由，并且具有相同 IP 层次(容器的 CIDR 相同)的容器需要在物理位置上组织在一起。由于这种方式在路由时是按照 CIDR 进行路由的，容器在不同主机上迁移时可能会需要更换 IP 地址。因此，这种方式较少在生产环境中应用。

3. Overlay

可以使用 Overlay 方式为不同主机上的 Docker 容器创建一个分布式网络，使不同主机上的容器可以互相通信。Overlay 方式的实现需要 Linux Network Namespace(隔离不同容器间的网络资源)、VXLAN(把二层数据包封装到 UDP 数据包后传输，以实现“大二层网络”)，以及一个分布式 Key-Value 数据库(运行服务发现协议，用于保存 Docker 集群中各主机的信息，常用 Consul)。同时，Overlay 方式也需要(分布式的)虚拟交换机来转发不同主机之间的数据流。

3.4.3 通用数据模型

本节详细介绍业界常用的两种通用数据模型：CNM 和 CNI。由于基于这两种模型实现的容器通信机制较多，在此只做简单介绍。

1. CNM

CNM 指的是 Docker 的容器网络模型(Container Network Model),如图 3-20 所示。CNM 模型为 IP 地址管理(IP Address Management,IPAM)插件和网络插件提供了成熟稳定的接口。IPAM 插件负责地址池(Address Pool)的创建、删除及地址的分配;网络插件则负责创建和删除容器虚拟网络,以及分配和回收容器的 IP 地址。其原生实现为与 Docker 配套 libnetwork 网络操作库,提供了 Docker Daemon 到网络驱动程序之间的接口。

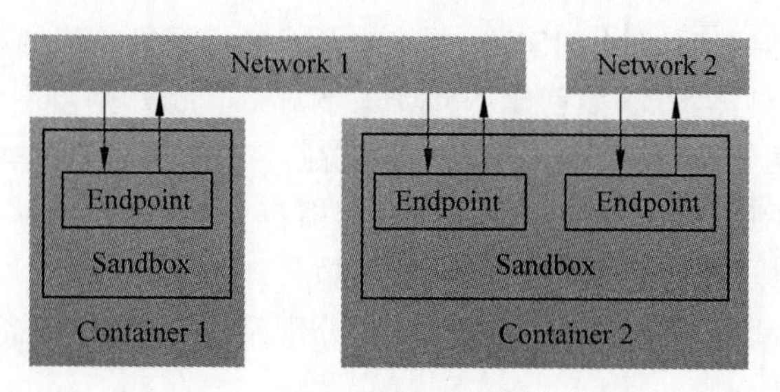

图 3-20　CNM

CNM 的基本概念主要包括 Sandbox、Endpoint 和 Network。这些概念的基本内容如下。

(1) Sandbox。Sandbox 是一个利用 Linux Network Namespace(或者其他类似机制)虚拟出来的沙盒式网络环境,包含了容器的整个网络协议栈。在一个 Sandbox 的内部可以包含多个 Endpoint。

(2) Endpoint。Endpoint 是网络的端点,负责把 Sandbox 连接到 Network。其实现可以是 Linux veth-pair、OVS 内部端口或其他类似的方式。同一个网络可以包含多个 Endpoint。

(3) Network。Network 指的是一系列可以互相通信的 Endpoint 所组成的虚拟网络,其实现可以是 Linux Bridge、VLAN、OVS 或者其他类似的方式。不同网络的 Endpoint 无法直接互相通信。

2. CNI

与 Docker 专用的 CNM 相比,CNI(Container Network Interface)是一种通用的容器网络标准,旨在为容器平台提供标准的网络接口,最终使得不同的容器平台能够通过统一的接口实现互联互通。

CNI 是指由 Google 公司和 Cloud Native Computing Foundation 主导的一种为 Linux 容器设计的插件化的网络标准,如图 3-21 所示。

CNI 型主要考虑容器与外网的互联互通以及在容器被删除后及时释放所占用的网络资源。由于 CNI 关注点集中而且模型易于实现,因此得到了 Google Kubernetes、Amazon ECS 和 Cloud Foundry 等项目的支持。CNI 标准主要确定了两个组件: 容器管

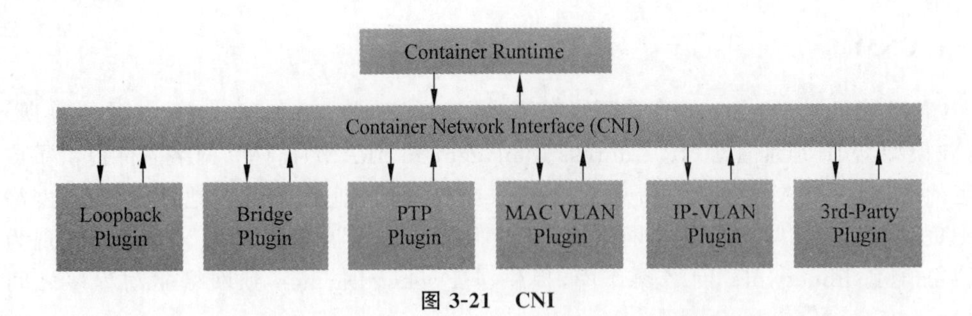

图 3-21 CNI

理系统和网络插件。网络插件以 JSON 文件的形式确定网络功能的抽象接口功能与 I/O 方式,而网络功能的具体实现(如创建 Network Namespace),则由网络插件自行处理。

CNI 标准只有两个接口:添加(ADD)和删除(DELETE)。具体的工作流程如下。

(1) 容器运行(Runtime)环境需要给每个容器都分配一个 Network Namespace 和容器 ID,然后把这些信息连同一些 CNI 的配置参数传递给网络驱动。

(2) 网络驱动会以 JSON 文件的形式返回分配给该容器的 IP 地址并把该容器连接到网络。

3.4.4 Kubernetes 网络技术

如果需要大规模部署容器并进行管理,就必须使用合适的容器管理编排工具(如 Orchestrator)。当前 Docker 集群的常用管理软件有 Docker 公司官方推出的 Swarm,以及 Google 公司主导的开源项目 Kubernetes 等。由于 Swarm 在稳定性上与经过 Google 公司大规模部署锤炼过得 Kubernetes 有明显的差距,故在生产环境中通常采用 Kubernetes 作为 Docker 集群的编排工具。

Kubernetes 是一个希腊语单词,意为"舵手"或"驾驶员",因此其图标也定义为一张船舵。该项目的初始成员为 Joe Beda、Brendan Burns 和 Craig McLuckie,而后加入了 Google 公司的 Borg 项目组(名字来自《星际迷航》中的博格人,特点为集群、专注和高效),并拥有了 Google 公司内部代号 Seven(由项目图标的 7 个轮辐代表)。Kubernetes 的设计与实现深受 Borg 项目的影响,以至于 Kubernetes 被认为是由 Borg 衍生出来的项目。2015 年,Google 公司发布了 Kubernetes 的 1.0 版,目前的稳定版本为 1.19。

Kubernetes 提供了包括资源管理、服务发现、复杂均衡和弹性扩容等高级功能。本节简要介绍 Kubernetes 在网络方面的设计。

1. 组网模型

Kubernetes 是一种基于主从式架构的 Docker 集群编排器,在介绍 Kubernetes 的体系结构之前,本节会先介绍一些 Kubernetes 使用的重要概念。Kubernetes 集群架构如图 3-22 所示。

1) Master

Master 是控制整个 Kubernetes 集群中所有节点(Node)的计算机,用于控制集群中所有的 Node 和 Pod。在其上会运行 kube-apiserver(负责提供控制 Kubernetes 集群的

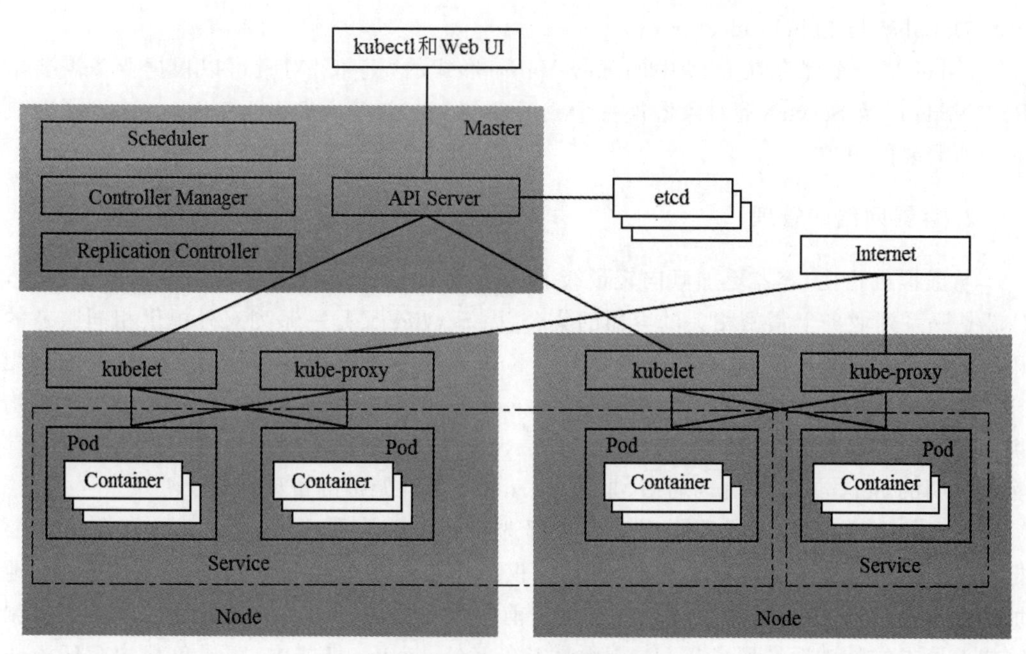

图 3-22 Kubernetes 集群架构

Rest API)、kube-controller-manager(负责实现所有资源的自动化控制)、kube-scheduler(负责调度 Pod 实例)以及 etcd(负责存储所有资源对象的数据)等 Kubernetes 集群所依赖的基本组件。

2) Node

Node 是 Kubernetes 集群中的一个节点,是负责实际提供服务的主机。一个 Node 上可以部署多个 Pod 以调高资源利用率。同时,每个 Node 也会部署 kube-proxy 以便进行 Node 间的负载均衡。每个 Node 上都需要运行 kubelet(负责和 Master 节点通信,接受来自 Master 的指令并返回操作结果)、kube-proxy(负责实现网络代理和提供负载均衡服务)和 Docker Engine(负责实际管理容器)。

3) Pod

Pod 是提供一项服务所需要的一系列紧密相关的容器的集合(如应用容器和存储容器等)。这些容器共享 Pod 的 Network Namespace,对外表现为 IP 地址相同而端口号不同的服务。同时,Pod 也是 Kubernetes 集群中可部署的最小单位。每个 Pod 都有一个唯一的 IP 地址。通常使用 Replication Controller 让功能相同的 Pod 在数量上实现按需管理。由于维持数据 Docker 集群中数以万计容器的 NAT 映射关系十分麻烦,故 Kubernetes 要求容器之间的通信不能使用 NAT,并且容器和物理节点之间的通信也不能使用 NAT。为此,Kubernetes 提出了 Per Pod Per IP 的基本原则,使用户不需要在访问服务时考虑如何建立到包含目的服务的 Pod 的连接。

4) Service

Service 是 Kubernetes 集群中一组提供相同服务的 Pod,以及访问这些 Pod 的方式,以提供一个外部访问这些 Pod 的接口。

5）Label 与 Label Selector

Label 是一个保存在 etcd 中的 Key-Value 形式的“键-值”对。可以根据业务需要给 Pod、Node 以及 Service 等对象添加一个或者多个 Label，并通过 Label Selector 选择完成业务所需要的对象。

2. 容器网络的管理

与虚拟机相比，容器更加倾向轻量级 Web 服务的快速交付。在 Kubernetes 集群中，Pod 是一系列业务上紧密相关的容器的集合，而 Service 又是一系列对外提供相同服务的 Pod 的集合。对于用户，显然是不需要考虑 Kubernetes 集群是如何进行负载均衡的。用户只需要向集群发送请求，并做好接收结果的准备。而且，管理人员也不希望此类负载均衡服务需要频繁的人工干预。因此，如何在 Kubernetes 集群中对用户和管理员两方面都实现透明的 Service 内的负载均衡，是 Kubernetes 集群架构的重要功能。

从总体上说，要实现对用户和管理员都透明的负载均衡功能，Kubernetes 集群需要把 Service Cluster 分为前端和后端两组，并仅向用户提供前端服务器的虚拟 IP（VIP）地址和虚拟端口号，让外部请求统一经过这组前端服务器（Frontend）的处理后才最终指派完成该请求的物理后端服务器（Backend）。在 Kubernetes 集群中，完成负载均衡任务的是 kube-proxy。它使用了 3 种不同的方式实现了 Service 内的负载均衡。但无论是哪种方式，都要求 kube-proxy 持续监视 Master 节点创建、删除和修改 Service 的操作，以及对外提供的 IP 地址和端口号（即服务发现）。Kubernetes 实现此功能的 3 种方式。

1）在 Userspace 监听用户请求

kube-proxy 会在发现新 Service 时随机打开一个新端口，并向 iptables 添加一条新的表项，使来自外部的流量转发此新端口。然而，由于这种方式要求 kube-proxy 持续监听入站请求，并根据请求的 IP 地址进行转发。因此，这种方式会在用户态和内核态中多次复制数据，导致较大的性能开销。

2）基于 Linux iptables 规则

kube-proxy 会在发现新 Service 时，为每个已知的 Service 向 iptables 中添加转发规则，使得客户访问 VIP 地址的请求能够被正确地转发到后端服务器。与基于 Userspace 的方式相比，由于 iptables 工作在用户态，使基于 iptables 的方式能够避免在用户态和内核态之间频繁复制数据包，因此消除了此类操作带来的额外性能开销。这种方式在 Kubernetes v1.2 以后的版本采用默认方式。

3）基于 IPVS

在大型 Cluster 中（如超过 10 000 台服务器），基于 iptables 的方式不可避免地会遇到性能问题（特别是在查找对应服务器时和实现负载均衡上）。因此，在 Kubernetes v1.8 以后的版本也提供了基于 IPVS（IP Virtual Server）负载均衡方式。这种方式会把 IPVS 安装在 LVS（Linux Virtual Server）集群上，并作为负载均衡节点，然后对外提供一个 VIP 地址和虚拟端口号。用户访问该 VIP 地址和虚拟端口号时，其请求会被 IPVS 分配到不同的 Pod 上，达到负载均衡的效果。

3.5 本章小结

本章重点讲述了服务器虚拟化与网络技术的相关概念。为提高虚拟化场景的性能，业界提出了硬件辅助虚拟化技术(如直接分配、VMDq 和 SR-IOV 等)。该技术能够利用硬件特性来加速虚拟化场景下的数据处理，极大地提高了虚拟化场景下应用的运行速度。为了接入数量众多的虚拟机实例和容器实例，需要在 Hypervisor 中部署虚拟交换机。此外，云数据中心通常使用 Docker 集群来对应用进行容器化，以及用于管理和编排操作的 Swarm 和 Kubernetes 软件。本章以 Docker 为例，对容器接入外网的方式进行了简要介绍；并以 Kubernetes 为例，介绍了 Kubernetes 的基本概念以及 Kubernetes 管理容器间的网络互联的常用方式。

3.6 习题

1. 什么是虚拟化？虚拟化技术有几种分类？为何要使用虚拟化技术？
2. 常用的 Hypervisor 有哪几种？
3. 什么是主机网络技术？
4. 什么是硬件辅助的虚拟化技术？
5. 什么是虚拟交换机？有哪几种常用的虚拟交换机？
6. 什么是边际虚拟网桥？
7. 什么是容器？容器是如何与外网进行通信的？
8. Kubernetes 是什么？Kubernetes 是如何管理容器集群的网络通信的？

第4章

网络虚拟化技术

Network virtualization is the bridge from solving today's problems to solving tomorrow's.

网络虚拟化是解决当下和未来问题的桥梁。

——Bruce Davie

本章目标

学习完本章之后，应当能够：

(1) 理解并给出网络虚拟化的概念和优势。

(2) 列举传统网络隧道技术并做对比。

(3) 理解 VXLAN 技术以及其转发实例。

(4) 理解 VPC 技术。

在现代云数据中心中，所有的资源都需要通过网络互相连接，使得网络虚拟化与计算虚拟化和存储虚拟化一样重要。特别是在多租户的数据中心内，同一套物理网络设备上通常需要传输来自不同租户的数据。如何有效地对物理网络设备进行抽象，并隔离来自不同用户的数据流，成为当前多租户数据中心网络研究的热点，催生出多种隧道技术。通过使用适当的隧道技术，为每个租户的数据流在同一套物理网络设备上创建逻辑上互相独立的隧道，就可以使来自不同租户的数据不会互相产生冲突。本章首先简介网络虚拟化的基本概念；其次介绍一些常用隧道技术，如 VLAN 和 VXLAN 等，最后以 Amazon VPC 网络为例介绍如何在多租户数据中心中应用这些隧道技术来实现隔离不同租户的数据流。

4.1 网络虚拟化概述

在传统的数据中心网络中，由于没有网络虚拟化，每台交换机都需要在转发信息库(Forwarding Information Base，FIB)中为每台虚拟机都分配一个条目。在转发数据包的过程中，查询条目数巨大的 FIB 可能会带来巨大的网络延迟。同时，不同用户的数据帧均需在同一个“大二层网络”中进行传输，会带来巨大的安全性风险。这些问题都可以使用网络虚拟化和适当的隧道技术加以解决。

网络虚拟化是指通过虚拟化技术把物理网络虚拟为多个逻辑网络，其实现方式通常是使用不同的标签(如 VLAN Tag)等方式来区分属于不同用户的数据流，并使用隧道等技术实现对用户数据的透明传输。对于用户，所能感知到的是基于物理网络虚拟化之后的虚拟网络。但在实际网络中，所有用户的数据流都在同一套网络设备上进行传输，实现了多租户对网络基础设施的共享。在网络虚拟化的基础上，云服务提供商就能够实现更加灵活的资源分配，进一步降低运营成本。

把物理网络划分为多个虚拟网络的优点在于可以对每个逻辑网络都单独进行管理，使管理员能够部署自定义的网络协议和网络策略，使虚拟机在迁移时不更改 IP 地址，以及以更快的速度部署应用等。总而言之，网络虚拟化是实现云数据中心中各项资源高效利用的重要技术。

4.2　传统网络隧道技术

为了能让租户的数据在数据中心不会产生冲突，数据中心的管理员通常会为每个租户提供一个使用隧道技术实现的虚拟局域网(Virtual Local Area Network，VLAN)。传统网络隧道技术包括 VLAN、Q-in-Q、MPLS、GRE 等。

4.2.1　VLAN 与 Q-in-Q

VLAN 是一种基于以太网的网络虚拟化技术。它可以通过在同一个物理局域网中划分出多个逻辑上独立的虚拟局域网的方式，来隔离不同用户的广播域。VLAN 技术非常灵活，划分的虚拟局域网可以不受交换设备物理位置的影响。在当前的多租户云数据中心虚拟化网络中，把不同租户的网络互相隔离的方法很多都是采用类似 VLAN 的思想。VLAN 技术中，通过给每个租户分配一个唯一的 VLAN ID 来为每个用户创建一个虚拟的二层网络，管理员就可以使不同租户的数据不会互相干扰。

但是 VLAN 的缺点也十分明显：VLAN ID 的数目十分有限，网络无法大规模扩展。基于 IEEE 802.11Q 的 VLAN 标准只支持 4096 个 VLAN ID(有效 ID 只有 4094 个)，远远无法满足实际需求。因此，业界也推出了虚拟可扩展局域网(Virtual eXtensible Local Area Network，VXLAN)技术使 VLAN 能够被应用在更多场景中(见 4.3 节)。

如图 4-1 所示，在 VLAN 使用场景中，不同交换机下的多台主机被划分到同一个 VLAN 当中，使在同一个 VLAN 当中的主机可以在数据链路层互通。而不在同一个 VLAN 当中的主机则无法互通，实现了在同一个物理局域网中创建多个虚拟局域网并提供网络隔离等功能。

但在多租户的云环境下，有一些租户需要向云服务提供商租用设备以创建自己的虚拟数据中心(Virtual Data Center，VDC)。这些租户往往需要在 VDC 内部创建自己的 VLAN 以实现内部资源的隔离。由于 IEEE 802.11Q 标准最多只能提供 4094 个可用 VLAN ID，无法满足具有大量用户的业务需求。因此，业界又提出了 Q-in-Q 的解决方案。

Q-in-Q(IEEE 802.1ad)也称 Stacked VLAN 或者 Double VLAN，是一种基于 IEEE

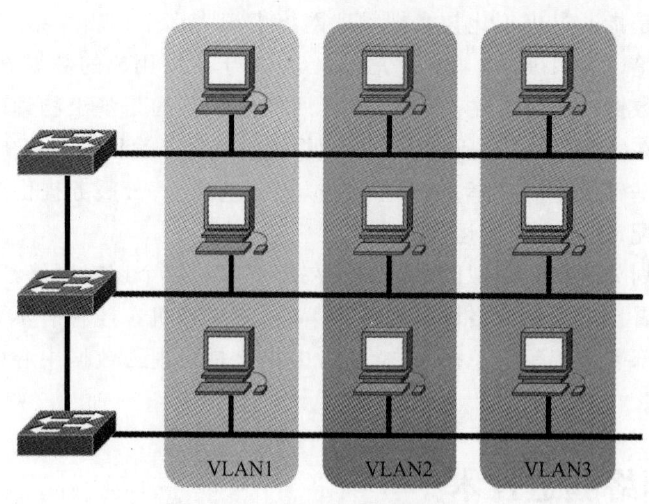

图 4-1　VLAN 使用场景举例

802.1Q 标准进行扩展后的隧道技术。其核心思想是在 VLAN 以太网帧中,把用户私网的 VLAN Tag 封装到运营商公网的 VLAN Tag 中,以堆叠使用两个 IEEE 802.1Q 标签。这样就实现了对带 VLAN Tag 的用户以太网帧的透明转发,并且使得不同用户的以太网帧在运营商网络中传输时不会发生混淆。以太网帧、VLAN 和 Q-in-Q 的帧结构如图 4-2 所示。

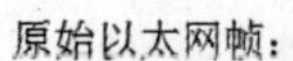

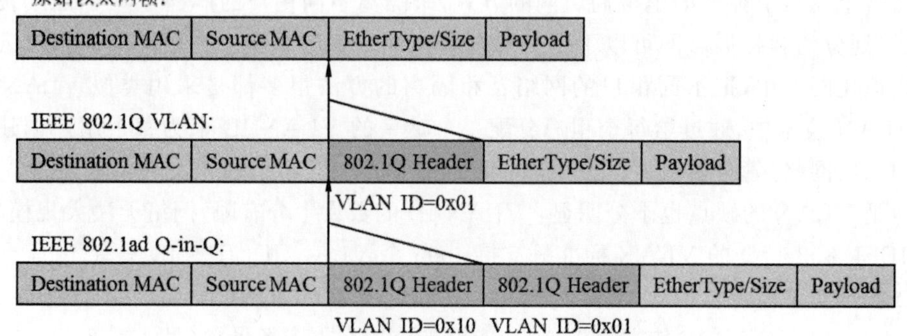

图 4-2　以太网帧、VLAN 和 Q-in-Q 的帧结构

在用户本身也需要使用 VLAN 的情况下,从用户网络发出的以太网帧内已经携带有 VLAN Tag。在进入运营商网络后,由用户添加的 VLAN Tag 会连同用户的数据被运营商的网络设备看作是数据,然后再根据运营商给这些用户分配的 VLAN ID 添加新的 VLAN Tag。而当这些数据包离开运营商网络时,运营商写入的 VLAN Tag 会被剥去,以向用户转发原始的以太网帧。具体 Q-in-Q 转发过程的示例,如图 4-3 所示。

4.2.2　MPLS

在 TCP/IP 体系中,报文的转发依据是报文的源(目的)IP 地址和源(目的)端口号。

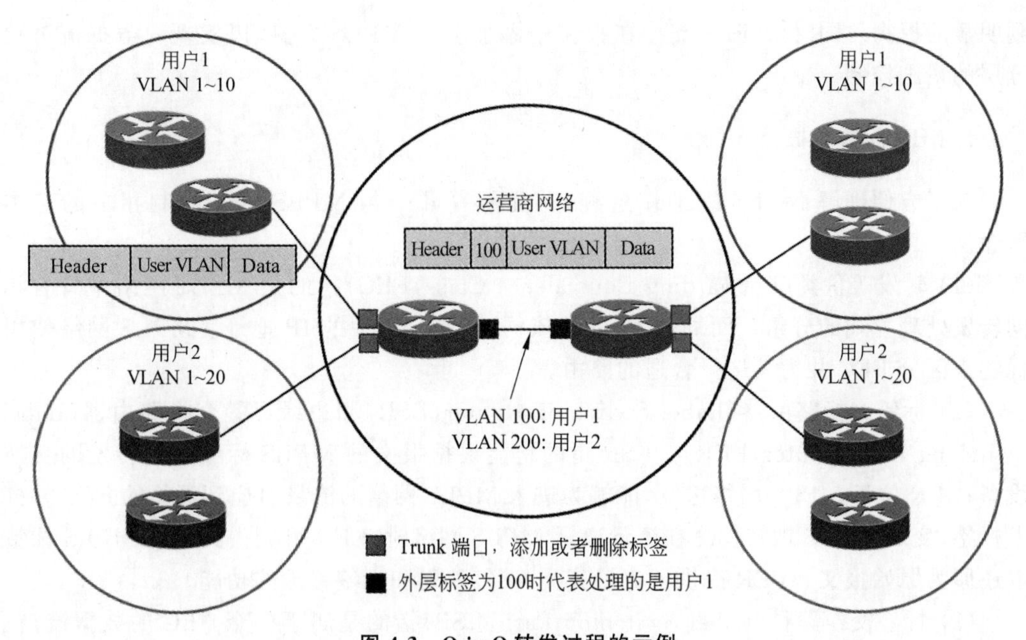

图 4-3　Q-in-Q 转发过程的示例

因此，在每个 IP 网络的节点处，都需要在路由器 FIB 中按照最长匹配规则来确定下一跳端口。这种方式可能因为需要多次查找路由表而带来较大的性能开销。在大流量情况下，基于最长匹配规则来查询下一跳所带来的性能开销变得不可接受。因此，业界提出了多协议标签交换(Multi-Protocol Label Switching，MPLS)来解决这个问题。

MPLS 是一种基于标签的转发技术，能够承载任意的数据协议(如 IPv4 和 IPv6)，并且可以工作在任何链路协议(如以太网和 ATM 网络等)。图 4-4 是 MPLS 网络示例。

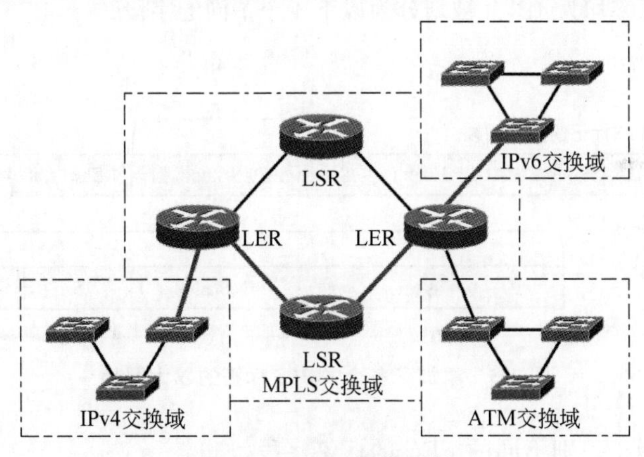

图 4-4　MPLS 网络示例

MPLS 被设计为一个工作在数据链路层协议之上和网络层协议之下的“2.5 层”协议，以起到隔离上下层网络的目的。MPLS 的核心思想是把 TCP/IP 体系中基于 IP 五元组的选路转发机制替换为 MPLS 中基于定长标签的转发机制，使网络转发的效率能够得到明显的提高。同时,MPLS 支持在报文中添加多个 MPLS 标签,以实现对数据流进行分层的精细控制。

1. MPLS 基本概念

为了方便理解 MPLS 的工作过程,首先解释几个与 MPLS 转发机制相关的基本概念。

(1) 转发等价类(Forwarding Equivalence Class,FEC)指的是 MPLS 网络中具有相同转发处理方式的分组。而划分 FEC 的依据,则是分组中的 IP 地址。MPLS 网络使用标签来区分 FEC 并为其选择合适的路由。

(2) 标签交换路由器(Label Switching Router,LSR)和边缘标签交换路由器(Label Switching Edge Router,LER)。LSR 指的是能根据报文的 MPLS 标签进行转发的交换设备;LER 位于 MPLS 网络边缘,能够为进入 MPLS 网络的流量对应到具体的 FEC 并打上标签,变成 MPLS 帧转发。在流量离开 MPLS 网络时,LER 可剥去其上的 MPLS 标签以还原为原始报文。LER 提供了流量分类、标签映射和标签移除的功能。

(3) 标签交换路径(Label Switching Path,LSP)指的是属于一个 FEC 的数据流,在 MPLS 网络的不同节点被赋予确定的标签,然后交换设备按照携带的标签进行转发。数据流所走的路径称为 LSP。

2. MPLS 帧结构

MPLS 的核心就是数据帧中所包含的一个或者多个 32b 定长 MPLS 标记,如图 4-5 所示。在 MPLS 网络中,交换设备根据报文中的 MPLS 标记来转发。假设以太网作为下层协议,图 4-5 中展示了一个携带了两个 MPLS 标签(MPLS Label ＃1 和 MPLS Label ＃2)的报文。每个 MPLS 标签均为 4B,并被划分为以下 4 个不同的字段。

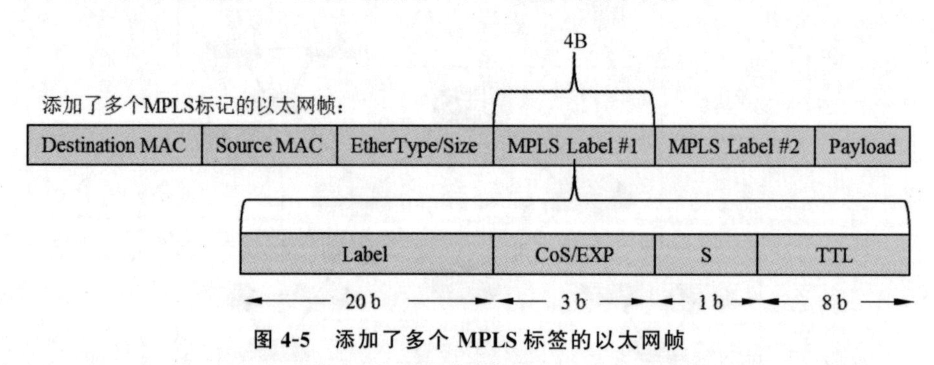

图 4-5 添加了多个 MPLS 标签的以太网帧

(1) Label:用于识别不同的 FEC 的标签字段。

(2) CoS/EXP:用于提供 8 个转发优先级。

(3) S:表示当前标签是否为栈底标签。

(4) TTL:用于防止报文在环路中传输,用法与 IP 中的 TTL 字段相同。

对报文中的 MPLS 标签可以进行以下 3 种基本操作。

(1) PUSH:给报文压入一个新的标签,在 IP 报文进入 MPLS 转发域时或需要跨

MPLS 转发域时进行此操作。

(2) SWAP：将 MPLS 报文的外层标签删除并使用一个新的标签替换，用于给到达的 MPLS 报文替换转发到下一跳的 MPLS 标签。

(3) POP：将 MPLS 报文的标签删除，用于 MPLS 报文离开 MPLS 转发域而进入 IP 转发域。

理论上，MPLS 标签能够无限嵌套，为 MPLS 提供了无限的灵活性。而在实际应用中，一般 MPLS 标签的嵌套层数为两三层就能够使各方面的性能都达到最佳。

3. MPLS 转发过程

如图 4-4 所示，在 MPLS 网络中，LER 负责给 IPv4、IPv6 和 ATM 等网络所发送来的报文添加 MPLS 标签，并提供快速优质的 LSP 转发通道。在报文离开 MPLS 网络时，LER 也负责剥离报文中的 MPLS 标签以还原为原始报文，并向外网转发。而图 4-4 中所示的数段灰色路径即为不同 MPLS 转发设备所组成的一条 LSP。

MPLS 报文的转发过程分 3 部分：进入 LSP、在 LSP 中传输及离开 LSP。

(1) 进入 LSP：IP 分组报文在 LER 处进入 MPLS 网络后，首先 LER 会提取该 IP 报文的目的 IP 地址，并在 FIB 中查询该目的 IP 地址所对应的标签；其次根据配置的 QoS 策略计算 EXP 位，同时将 TTL 值减 1，将以上字段封装成为 MPLS 标签后添加到该 IP 报文中以形成 MPLS 报文；最后 LER 会把该报文向对应的端口转发，使该 MPLS 报文进入 LSP 隧道。

(2) 在 LSP 中传输：LSP 中的每跳都会查询该 MPLS 报文的栈顶标签，然后查表获得输出端口信息和转发到下一跳所需要的标签。接着使用 SWAP 操作把现有的 MPLS 标签替换为转发到下一跳所需的 MPLS 标签。在处理好 EXP 和 TTL 字段之后就转发到下一跳。

(3) 离开 LSP：LSP 另一端的 LER 会删除该 MPLS 报文的 MPLS 标签，并向对应的输出端口转发此报文。

4.2.3　GRE

1. GRE 协议概述

通用路由封装(Generic Routing Encapsulation，GRE)协议的目标是对某些网络层协议(如 IPv6、IPX 和 Apple Talk)进行封装，然后通过创建隧道的方式使得这些被封装的报文能够在另一个网络层协议(通常为 IPv4)中进行传输，从而解决不同网络层协议的报文传输问题。GRE 协议中的隧道是一条点对点的连接，提供了一条数据通路，使被 GRE 协议封装后的数据报文能够在基于其他网络层协议的网络中通行。隧道两端分别是 GRE 协议的封装与解封装节点，负责把其他网络层协议的数据报文封装到 GRE 协议数据报文中，以及还原为原始网络层协议。在图 4-6 所示的例子中，GRE 隧道被用来封装 IPv6 数据包，然后在 IPv4 网络上构造隧道使不兼容的 IPv6 数据包能够通过隧道抵达另一端的 IPv6 网络。

图 4-6 连接 IPv4 和 IPv6 网络的 GRE 隧道

2. GRE 协议帧结构

GRE 协议封装后的数据帧结构如图 4-7 所示。假设使用 GRE 协议封装 IPv6 数据包，并在 IPv4 网络上进行传输。在帧结构最前端的是用于传输 GRE 报文的网络层协议包头(此处为 IPv4 包头)，之后是 GRE 协议的包头。在 GRE 协议的包头中，必须包含一系列用来定义 GRE 封装的标志位，以及指示所封装的协议类型的 Protocol Type 字段(此例中，其值为表示 IPv6 的 0x86DD)。GRE 包头中各字段的含义由 RFC 1701 定义，部分典型字段如表 4-1 所示。

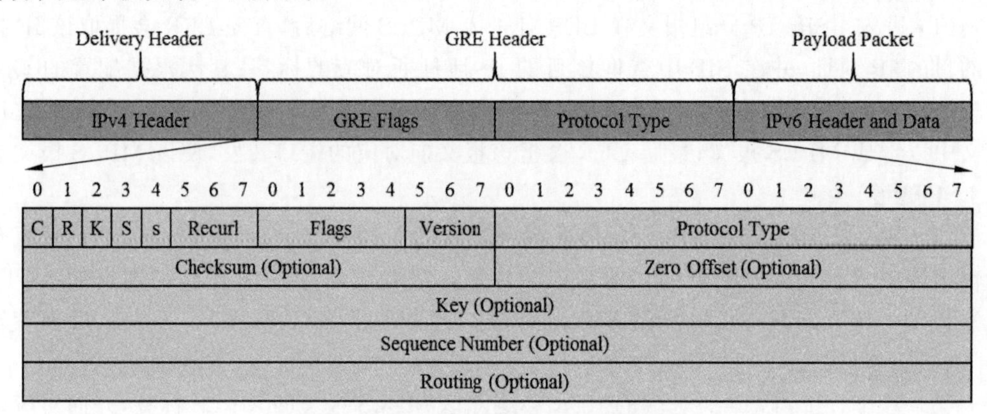

图 4-7 GRE 协议封装后的数据帧结构

表 4-1 GRE 包头中部分典型字段的含义

字段名称	含　义
C	指示是否携带 Checksum(可选字段)，计算范围为 GRE 包头和 Payload
R	指示是否携带源路由，非常用字段
K	指示是否携带数据流的 Key，该字段只能用来指示收到的数据包是否来自源端，但不提供任何安全性保证，也可以用于识别不同的数据流
S	指示是否携带报文序列号
s	指示是否携带严格的源路由(Strict Source Route)信息
Recurl	指示该数据包是否使用 GRE 进行递归封装
Version	GRE 协议的版本号；版本字段必须置为 0；Version 为 1 是使用在 RFC 2637 的 PPTP 中

续表

字段名称	含　义
Protocol Type	携带的 Payload 协议的版本号。Payload 为 IPv4 时，该字段为 0x800；Payload 为 IPv6 时，该字段为 0x86DD
Zero Offset	全零填充，使 GRE 包头的长度对齐为 64 位字的倍数

在需要提供安全性的环境中，可以使用 GRE 包头中的 Key 字段来验证关键字，关键字不一致的 GRE 报文会被直接丢弃。也可以使用 Checksum 字段来确认 GRE 包是否完整。由于 GRE 协议并不会加密其 Payload，如果需要保密传输，可以使用互联网络层安全协议(IPSec)来对 Payload 进行加密和解密(此技术称为 GRE Over IPSec)。

4.3　VXLAN 技术

为了解决 VLAN 在数据中心环境中的问题(如 VLAN ID 不足等问题)，Cisco 和 VMware 公司合作提出了 VXLAN，并且其技术已经成为 IETF 的标准 RFC 7348。

4.3.1　VXLAN 的基本概念

VXLAN 是一种“大二层网络”的虚拟化技术，在现有的三层物理网络上构造出虚拟的“大二层网络”，如图 4-8 所示。VXLAN 属于 Overlay 网络技术的一种，采用 UDP 进行封装，通过封装技术使租户的二层报文能够跨越三层网络进行传输。对于云环境下的租户，网络是完全透明的，同一租户的不同站点就像工作在同一个局域网中。

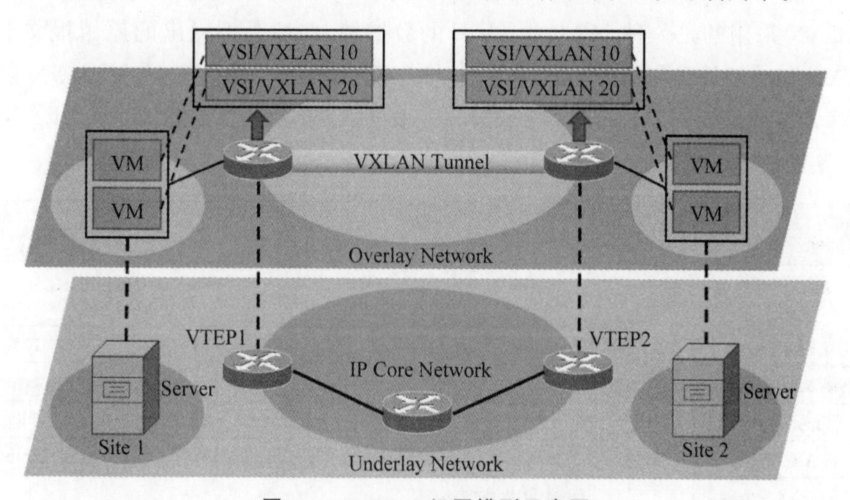

图 4-8　VXLAN 组网模型示意图

VXLAN 技术主要有如下优点。

(1) 低成本实现跨三层的“大二层网络”：VXLAN 通过隧道技术实现了三层网络上的逻辑“大二层网络”。

(2) 在一个虚拟网络中为租户提供充足的 ID 数量：同一个 VXLAN 内允许高达

1600万个虚拟“大二层网络”。

(3) 实现租户隔离：由于终端主机的MAC地址隐藏在数据帧内部进行传输，因此能够在不同的VXLAN中实现IP地址、MAC地址的复用，租户无须担心与其他租户发生冲突。

(4) 可以感知虚拟机：VTEP直接与虚拟机连接，可以针对其进行网络流量的控制，还能极大地方便虚拟机迁移。

(5) 支持细粒度的负载均衡：由于VXLAN使用了UDP封装，可通过不同的源UDP端口进行多种类型的负载均衡实现。

VXLAN中定义的一些基本概念：

(1) VXLAN隧道端点(VXLAN Tunnel End Point，VTEP)：VXLAN的封装点，关于VXLAN的处理过程都在VTEP上进行。例如，基于VXLAN对数据帧进行二层转发，对数据帧的封装和解封等。VTEP通常连接到一个通信源，如服务器或虚拟机，也可以是一台独立的物理设备。

(2) VXLAN网络标识符(VXLAN Network Identifier，VNI)：用于标识VXLAN，使用24位整数进行标识，足以支持上千万租户的使用，完全满足数据中心网络的需求。

(3) VXLAN隧道：两个VTEP之间的点对点的逻辑隧道，没有具体的物理实体相对应。隧道双方无法感知底层网络的存在，是一种虚拟通道。具体实现方式为一端的VTEP通过封装VXLAN包头、UDP包头和外部IP包头，VXLAN隧道传输到另一端的VTEP后再进行解封装。

4.3.2 VXLAN帧结构

VXLAN采用的是一种MAC-in-UDP的数据帧，在源终端发出的原始报文上依次加入VXLAN包头、UDP包头、外部IP包头和外部MAC帧头。其中，VXLAN包头用于保存VXLAN相关的内容，而UDP包头用于在底层网络上传输报文。VXLAN的帧结构如图4-9所示。

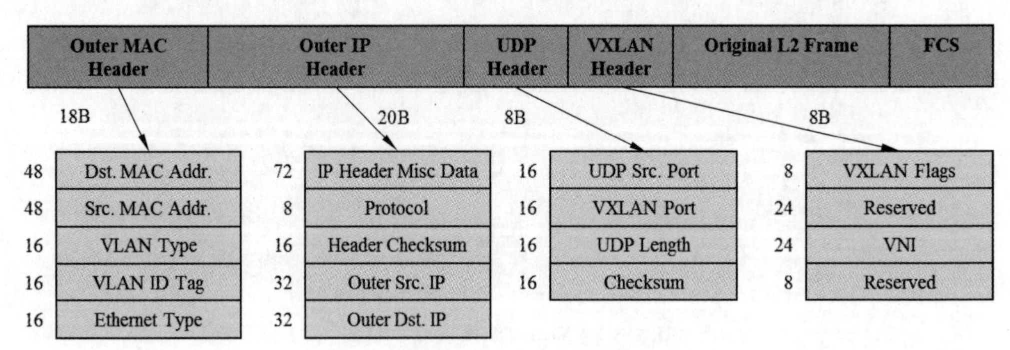

图4-9 VXLAN的帧结构

(1) VXLAN包头：8B，包括VXLAN标识、VNI和两个保留字段。其中，标识位的i标志必须设置为1，VNI用于指定通信虚拟机所在的单个VXLAN。

(2) UDP包头：8B，包括UDP源端口、VXLAN端口、UDP长度和校验和。源端口由VTEP产生，并可通过随机生成来实现多路径负载均衡(Equal-Cost Multipath Routing，ECMP)。VXLAN端口默认使用4789，也可自行指定。

(3) 外部IP包头：20B，包括IP包头、协议、校验位、外部目的IP地址和外部源IP地址。封装外层的IP头，与传统IP相差不大。经过封装后的外部源IP地址是源终端所连接的VTEX的IP地址，而非源终端的地址与外部目的IP地址类似。

(4) 外部MAC包头：18B，包括源MAC地址和目的MAC地址、VLAN类型、VLAN Tag和以太网类型，其中VLAN类型和VLAN Tag为可选项(共4B)。格式基本与传统的以太网一致，经过封装后源MAC地址是源终端连接的VTEP的MAC地址，而目的MAC地址是目的终端所连接的VTEP的MAC地址或是在到达目的终端过程中下一跳设备的MAC地址。

4.3.3 VXLAN数据帧转发

VXLAN数据包的转发过程如图4-10所示。在VM1向VM2发送数据前，需要先知道VM2的MAC地址(将在4.3.4节讨论这个过程，这里假设是已知的)。VM1向VM2发送数据包的过程如下。

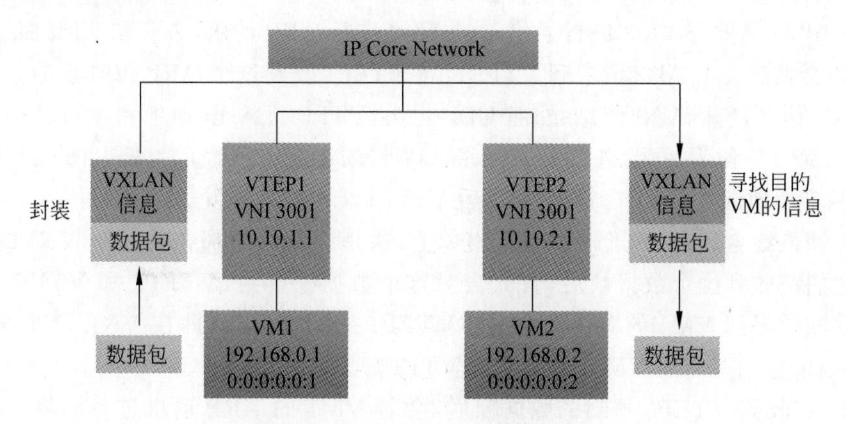

图4-10 VXLAN数据包转发过程

(1) VM1发送IP数据包到VM2，即数据包从IP地址192.168.0.1～192.168.0.2。

(2) VTEP 1收到该数据包后，查找VXLAN信息后，确定这个IP数据包的目的地为VTEP2，即对该数据包进行封装，封装内容包括VXLAN包头、UDP包头、外部IP包头和外部MAC包头。

(3) VTEP 2接收到该数据包后，拆分该数据包找到VNI为3001的端口组，找到VM2并转发。

(4) VM2收到该数据包后进行处理。

4.3.4 Case Study：使用VXLAN实现ARP

本节通过一个使用VXLAN实现ARP的实例，来解释VTEP对数据帧的封装和解封以及VXLAN的工作原理，如图4-11所示。

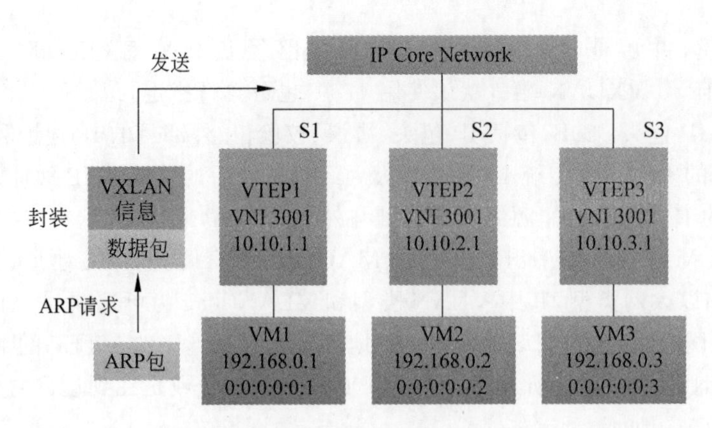

图 4-11　VXLAN 实现 ARP 的拓扑图

网络中包含 3 台服务器 S1、S2 和 S3 分别部署了 3 个 VM，同时还分别部署了 3 个 VTEP。VTEP 作为 VXLAN 的封装点，主要负责数据帧的封装和解封。假设 3 个 VTEP 的 VNI 同为 3001，即它们处于同一个 VXLAN，并假定该 VNI 绑定了一个组播地址 235.1.1.1。

如果 VM1 需要与 VM3 进行通信，首先需要进行 ARP 请求，来获取 VM3 的 MAC 地址。VM1 会发送一个 ARP 请求到 VTEP1，当 VTEP1 收到这个 ARP 包时会进行封装，添加 VXLAN 信息，包括 VNI 信息、外部 UDP 包头、VTEP 目的 IP 地址和 VTEP 的源 IP 地址。其中，VNI 字段为 3001，外部 UDP 头部端口号固定为 4789，而 VTEP 目的 IP 地址将设为 VNI 的广播地址 235.1.1.1。封装完成后 VTEP1 将该数据帧发送到网络中。

数据帧最终会达到 VTEP2 和 VTEP3 上，这是因为它们都在同一个 VNI 的多播组内。当它们都收到这个数据帧后，首先会对这个数据帧解封，VTEP2 和 VTEP3 可以由这个数据帧学习到 VM1 的 MAC 地址与 VTEP1 的相关信息（即在 VNI 3001 这个虚拟网段中，如果它们要访问 VM1，可以通过 VTEP1）。

VM3 在收到 VTEP3 解封的数据帧后，会对 VM1 的 ARP 请求进行回复。VM3 对 VM1 发送 ARP 响应帧，会分别经过 VTEP3 和 VTEP1，并再次进行封装和解封的操作。当 VM1 收到 VM3 的回复时，它也将学习到 VM3 的 MAC 地址。同时，VTEP1 也会学习到 VTEP3 与 VM3 的对应关系。VM3 回复 VM1 时，采用的是单播的方式。在完成 ARP 学习后，VM1 与 VM3 的通信都将采用单播的方式完成。

至此，一个 ARP 请求的过程完成。值得注意的是 VNI 多播地址数量的问题，如果所有的 VNI 共用一个多播地址，当发生 ARP 请求时，所有的 VTEP 都将收到该消息；如果每个 VNI 采用不同的多播地址，那么面临地址数量难以管理的问题。所以，如何制定多播地址需要考虑一个合适的方案。

4.4　其他网络虚拟化技术

除了 VXLAN 外，还有一些针对网络虚拟化的隧道技术，一般是基于 VLAN、MPLS、GRE 等的衍生技术。本节介绍 NVGRE、STT 和 Geneve 等新兴的隧道技术。实现网络虚拟化的隧道技术的对比如表 4-2 所示。

表 4-2　实现网络虚拟化的隧道技术的对比

技术名称	标　　准	提出者或支持者	虚拟化方式	特　　点
VLAN	IEEE 802.11Q	IEEE 提出	VLAN Tag	较早提出的网络虚拟化概念
Q-in-Q	IEEE 802.1ad	IEEE 提出	使用两个 VLAN Tag	从租户数量上对 VLAN 的改进
MPLS	IETF RFC3031	IETF 提出，Cisco、Juniper 公司支持	MPLS 标签	目的是提高路由交换设备的转发速度
GRE	IETF RFC1701	IETF 提出	GRE 包头	实现一条点对点的连接隧道
VXLAN	IETF RFC7348	Cisco、VMware 等公司支持	VXLAN 包头	较为成熟且应用广泛的虚拟化技术
NVGRE	IETF RFC7637	Microsoft、Intel、HP、Dell 等公司支持	NVGRE 包头	用于在大型网络中解决 VLAN ID 数量不足
STT	IETF 草案阶段	VMware 公司提出	STT 包头	用于数据中心的虚拟交换机之间传输大量数据
Geneve	IETF 草案阶段	NVo3 提出	Geneve 包头	使用 UDP 头封装节省性能开销；避免了 STT 一些穿越问题

4.4.1　NVGRE

NVGRE(Network Virtualization using Generic Routing Encapsulation)是由 Microsoft、Intel、HP 和 Dell 等企业主导的，用于在大型网络中解决 VLAN ID 数目不足问题的网络虚拟化协议。NVGRE 使用了 GRE 包头中的低 24 位作为租户网络识别符(Tenant Network Identifier，TNI)，以提供约 1600 万个 ID 来区分网络中不同的虚拟网络。NVGRE 使用 GRE 作为二层数据包隧道的基础，把来自用户网络的二层数据帧完整地封装到 Payload 中。

NVGRE 对传统的 GRE 进行了改造，一个 24 位的 VSID(Virtual Subnet Identifier)字段用于标识租户，通过 VSID 划分一个虚拟二层广播域。同时加入了外部以太网帧头、外部 IP 包头和 GRE 包头。一个标准的 NVGRE 包头格式如图 4-12 所示。

(1) 外部以太网帧头：18B，由外部目的地址、外部源 MAC 地址、可选以太网格式、外部 VLAN Tag 信息和以太网类型组成。经过封装后，外部目的 MAC 地址为目的 NVE(Network Virtualization Edge)的下一跳设备的 MAC 地址，而外部源 MAC 地址则是定义的 Endpoint 的 MAC 地址。

(2) 外部 IP 包头：20B，外部帧的 IP 地址为 PA(Provider Address)，这是分配给 NVGRE Endpoint 的物理网络 IP 地址，可以是一个或多个，用户虚拟机可以利用策略来控制选择哪个 PA。

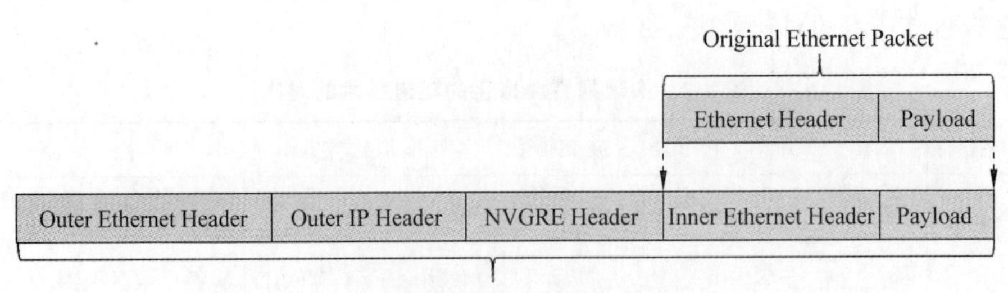

图 4-12　在以太网上使用 NVGRE

(3) NV GRE 包头：8B，C 位和 S 位必须置 0，K 位必须置 1。VSID(虚拟子网 ID)是保留给特定厂商 NVE-NVE 通信的。

(4) 内部以太网帧头：18B，NVGRE 的内部以太网帧头不允许存在 802.1Q 标签，因此必须在封装成帧前删除所有的 802.1Q 标签。解封装时，若 NVGRE 帧的内部以太网包头包含此标签，则必须将其丢弃。

4.4.2 STT

无状态隧道传输(Stateless Transport Tunneling，STT)技术是 Nicira 和 VMware 等公司提出的一种 MAC-over-IP 的封装方案，主要用于数据中心网络环境下虚拟交换机之间传输大量数据。STT 的包头被设计为与 TCP 包头相似的结构，如图 4-13 所示，以充分利用网卡上的 TSO(TCP Segmentation Offload)功能，使得分片和重组数据包的操作能够卸载到网卡上执行，从而降低对服务器 CPU 资源的占用。与 TCP 不同，STT 没有任何状态信息。

0 1 2 3 4 5 6 7	0 1 2 3 4 5 6 7	0 1 2 3 4 5 6 7	0 1 2 3 4 5 6 7
Source Port		Destination Port	
Sequence Number (Reused as STT Frame Length or STT Fragment Offset)			
Acknowledgement Number (Reused as similar to IPv4 Identification or IPv6 Fragment Header)			
Data Offset	Reserved U A P R S F	Window (ignored)	
Checksum		Urgent Pointer (ignored)	
Options			Padding

图 4-13　STT 的类 TCP 包头结构

在 STT 的类 TCP 包头中，原 TCP 包头所定义的确认号字段被 STT 用来告诉网卡哪些数据包是属于同一个巨型帧(Jumbo Frame)的，并让网卡把序列号相同的分片组装起来。而原 TCP 包头所定义的序列号字段，被 STT 用来告诉网卡这些数据包的片偏移，使这些分片能够以正确的顺序被重组。对于支持 TSO 的网卡，STT 数据包与 TCP 数据包是等价的。而实际执行封装和解封装操作的端点是 Hypervisor 中的虚拟交换机。目前 STT 技术已经得到了 OVS 和 VMware Distributed Virtual Switch 等的支持。

以太网的网卡可以支持最大 16KB 的巨型帧。即使是底层以太网网卡需要再进行切分后才能发送 64KB 的巨型帧，但在 STT 隧道和网卡的支持下，接收方仍可以收到一个完整巨型帧而无须 CPU 参与。在支持 STT 的虚拟交换机收到由虚拟机下发的一大块消息后，由虚拟交换机在适当处理后添加STT包头。添加完STT包头后，这些数据包会被拆分为小于物理链路MTU的数个分片，并在实际传输之前被添加上类TCP包头和以太网帧头。由于使用了与TCP类似的包头，故STT可以借用网卡的TSO功能来避免CPU的参与。而且，STT提供了64位Network ID来区分不同的网络，能够在更大规模的网络中使用(VXLAN和NVGRE只有24位)。除此之外，由于STT是一种无状态的协议，因此不需要像TCP一样先建立连接后才能发送数据，大大降低了数据流的首包延迟。

STT的封装过程如图4-14所示。发送端的虚拟交换机在收到客户机发来的大块数据(包含完整的Ethernet+IP+TCP帧结构)后，把这一整块数据全部看作是STT中的Payload部分，然后为其添加STT包头(包头中包含64位长度的Context ID字段，用于区分不同的STT隧道)。添加了STT包头后的数据帧会被下发到物理网卡中，并在物理网卡的TSO功能的支持下，根据物理链路的MTU值进行适当分片。接收端网卡收到所有分片后，就会使用TSO功能，在无须CPU参与的情况下，根据类TCP包头中的信息，来组装成为一个完整的STT报文。接收方的虚拟交换机收到这样的一个完整的STT报文后，剥去STT包头，并根据其中的Context ID决定需要把这个报文交付给哪台目的虚拟机。

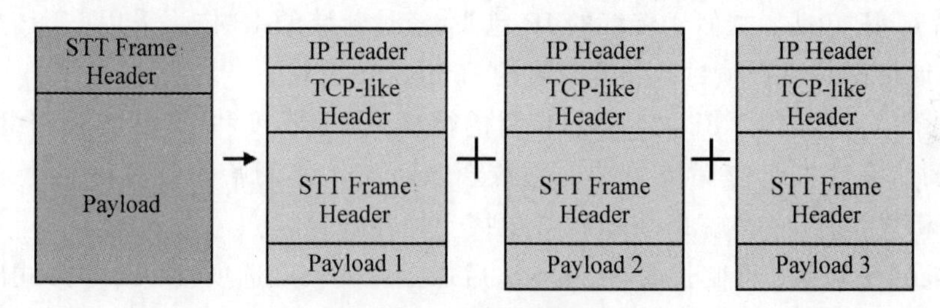

图4-14 STT的封装过程

4.4.3 Geneve

Geneve(Generic Network Virtualization Encapsulation)是由NVO3(Network Virtualization Overlays)提出的网络虚拟化协议，综合考虑了VXLAN、NVGRE、STT的优点和缺点，旨在通过为网络虚拟化提供通用的隧道封装框架，以顺应后续隧道机制的不断变化。由于GRE的包头缺乏可扩展性，Geneve采用了与VXLAN相同的MAC-in-UDP隧道。通过使用UDP封装，Geneve既可以节省由于维护有连接的隧道带来的巨大性能开销，也避免了由STT等无状态隧道带来的NAT等网络穿越问题。

与VXLAN类似，Geneve用UDP封装以太网帧，而Geneve包头则通过IPv4或IPv6进行传输。该协议使用一个小的固定隧道包头能提供控制信息，基本级别的功能和注重简单的互操作性。Geneve与VXLAN不同之处在于，VXLAN包头长度固定，而Geneve包头中增加了可变长度选项。Geneve基础头后面可以有多个选项。此选项以TLV的形式呈现，每个选项由4字节的选项头以及依据类型可变的选项数据构成，以支持未来的创新。最后，有效数据载荷由指定类型的协议数据单元(如以太网帧)组成。

具体的 Geneve 的封装方式和包头格式如图 4-15 所示。其中 Geneve 包头中主要包含以下 5 部分。

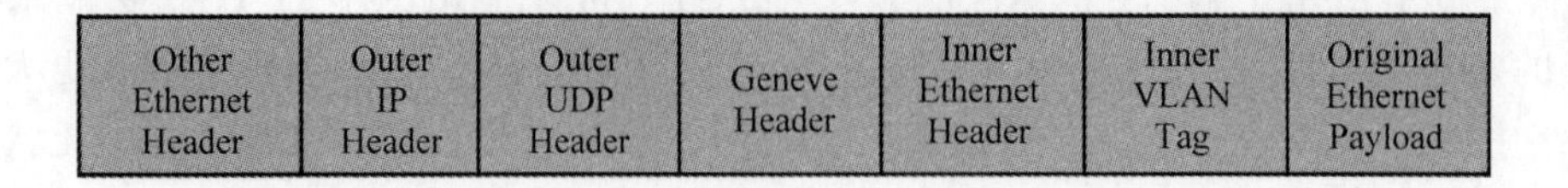

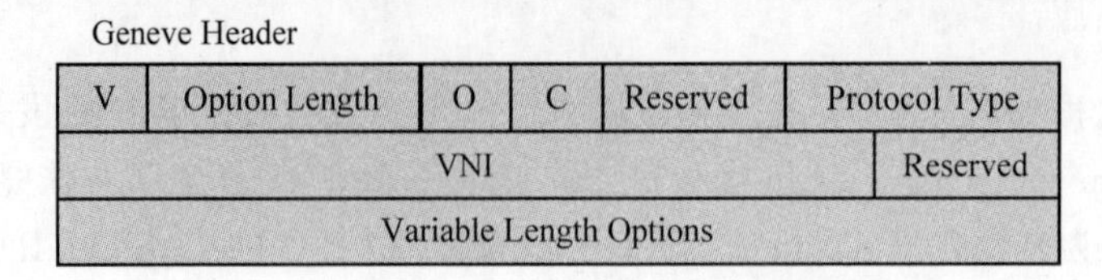

图 4-15 Geneve 的封装方式和包头格式

(1) 外部以太网帧头：18B，由外部目的 MAC 地址、外部源 MAC 地址、可选以太网格式、外部 VLAN Tag 信息和以太网类型组成。经过封装后，外部目的 MAC 地址为到达目的 Endpoint 的下一跳设备的 MAC 地址，而外部源 MAC 地址是源端 Endpoint 的 MAC 地址。

(2) 外部 IP 包头：类似于传统的 IP 包头，经过封装的 IP 包头采用 UDP 类型，而外部帧的 IP 地址则是负责帧封装和解封装的 Endpoint 地址。

(3) 外部 UDP 包头：8B，由源端口、目的端口、UDP 长度和 UDP 校验和组成。同属于一条流的所有数据包应保持源端口一致。Endpoint 使用哈希计算随机生成源端口。UDP 校验和置 0 时，接收端 Endpoint 必须接受帧并解封装。

(4) Geneve 包头：可变长度，在基本头后加上可变长度选项，以 TLV 形式出现，每个选项包含 4 字节的选项头和依据类型可变的选项数据。

(5) 内部以太网帧头，16B，内部目的(源)MAC 地址是目标(源)虚拟机 MAC 地址。

4.5 VPC 技术

4.5.1 VPC 概述

虚拟私有云(Virtual Private Cloud，VPC)最早是由亚马逊网络服务(Amazon Web Services，AWS)在 2009 年提出的一种云计算网络服务。VPC 并不是一项新的独立的技术，而是由亚马逊公司将之前已存在的服务和技术重新编排成了一项新的网络服务。从另一个角度看，VPC 更像是公有云服务商以打包的形式提供服务。

在 VPC 上，不同租户之间的网络是隔离的，租户在使用网络的时候不会受到其他租户的影响。以 AWS 所提供的 VPC 为例，租户在使用 VPC 时，可预置一个逻辑隔离的部分，从而在能自定义的虚拟网络中启动相应的云计算服务资源。租户可以完全自定义自己的虚拟联网环境，包括选择 IP 地址范围、创建子网和配置路由表和网关。自定义这些功能时无须担心与其他租户发生冲突，如 IP 地址冲突等。

4.5.2 VPC模式与经典模式

在亚马逊的弹性云计算(Elastic Compute Cloud,EC2)的设计之初,提供给用户的网络服务是EC2-Classic,即经典模式。在经典模式下,用户的实例是与其他用户在共享的扁平化网络中运行的。而在VPC模式下,用户的实例相互隔离,不受其他用户影响。

经典模式下,用户使用的IPv4地址是EC2从公有IP地址池中分配的,即用户共享网络资源池;用户之间不做逻辑隔离,用户的内网IP由系统统一分配,相同的内网IP无法分配给不同的用户。对于用户,经典模式能为用户快速并且简单地部署自己的网络,不需要用户对网络的配置能力有太高的要求。但是,经典模式在设计上面临着一些问题,由于用户的AWS网络是与其他用户共享的,这意味用户并没有自己的私人网络。同时,经典模式也带来了一些安全性的问题,"大二层网络"内的所有设备默认是可以通信的,这就可能给恶意攻击者带来潜在的可能性。因此,这些问题导致经典模式被VPC取代。

我们从Amazon Elastic Compute Cloud的用户指南中,总结了部分关于用户实例分别部署在VPC和EC2-Classic这两种模式下情况的对比(见表4-3)。

表4-3 VPC与EC2-Classic的对比

特　征	EC2-Classic	VPC
公有IPv4地址(来自公有IP地址池)	用户的实例从EC2-Classic公有IPv4地址池接收公有IPv4地址	在默认子网中启动的实例会收到公有IPv4地址,除非用户在启动过程中另行指定,或修改子网的公有IPv4地址属性
私有IPv4地址	用户的实例在每次启动时会分配一个处于EC2-Classic范围内的IPv4地址	用户的实例会分配一个处于默认VPC地址范围内的静态私有IPv4地址
弹性IP地址	当用户停止实例时,弹性IP会取消与实例的关联	当用户停止实例时,弹性IP会保持与实例的关联
分配弹性IP地址	将弹性IP地址与实例相关联	弹性IP地址是网络接口的一个属性。用户可以通过更新附加到实例的网络接口,将弹性IP地址与该实例关联起来
安全组	安全组可以引用属于其他AWS账户的安全组	安全组只能引用用户自己的VPC的安全组
安全组关联	启动实例时,用户可以为其分配无限数量的安全组	用户最多可以为一个实例分配5个安全组。并且可以在启动实例时和实例运行过程中为其分配安全组
安全组规则	用户只能为入口流量添加规则	用户可以为入口和出口流量添加规则
访问Internet	用户的实例可以访问Internet,可以自动接收公有IP地址,并且可以直接通过AWS网络边界访问Internet	用户的实例可以访问Internet,默认会接收一个公有IP地址。一个Internet网关附加到用户的默认VPC,并且该默认子网有一个到Internet网关的路由
IPv6寻址	不支持	用户可以选择将一个IPv6 CIDR块与VPC关联,并将IPv6地址分配给VPC中的实例

4.5.3 VPC 实例

VPC 这种模式在如今的云服务平台已经得到了广泛的关注，除了其提出者 AWS 在其云计算服务中部署并提供给用户外，国内的云服务平台一般也支持这样的模式，如阿里云。下面以 AWS 的网络部署为例，具体说明 VPC 这项技术。图 4-16 为 Amazon VPC 组网的架构环境。Amazon VPC 允许用户提供 AWS 云中逻辑隔离的部分，用户可以在定义的虚拟网络中启动 AWS 资源。从另一角度看，用户可以将 VPC 看作是基础设施的高级容器。

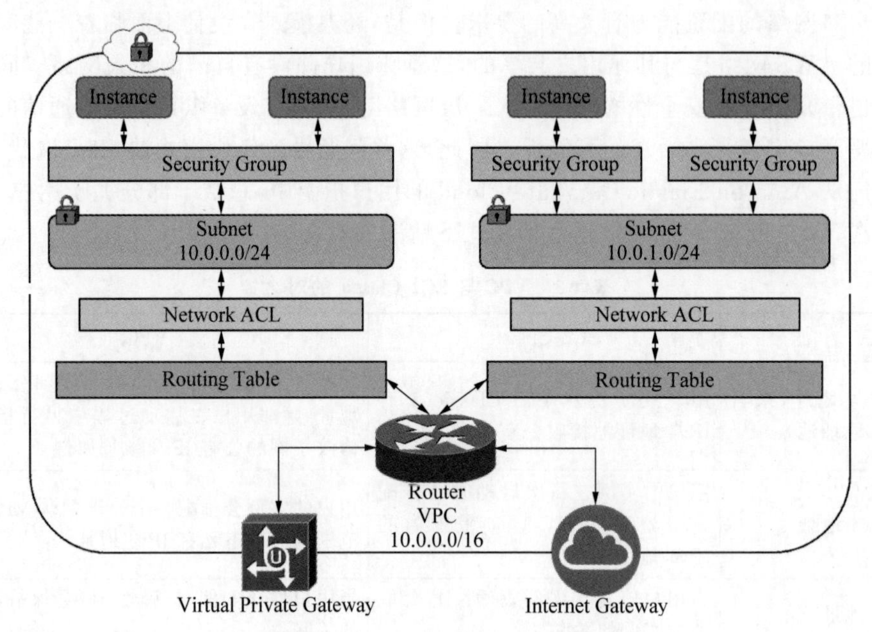

图 4-16 Amazon VPC 组网的架构

1. 子网

VPC 允许用户在自己定义的网络中划分不同的子网(Subnet)。子网定义了用户实例的网络访问类型以及实例所处的可用性区域。

图 4-16 中的 VPC 内划分了两个子网，并且使用路由器和路由表连接着这两个子网。Amazon VPC 允许用户创建私有子网和公共子网，两者的区别在于私有子网没有因特网网关(Internet Gateway)。也就是说，如果用户不希望 Web 服务器被外部互联网访问，则可以将其放入私有子网。另外，划分的子网大小也值得关注，涉及用户服务器数量的需求、安全组(Security Group)的管理以及用户所定义的生产环境。

2. 路由

路由和路由表可以定义哪些子网和应用程序可以到达 Internet，或者可以重新连接到用户的现场系统(On-Premises Systems)。Amazon VPC 建议用户在私有子网中选择自己的网络分层并隔离数据库层。用户可以使用子网和网络地址转换(NAT)实例来确保它们可以访问 Internet,但不会受到外部攻击。每个子网都分配了一个路由表,该路由表定义了该子网是否可以到达如 VPN 或 Internet 之类的内容。

路由表中还有一列 IP 目的地列表,该列表指定流量的去向。用户可以使用无类域间路由(CIDR)来指定 IP 目的地。例如,0.0.0.0/0 意味着所有通信量都进入该 IP 地址范围,通常是发送到 Internet 网关。假设用户想要创建一个 VPN 连接并将流量发送回现场数据中心。用户可以创建一个虚拟专用网关并将其附加到自己的 VPC 上。然后,创建一个 VPN 连接和一个客户网关。在用户下载客户网关的配置并将其应用到设备上后,即可连接到 AWS。下一步是选择应该允许哪个子网使用该 VPN 连接。在这些子网的路由表中,用户为本地 IP 范围创建一个路由(如 10.0.0.0/8)。如上说明,用户可以基于子网创建不同级别的访问。单个子网只访问 Internet 或者可以同时访问 Internet 和 VPN,甚至可以访问其他网络资源,如 VPC 对等节点或 Amazon S3 端点。

3. 安全组

安全组的功能类似于虚拟防火墙,用户可以使用安全组设置入口和出口连接的规则。安全组追踪连接的状态,并保存连接的信息。例如,如果允许所有出口流量同时拒绝入口流量,则只允许进入实例(Instance)的数据包是在出口上有记录的连接的回复。

除了安全组外,还可以使用网络 ACL。网络 ACL 允许用户为整个子网定义安全策略。网络 ACL 使用 IP 地址和协议信息(如 TCP 或 UDP 端口号)的列表来允许或拒绝通信。网络 ACL 是无状态的,这意味着对流量的信息是不保存的。每个网络 ACL 都有入站和出站通信的规则,默认情况下,网络 ACL 允许所有流量。如果用户想阻止 192.168.1.0/24 的所有流量,那么在入口和出口的方向上,用户需要在列表中分别添加对应的拒绝策略。

前面提到私有子网中的实例可以到达 Internet,但是 Internet 不能直接到达实例。NAT 网关用于私有子网连接到外部 Internet 网络,它专门负责将数据包从私有子网转换为公共流量,然后再返回到该私有地址。出于安全性,最好的做法是将这些实例当作类似数据库这样只连接到同一个子网中其他内部的实例。

4.6 本章小结

本章首先介绍网络虚拟化的概念,分析网络虚拟化的作用。其次通过介绍几个网络隧道技术,如 VLAN、MPLS 等,向读者分别展示了这些协议的发展由来、协议内容,以及协议是如何在网络中发挥作用的。再次重点介绍了 VXLAN 技术,包括其概念和帧结构,以及 VXLAN 技术的封装过程等。除了 VXLAN 技术外,还包括其他几种实现网络虚拟化的隧道技术,如 NVGRE、STT 和 Geneve 等。最后通过介绍 AWS 的 VPC 服务,向读者展示了网络虚拟化在云计算中心的应用。

4.7 习题

1. 什么是网络虚拟化？为什么需要网络虚拟化？
2. 列举几个主要的传统网络隧道技术。
3. 简述 VLAN 和 Q-in-Q 两者的异同。
4. MPLS 是如何进行数据包传输的？
5. 简述 GRE 协议和 NVGRE 协议两者的异同。
6. VXLAN 有哪些关键组件？相比于 VLAN,VXLAN 的优点有哪些？
7. 根据 VXLAN 的转发过程,解释为什么在 VXLAN 中对于租户网络是透明的？
8. Amazon EC2 的经典模式和 VPC 模式的区别是什么？

第5章

软件定义网络技术

SDN doesn't allow you to do the impossible. It just allows you to do the possible much more easily.

SDN 不是万能的，它只是让网络变得更容易实现了。

——Scott Shenker

本章目标

学习完本章之后，应当能够：

(1) 理解并给出软件定义网络的意义和技术原理。

(2) 理解并给出 OpenFlow 的基本技术原理。

(3) 理解并给出 SDN 控制器的基本技术原理和列举常用的 SDN 控制器。

(4) 理解 Fibbing 协议的原理和实例。

随着人们对各种应用的需求变化和技术革新，使今天的计算机网络愈渐复杂。而传统的网络架构在面对这些复杂性时，表现出适应性低和更新能力不足等缺点。软件定义网络(Software Defined Network，SDN)的出现为计算机网络带来了极大的可编程性，能够更好地适应应用需求的变化，促进网络技术的革新。SDN 通过将网络设备的控制平面与数据平面分离，从而实现了网络流量的灵活控制，让网络成为一种可灵活调配的资源。本章简要介绍 SDN 的背景和技术原理，以及目前最主流的 SDN 南向接口 OpenFlow 协议和 SDN 控制器等。最后，还通过介绍 Fibbing 协议，展示了一种基于传统分布式网络协议实现软件定义网络的方式。

5.1 SDN 背景

5.1.1 SDN 与传统网络

SDN 是一种新型的网络体系架构，它将网络的数据和控制平面进行分离，控制器利用通信接口对数据平面的设备进行集中式管理，从而实现可编程化控制底层网络硬件，达到对网络资源灵活地按需分配的目的。

如图 5-1 所示，在传统的计算机网络中，控制平面的功能通常是分布式地部署安装在各个网络设备中，如路由器、交换机等。网络设备上运行着各种不同的分布式网络协议(Protocol),来保证网络数据的传输。因此,当需要在网络中部署新型的网络功能和应用时,所有涉及的网络设备都需要升级,这一限制严重影响了网络的创新发展。SDN将数据平面和控制平面分离,数据平面可以采用通用的网络设备并提供强大的可编程能力,控制平面上则部署对网络管理和控制的各种逻辑上集中式的应用(Application)。这样,当需要部署新型的网络功能时,只需要在控制节点进行统一的软件升级即可,从而极大地促进了网络技术的创新研究和发展。

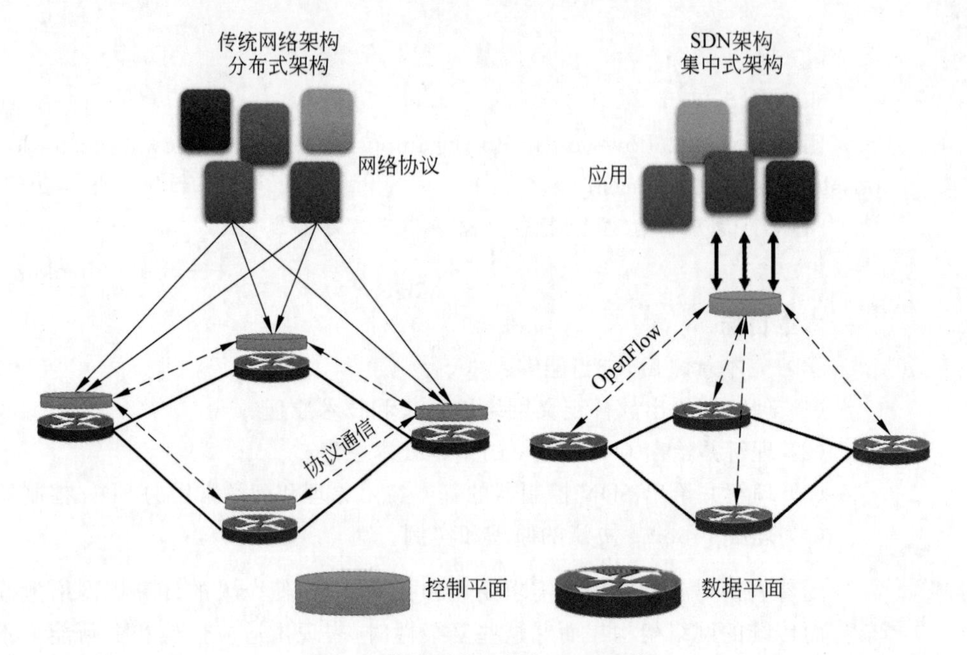

图 5-1 传统网络架构与 SDN 架构

传统网络设备相对比较封闭。网络设备商通常只提供一些接口来方便网络管理员对网络设备进行配置,如命令行接口(Command Line Interface,CLI)等,而往往隐藏了底层的技术设计和实现细节,这也极大地限制了网络管理的灵活性。当面对新的计算机技术和应用所带来新的网络需求,需要在网络中部署新的网络协议和功能时,传统网络架构的弊端就会显现出来。除了带来巨大的网络配置成本外,传统网络架构还具有很长的研发周期和高昂的研发成本,使网络技术升级变得非常困难。由此,转发与控制单元分离(Forwarding and Control Element Separation, ForCES)和路由控制平台(Routing Control Platform,RCP)两种技术应运而生,它们都旨在将数据平面和控制平面分离来提高网络的灵活性。然而,由于商业元素和厂商利益的碰撞等原因,最终这两种协议都没有得到后续的发展。

5.1.2 SDN 发展历史

2007年,在ACM SIGCOMM会议上,斯坦福大学的Martin Casado博士和Nick McKeown教授等人发表了一篇名为*Ethane: Taking Control of the Enterprise*的论文,这篇论文尝试把数据平面和控制平面进行完全解耦合,允许控制器向交换机分发策略,对网络进行集中式的管理。Ethane 包含的思想就是 SDN 技术的雏形。同年，Martin Casado 博士联合 Nick McKeown 教授和 Scott Shenker 教授等人共同创建了 Nicira 公司，专注于网络虚拟化，并提出了 SDN 的概念。

2008 年，Nick McKeown 教授等人在 ACM SIGCOMM 会议上又发表一篇名为 *OpenFlow：Enabling Innovation in Campus Networks* 的论文，首次提出了 OpenFlow 并应用于校园网中的部署。OpenFlow 是一个用于控制平面和数据平面之间进行数据交互的协议，OpenFlow 保证了控制平面和数据平面完全分离并且各司其职，这使得 SDN 具有了高度的灵活性和强大的可编程性能力。因此，OpenFlow 开始引起了学术界和业界的巨大关注。

2011 年，开放网络基金会（Open Networking Foundation，ONF）在 Nick McKeown 教授等人联合业界一些重量级企业（如 Facebook、Google 等）的推动下成立，其主要致力于推动 SDN 架构、技术的规范和发展工作。同年 4 月，美国印第安纳大学、Internet2 联盟与斯坦福大学 Clean Slate 项目宣布联手发起了网络开发与部署行动计划（Network Development and Deployment Initiative，NDDI），旨在共同创建一个新的网络平台，以革命性的新方式支持全球科学研究的发展，并与欧洲的 GEANT、日本的 JGN-X 和巴西的 RNP 等国际实验平台协作，实现了北美洲、欧洲、亚洲和南美洲的互联。

2013 年 4 月，OpenDaylight 的横空出世引发了业界的一次巨大的轰动，它是由 Cisco、Juniper、Broadcom、IBM 等传统网络设备巨头们主导的开源项目。OpenDaylight 提供开源代码和架构，以推动 SDN 的标准化和 SDN 平台的发展。OpenDaylight 的出现代表着传统网络设备厂商对 SDN 的认可，对于 SDN 技术的发展具有重要意义。同年 8 月，在 ACM SIGCOMM 会议上，Google 公司发表了一篇名为 *B4：Experience with a Globally-Deployed Software Defined WAN* 的论文，首次介绍了 Google 公司如何使用 SDN 技术改造自己的数据中心之间 WAN 流量传输的问题，并在实际部署中证明其链路带宽利用率达到接近 100%的水平。这是 SDN 技术在商业化上成功的案例，它把学术上认可的颠覆性技术成功地应用在了商业项目上，并取得了巨大的商业收益，同时也令 SDN 技术在工业界引起巨大的反响。

2014 年，面向运营商级别的 SDN 控制器 ONOS 正式开源，打破了 OpenDaylight 在商业级别开源控制器项目上的垄断。同年 7 月，协议无关的包处理器 P4 在 ACM SIGCOMM 上诞生。P4 将网络硬件的处理细节交由网络工程师设计，极大地增加了数据平面的可编程性。一些大型公司也逐渐在其网络架构中采用了 SDN，其中 Facebook 公司最具代表性。Facebook 公司还公布了其数据中心的网络架构，并且向外界开源了其交换机操作系统 FBOSS 和 ToR 交换机 Wedge。

2015 年，ONF 发布了开源 SDN 项目社区，SD-WAN 成为第二个成熟的 SDN 应用市场。这一年 NFV 大热，SDN 和 NFV 的融合成为学术界和工业界的热捧。

SDN 从学术界的热捧到在工业上的成熟部署并取得巨大成功，这不仅仅是因为其数控分离和网络可编程等特性带来的优势，还可以认为它是处在网络难以创新、设备封闭这样背景下的一个必然产物，它体现的是整个网络体系架构亟待进行改变的强烈需求。

5.2 SDN 体系结构

5.2.1 SDN 架构

SDN 的分层架构如图 5-2 所示。从上至下分别为应用平面(包含各种网络应用模块,如流量均衡模块和防火墙等)、北向接口(Northbound API,SDN 控制器提供给上层应用的接口,供其调用控制器的功能)、控制平面(主要为各类控制器)、南向接口(Southbound API,SDN 控制器用于管理交换机的接口,最常用的为 OpenFlow 协议)以及数据平面(各类支持 SDN 的网络设备)。

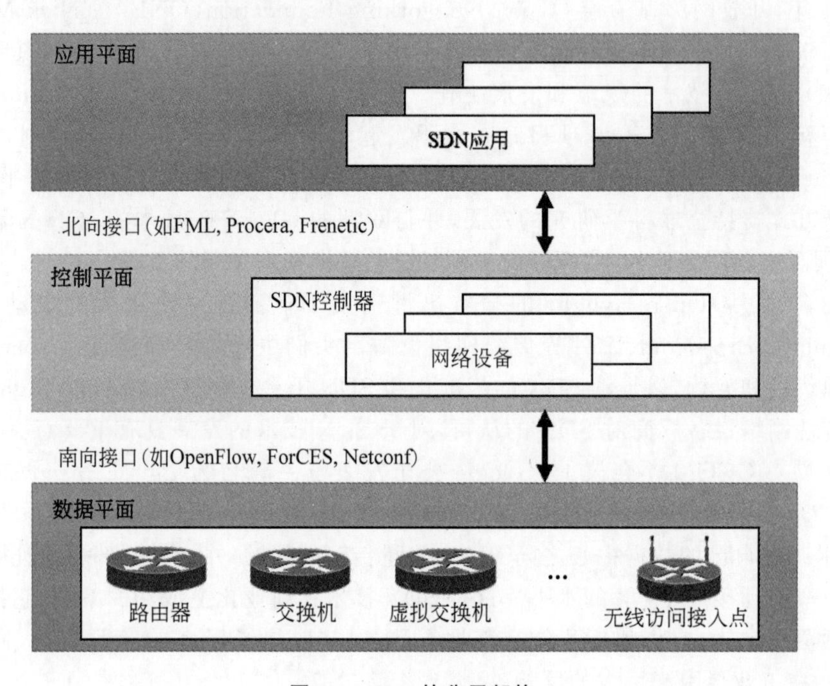

图 5-2 SDN 的分层架构

在 SDN 的体系结构中,数据平面只负责按照控制器下发的流表来转发数据包,而控制器则负责整个网络的管理工作。各平面之间使用不同的接口进行信息交互,共同实现了 SDN 的各项功能。3 个平面的具体内容如下。

(1) 数据平面:由各种网络设备组成,包括路由器、交换机、虚拟交换机和无线访问接入点等。数据平面的主要任务是负责用户数据的转发。它主要根据控制器下发的转发表项,来实现不同逻辑的数据转发。数据平面本身通常不做决策。在数据平面的网络设备中,最核心的部件是转发引擎,实现了对数据包转发和处理。数据平面和控制平面的交互主要依靠南向接口,如使用最广泛的是 OpenFlow 协议。数据平面通过南向接口来处理控制器下发的转发表项,同时数据平面也能向控制器上报网络中的资源和网络状态等信息,由控制器做进一步处理。

(2) 控制平面:整个 SDN 架构里的控制中心,相当于 SDN 中的“大脑”,主要负责网络内部的路径交换和边界路由的生成，同时负责处理各种网络事件。SDN控制器(Controller)是控制平面实现的实体，也是SDN架构中最核心的部分。在控制平面中，可以允许由多台控制器实例协同组成。在地理位置上，所有控制器的实例可以部署在同一个位置，或者分布在不同的位置。控制器通过南向接口对数据平面中的网络设备进行逻辑上的集中式管理，包括下发转发决策、监测网络状态等功能。同时，控制器通过北向接口向应用平面提供网络业务接口和应用交互，允许用户自定义各种适用于不同网络场景的应用。

(3) 应用平面：主要由一些基于SDN的应用组成，这些SDN应用是完成用户需求的应用程序，它们通过北向接口与SDN控制器进行交互。并且，这些应用是允许用户通过编程的方式，来实现任意的网络行为，并通过控制器向下层网络设备下发对应的转发表项。

5.2.2　数据平面和控制平面分离

传统的网络设备(如路由器)是将数据平面和控制平面紧密耦合的，网络设备之间通过分布式协议进行组网。这种在物理上直接结合的方式实现了数据平面和控制平面的快速交互，保证了网络设备的性能。然而，这种分布式的控制方式也导致了一些问题。①数据平面和控制平面的紧密耦合给网络管理员增加了设备配置的工作量，特别是当网络设备数量庞大时，一个微小的配置错误都可能会引起大面积的网络管理失效。②灵活性很差，当网络功能需要升级时，需要将所有涉及的网络设备逐一全部更新，并且对于设备商部署新的网络功能时所面临的成本和周期也是一项挑战。在面对大规模的云数据中心网络环境时，这些由于数据平面和控制平面的紧密耦合所导致的缺点，体现得尤为明显。

目前，SDN在实现时的核心思想就是将数据平面和控制平面分离。SDN中的数据平面和控制平面以转发表为界进行分割。数据平面中的网络设备只保留转发信息，并且拥有高速转发的能力，同时所有的网络决策都交由远端的控制器来完成。在控制平面上，控制器可以获取所有的全局网络信息和状态，并且可以根据这些网络信息和状态，通过南向接口协议提供的数据平面可编程性，做出相应的决策。

SDN数据平面和控制平面分离的特点是SDN的优势之一。这使数据平面能够完全专注于提供高速的数据转发能力，同时也让控制平面能够进行全局网络视野的优化和调度。这种分离的特点能让数据平面和控制平面可以各司其职、互不干扰，同时又可以让开发人员更专注于所开发层面的网络功能，如开发转发性能时可以无须考虑控制逻辑的干扰。另外，从网络设备商的角度来看，SDN是以转发表为界进行分割的，这依然能隐藏商用设备实现高速转发的细节，因此也使网络设备商能够更容易接受SDN的理念。

数据平面和控制平面的分离给SDN架构带来很多优势的同时，也带来了不同于传统网络的挑战。SDN所面临的主要挑战如下。

(1) 控制节点故障：SDN架构中的“大脑”是控制器，数据平面和控制平面分离后，控制器承担着对整个网络的逻辑控制。因此，一旦控制器出现故障，整个SDN将会面临瘫痪的风险。所以，单个控制节点容易成为整个网络性能和可靠性的瓶颈。通过引入多个控制器节点，可以非常有效地解决单点故障问题，并且还能够在多控制器间实现网络负载均衡。但是,多控制器的管理也同样面临一些挑战,如多控制器资源调度问题等。对多控制器问题的讨论将在 5.4 节中进行具体介绍。

(2) 一致性问题：传统网络中网络状态的一致性是靠分布式协议保证的,而在 SDN 中,这项工作则交由控制器来完成。如何监测到网络节点之间状态不一致的情况,并在网络问题产生前做出相应的措施来解决问题,也是 SDN 架构面临的一个重要挑战。

(3) 高可用性问题：传统网络中,数据平面和控制平面通常同时位于网络设备中,这保证了设备是高可用的,即数据平面向控制平面的请求都能得到实时的回应。然而,在 SDN 架构中,数据平面和控制平面的设备分离后,甚至会不在相同的地理位置,因此控制平面的响应延迟将会直接影响数据平面的可用性。

5.2.3 SDN 可编程性

传统网络的可编程性主要是指开发人员根据设备厂商提供的规范代码,直接控制网络设备硬件,来实现所需要的功能。这种直接控制底层硬件可编程,一般都是针对单台网络设备,十分缺乏灵活性。并且,一般这些编程方式是由网络设备厂商提供,是一些比较底层的基于硬件的编程语言,相当于计算机编程语言中的汇编语言。而网络管理员则希望使用类似 Java 等这样更通用的高级编程语言来更方便地对网络设备进行编程,降低网络配置的成本和时间。

早在 20 世纪 90 年代,美国国防部高级研究计划局(DARPA)在关于未来网络发展方向的研讨会上,就提出了主动网络(Active Networking)的新型网络体系结构,来解决网络的可编程性等问题。主动网络的基本思想是允许用户可以自定义网络节点如何处理接收到的数据包。例如,主动网络的用户通过发送一个定制的功能包,这个功能包中包含了用户所定义的节点将如何处理接下来收到的数据。网络节点收到这个功能包后,将按照用户的定义来处理相对应的数据包。主动网络控制网络节点的方式是通过提供编程接口,并且支持用户指定特定的节点来实现对数据包的自定义行为。因此,主动网络的节点除了能够正常转发数据包外,还能执行用户定制的程序来重新处理收到的数据包。这种可编程的网络体系结构能够在一定程度上加快网络的创新。但是,由于当时能支持这样高可编程性的硬件造价太高、成本太大和市场需求等原因,导致主动网络的体系结构并未被普及,最终该项目被终止。

主动网络等对网络可编程性的尝试,为 SDN 可编程性的网络架构的研究和实践提供了很好的思想借鉴和参考依据。可编程性作为 SDN 架构的一个重要特性,从分层可编程的角度来看,控制平面的可编程性能够更好地实现网络编排和自动化,提供更稳定、高效的网络,并降低网络运营成本;同时,数据平面的可编程性则可以更快地开发新的应用,加速网络服务的更新换代。与主动网络不同的是,SDN 向用户提供了强大的编程接口,从而使用户能对网络进行最大限度的编程控制。SDN 的编程接口主要体现在北向接口和南向接口上。北向接口直接允许开发者操作、控制网络行为,而不需要关心底层硬件的具体设计和实现细节等。并且,通过南向接口,控制器可以兼容不同的网络设备,同时在控制平面实现对上层平面的应用逻辑。

相比于主动网络,SDN 的应用多集中在控制平面上进行开发,通过北向接口实现上层应用与控制平面交互，通过南向接口用于控制器和数据平面进行交互，这样就解绑了应用与厂商硬件的专门设计。主动网络主要是在数据平面上提供可编程性，这就导致了网络应用和数据平面耦合度较高，因此缺乏灵活性。这是 SDN 可编程优于主动网络的主要原因之一。另外，SDN 更强调的是为网络管理者和开发者提供强大的编程能力，并提供了一整套编程接口，使 SDN 拥有强大的可编程能力；主动网络关注的是为终端用户提供服务，然而终端用户一般并不关心网络编程。这也是 SDN 得以快速发展和普及的重要原因之一。

5.3　数据平面与 OpenFlow

5.3.1　数据平面简介

传统网络的网络交换设备主要是交换机和路由器等。这些网络设备的架构是数据平面和控制平面共同协作，对数据包进行处理。并且，数据平面和控制平面在物理上是紧密耦合在一起的。

在 SDN 架构中，则将数据平面和控制平面完全解耦，交换设备只保留在数据平面，专注于数据包的高速转发。而网络转发决策等控制逻辑，都由控制平面通过南向接口统一分发。这使得数据平面上转发设备的复杂度得以降低，在设计上无须考虑复杂的控制逻辑，从而提升了网络控制和管理的效率。

5.3.2　OpenFlow

2007 年，Nick McKeown 教授等人在 ACM SIGCOMM 会议上首次提出了 OpenFlow，随后主要由 ONF 主导负责 OpenFlow 的标准化、维护和开发等工作。OpenFlow 主要由 OpenFlow 协议和 OpenFlow 交换机两部分组成。其中，OpenFlow 协议是面向控制平面和数据平面之间的通信接口；OpenFlow 交换机定义了支持 OpenFlow 的设备规范，包括基本组件和功能等。

随着 SDN 技术的发展，由 ONF 组织维护的 OpenFlow 也在不断更新和完善中，图 5-3 列举了 OpenFlow 主要版本更迭的时间和重要更新。OpenFlow 各个版本的核心功能和更新情况如下。

(1) OpenFlow v1.0：第一个比较成熟的 OpenFlow 版本。该版本定义了 OpenFlow 交换机的组件和基本功能，同时定义了 OpenFlow 协议；该版本采用单流表结构，支持 12 个匹配字段，简单且易于实现。该版本只支持 IPv4。

(2) OpenFlow v1.1：开始支持多级流表，将流表匹配拆分成多个步骤形成流水线处理，同时新增了组表以支持多播和广播，还增加了 VLAN 和 MPLS 标签的处理。其他变动还包括 Cookies 增加方案、TTL 递减、ECN 动作和定义消息处理等。

(3) OpenFlow v1.2：采用 OXM 编码，用户可以灵活地下发自定义的匹配字段，增加了更多匹配字段，同时节省了对流表空间的消耗；该版本新增允许多台控制器对同一台交换机进行操作来增加可靠性，新增控制器角色转换机制，并且增加了对 IPv6 的支持。

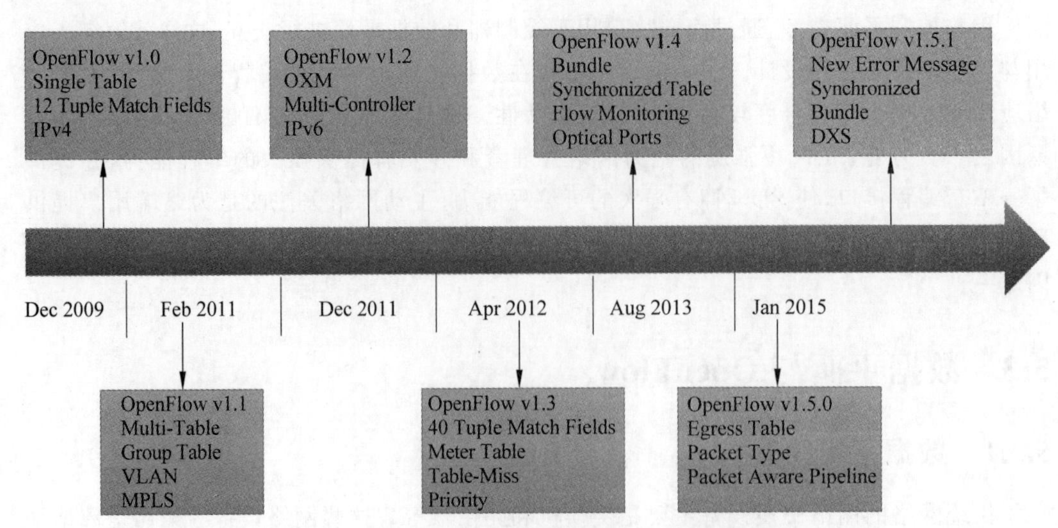

图 5-3 OpenFlow 主要版本更迭的时间和重要更新

(4) OpenFlow v1.3：目前业界使用最广泛的版本。该版本将匹配字段增加到了 40 个，满足网络应用的需求，新增重构能力协商，增加了 Meter 表，控制数据包的传输速率；该版本新增支持 IPv6 扩展包头和 Table-Miss 表项，允许交换机创建辅助连接，提高交换机的处理效率；其他变动包括流表项增加优先级、超时和 Cookie，Packet-in 消息中添加 Cookie 字段等。

(5) OpenFlow v1.4：增加了流表同步机制，确保多个流表共享相同的匹配字段的同时定义不同的动作；该版本还增加了 Bundle 消息，用于保证控制器下发消息的一致性问题，同时增加光端口性能字段，并且新增流表回收机制，当流表满时交换机能自动处理一些流表，允许控制器监控其他控制器对交换机改变流表的行为等。

(6) OpenFlow v1.5.0：引入了 Egress 表，允许在输出端口处理数据包；引入包感知流水线(Packet Aware Pipeline)，允许处理其他类型的数据包；该版本还改进了流表统计信息的处理，新增了对 TCP 标志位匹配等。

(7) OpenFlow v1.5.1：OpenFlow 最新的版本。在该版本的 Asynchronous 中增加了 3 种消息类型(即 Role-Status、Controller-Status 和 Flow-Monitor)，并重新定义了 Error 消息；该版本还在原有的 Bundle 机制中新增了 Schedule Bundle，对 Multipart Statistics 消息重新进行了定义，并引入了 OXS 编码格式。

OpenFlow v1.3 版本架构如图 5-4 所示。其中，安全通道(Secure Channel)、流表(Flow Table)和 OpenFlow 协议(OpenFlow Protocol)是 OpenFlow 架构的核心部分。在 OpenFlow 架构中，控制器通过流表来指导数据平面的流量转发操作；安全通道与控制器(Controller)相连，用于 OpenFlow 交换机与控制器之间进行信息交互通道；OpenFlow 协议是用于信息交互的协议，定义了各种交互消息。

5.3.3 OpenFlow 协议消息

OpenFlow v1.3 主要支持 3 种消息类型：控制器到交换机(Controller-to-Switch)消

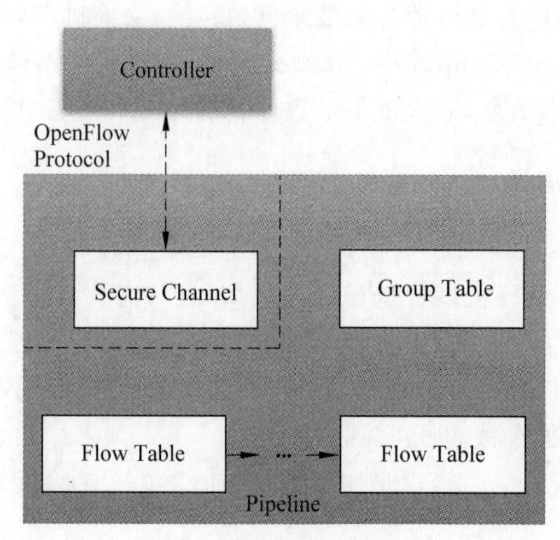

图 5-4　OpenFlow v1.3 版本架构

息、异步(Asynchronous)消息和对称(Symmetric)消息。每种类型的消息又包含多种子消息。其中,Controller-to-Switch 消息是由控制器发起的,用于查询和管理交换机中的状态和信息,这些消息的发起不一定需要交换机应答;Asynchronous 消息主要是由交换机发起,交换机通过此类型的消息将网络事件或交换机状态的变化通知到控制器;Symmetric 消息可由交换机或控制器发起,主要用于建立连接等。

3 种类型的消息所包含的各个子消息如下。

1. Controller-to-Switch 消息

- Features Message：包括 Feature Request 和 Feature Reply。当控制器和交换机建立会话时,控制器向交换机发送 Feature Request 消息来请求交换机的身份及功能;同时,交换机需要通过 Features Reply 消息进行应答。
- Configuration Message：用于控制器设置和查询交换机的参数和配置,交换机需要应答请求,这些配置包括交换机信息配置、流表配置和队列(Queue)配置。
- Modify-State Message：用于控制器管理交换机的流表、组表和端口等信息,这些操作包括增加、删除和修改。
- Multipart Messages：控制器用于收集各种交换机上的统计信息,这些信息包括流统计信息、流表和组表统计信息、端口和队列统计信息等,交换机需要应答相应的请求。
- Packet-Out Message：控制器向交换机发送的数据包,其中包含了指导交换机的动作(Action)信息,空动作列表将会导致数据包丢弃。
- Barrier Message：控制器用于请求交换机关于消息依赖满足情况和下发操作完成情况的信息,通常用于确定消息和命令的执行信息,交换机需要应答请求。
- Role Request Message：当交换机连接了多台控制器并且控制器需要进行角色转

换时，控制器可以发送该消息完成角色的转换，交换机需要应答相应的请求。
- Set Asynchronous Configuration Message：控制器能够选择接受特定 OpenFlow 通道的异步请求消息，通常用于多台控制器的网络环境中。

2. Asynchronous 消息

- Packet-In Message：交换机收到无法处理的数据包时，会发送该消息请求控制器进行处理，允许交换机设置缓存数据包，并且只需要发送数据包部分内容和缓存 ID 给控制器，否则需要发送整个数据包到控制器进行处理。
- Flow Removed Message：当流表由于有效时间截止或是控制器的要求而被删除，交换机将会发送该消息通知控制器。
- Port Status Message：该消息用于通知控制器关于端口配置信息的改变，如增加、修改和删除等。
- Error Message：交换机或控制器发生问题时会触发这一消息，通常用于请求操作失败或匹配错误等情况。

3. Symmetric 消息

- Hello：该消息只由一个 OpenFlow 头部组成，用于控制器和交换机建立连接。
- Echo Request：该消息用于测量延迟和保持连接，可由交换机或者控制器一方发出，接收方必回复 Echo Reply 消息。
- Echo Reply：用于回复 Echo Request 消息。
- Experimenter：用于在 OpenFlow 消息类型空间中为 OpenFlow 交换机提供额外的功能。

OpenFlow 交换机启动后，交换机与控制器之间的消息交互顺序如图 5-5 所示。当一个 SDN 内的 OpenFlow 交换机启动后，交换机将首先使用 TCP 建立“三次握手”的有效连接。

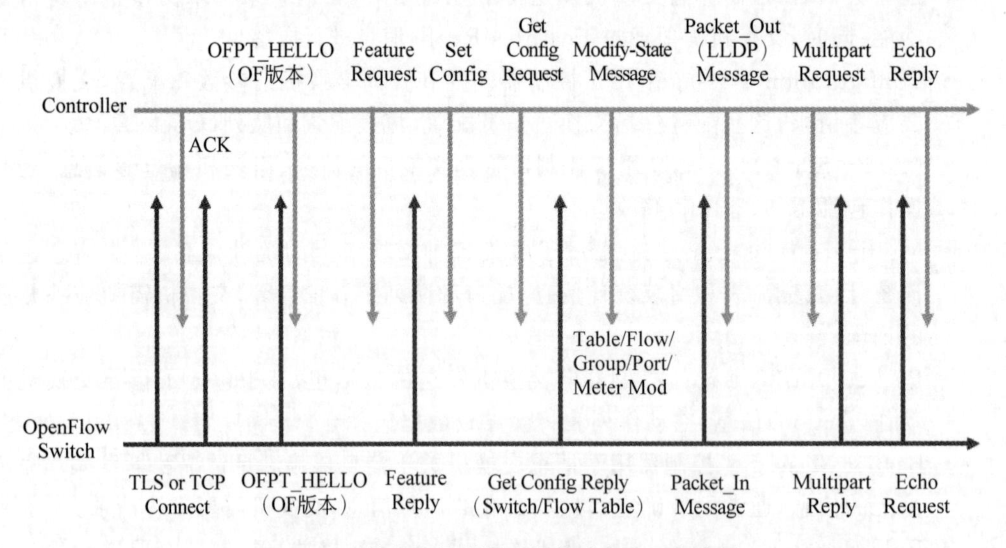

图 5-5 交换机与控制器之间的消息交互顺序图

OpenFlow 控制器一般是通过安全通道和 OpenFlow 交换机进行通信的，安全通道由控制平面网络建立，不受 OpenFlow 交换机中的流表项的影响。在 OpenFlow 协议中，安全通道可基于传输层安全(Transport Layer Security，TLS)协议来实现，控制器与交换机之间通过服务器证书和客户机证书进行认证。在一些 OpenFlow 版本中(如 OpenFlow v1.1 及以上)，控制器和交换机之间的连接有时也会通过 TCP 明文来实现。

当安全通道建立完成后，双方互相发送 HELLO 消息来获得对方能支持的最高的 OpenFlow 版本号；如果双方不一致，则协商结果为较低的 OpenFlow 版本。

其次，控制器向交换机发送 Feature Request 消息来请求交换机的详细参数，交换机收到后回复 Feature Reply 消息，这个消息包括了流表数、缓存数等信息。

再次，控制器通过 Set Config 消息下发配置信息，再通过 Get Config Request 消息请求 OpenFlow 交换机上传修改后的配置信息，OpenFlow 交换机通过 Get Config Reply 消息向控制器发送当前的配置信息。

最后，控制器与交换机再进行一系列的消息交互实现通信，通过发送 Echo Request、Echo Reply 消息保持互联，避免失联。

5.3.4 OpenFlow 交换机

一个 OpenFlow 交换机主要由一张或者多个流表(Flow Table)、一张组表(Group Table)和一个 OpenFlow 通道(Channel)组成。其中，流表和组表主要用于数据包的查找和转发，而 OpenFlow 通道通过 OpenFlow 协议与外部控制器进行连接。控制器通过 OpenFlow 协议可以对交换机的流表中的流表项(Flow Entries)进行增加、修改和删除操作。这些操作可以是主动进行的，也可以是被动进行的。

OpenFlow 交换机主要包括具体模块信息如下：

1. 端口

OpenFlow 交换机中定义了 3 种类型的端口(Port)：物理端口(Physical Port)、逻辑端口(Logical Port)和保留端口(Reserved Port)。

(1) 物理端口。OpenFlow 物理端口是与交换机硬件接口相对应的端口。在某些部署实现中，OpenFlow 交换机可以通过交换机硬件进行虚拟化。在这些情况下，OpenFlow 物理端口可以表示交换机相应硬件接口的虚拟切片。

(2) 逻辑端口。OpenFlow 逻辑端口是指由 OpenFlow 交换机定义的端口，与交换机的硬件接口不直接对应。逻辑端口是更高级别的抽象，可以使用非 OpenFlow 方法(如链路聚合、隧道、环回)在交换机中进行定义。逻辑端口可以封装，并且可以映射到各种物理端口。逻辑端口所做的处理必须对 OpenFlow 处理透明，并且这些端口必须采用与物理端口相同的方式来完成与 OpenFlow 处理的交互。

(3) 保留端口。OpenFlow 保留端口由 OpenFlow 交换机定义，用于指定通用的转发操作，如发送到控制器、泛洪或使用非 OpenFlow 方法进行转发等。这些定义的保留端口包括 8 种：ALL、CONTROLLER、TABLE、IN_PORT、ANY、LOCAL、NORMAL、FLOOD。其中，前 5 种保留端口是 Open Flow 交换机必须支持的，后 3 种是可以选择是否支持的。

2. 流水线

OpenFlow 交换机的流水线(Pipeline)包含了多个流表,每个流表又包含多条流表项,如图 5-6 所示。OpenFlow 流水线的处理过程确定了数据包如何与这些流表进行交互。OpenFlow 交换机需要包含一个流表或者多个流表(在只有一个流表时,流水线处理将变得非常简单)。

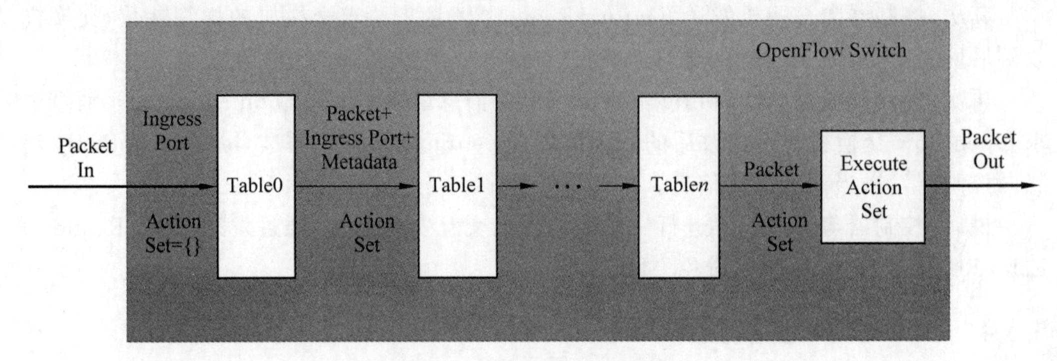

图 5-6 OpenFlow 流水线

数据包需要按照 OpenFlow 交换机的流水线的编号顺序从 Table0 开始匹配。流水线处理总是从第一个流表开始,再根据第一个流表中匹配的结果,匹配后续编号更大的其他流表。当通过流表处理时,数据包与流表的流表项进行匹配,如果匹配成功,则执行该流表项中包含的指令集。这些指令可以将数据包定向到另一个流表(使用 Goto 指令),在该流表中重复类似的匹配过程。流表项只能将数据包定向到大于其自身流表编号的流表,即流水线处理只能前进而不能后退。显然,流水线中最后一个流表的流表项不能包含 Goto 指令。

如果一个数据包与流表中的所有流表项都不匹配时,可以使用 Table-Miss。流表中的 Table-Miss 流表项可以指定如何处理无法匹配的数据包,如丢弃数据包,将其传递到另一个表或发送给控制器处理等。

3. 流表

OpenFlow v1.3 版本定义的流表结构如图 5-7 所示。每个流表项包含了匹配域、优先级、计数器、指令、超时时间和 Cookie 等。各项的具体含义如下。

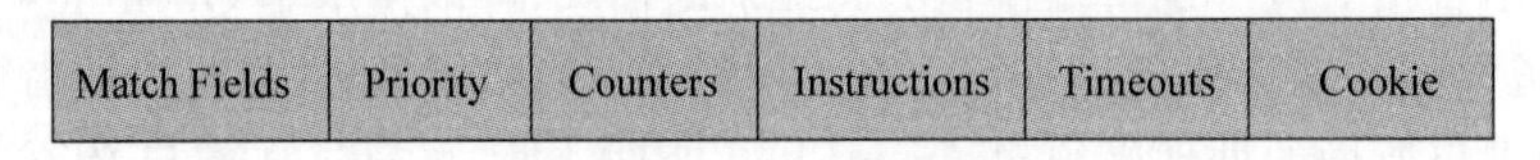

图 5-7 OpenFlow 流表结构

- 匹配域(Match Fields):用于匹配数据包,由入端口、数据包包头(Header)和上一个流表指定的元数据(Metadata)组成。
- 优先级(Priority):定义流表项的匹配次序。

- 计数器(Counters)：在数据包匹配时进行更新计数。
- 指令(Instructions)：包含修改流水线处理，加入 Action Set，或立即在数据包生效的操作等。
- 超时时间(Timeouts)：流表项最大的有效时间或最大空闲时间。
- Cookie：一般用于控制器过滤流的统计信息、修改流和删除流，在处理数据包时不使用该数据。

流表项由其匹配域和优先级所指定，匹配域和优先级一起标识流表中的唯一流表项。

4. 组表

组表(Group Table)能让 OpenFlow 实现额外的转发方式，如组播和广播。如图 5-8 所示，组表中的每条组表项主要由组 ID、组类型、计数器和动作桶组成。每条组表项都由一个唯一的组 ID 标识。各项的具体含义如下。

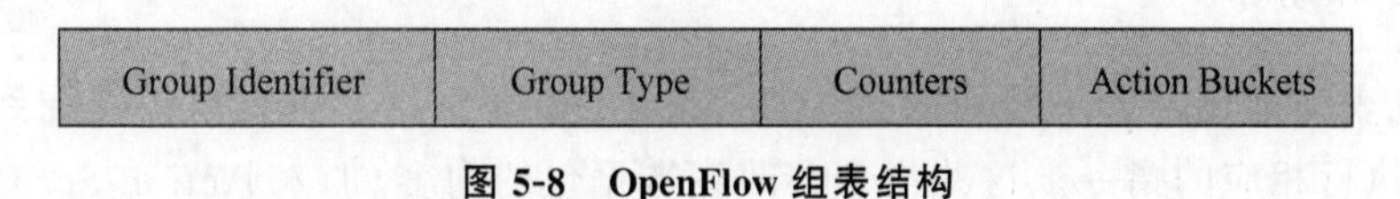

图 5-8　OpenFlow 组表结构

- 组 ID(Group Identifier)：由一个 32 位的整数唯一标识。
- 组类型(Group Type)：决定了组表的语义(Semantics)。
- 计数器(Counters)：记录了一个组处理包的数量。
- 动作桶(Action Buckets)：包含了一组需要执行的动作和相关的参数。

OpenFlow 定义了 4 种组表类型：所有(All)、选择(Select)、间接(Indirect)和快速故障恢复(Fast Failover)。其中，所有和间接类型是 Open Flow 交换机必须支持的，而选择和快速故障恢复类型是可选择支持的。各种组表类型的具体含义如下。

- 所有(All)：这个类型用于支持组播或广播，并执行组中所有的动作桶。
- 选择(Select)：执行组中的一个桶，交换机选择相应的算法(如某些用户配置的元组上的哈希算法或简单轮询算法)，选择需要执行的动作桶。
- 间接(Indirect)：仅支持执行单个桶，用于更快、更有效的网络收敛(如 IP 下一跳)。
- 快速故障恢复(Fast Failover)：每个动作桶对应一个指定的端口或者组，当该组端口或者链路故障时，交换机无须经过控制器交互而进行快速切换转发路径。

5. 计量表

计量表(Meter Table)主要由多个计量器组成，用于统计流的信息以达到简单的 QoS 功能，如端口限速等。计量表还可以结合每个端口的队列，实现复杂的 QoS 框架，如 DiffServ 等。如图 5-9 所示，一个计量器主要由计量 ID、计量带和计数器组成。各项具体含义如下。

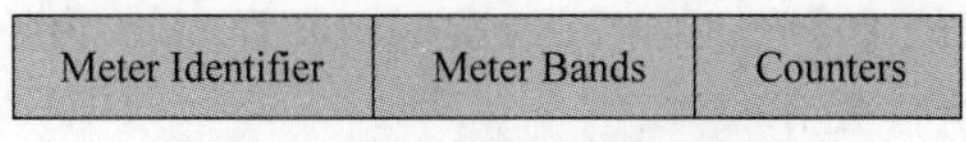

图 5-9　OpenFlow 计量表结构

- 计量 ID(Meter Identifier)：一个 32 位的整数唯一标识计量器。
- 计量带(Meter Bands)：由一个无序的计量带列表组成，每个计量带指定了速率和包处理方式。
- 计数器(Counters)：记录了一个计量器处理包的数量。

计量器包含一个或多个计量带。数据包根据当前计量带的速率被单个计量带处理，计量带适用于当下速率超过配置速率的情况。计量带主要由计量带类型、速率、计数器和类型指定参数等组成：

- 计量带类型：定义了数据包的处理方式。
- 速率：定义了计量带可运行的最低速率。
- 计数器：记录了一个计量带处理包的数量。
- 类型指定参数：一些计量类型拥有的可选的参数。

6. 指令和动作

每个流表项都包含着一系列的指令集(Instruction Set)。当数据包匹配到一条流表项时，就会执行相应的指令。这些指令会改变数据包的内容、加入 Action Set 或者改变流水线处理等。

OpenFlow 定义了 6 种类型的指令，包括 Meter meter_id、Apply-Actions action(s)、Clear-Actions、Write-Actions action(s)、Write-Metadata metadata、Goto-Table next-table-id 等。其中 Write-Actions action(s)和 Goto-Table next-table-id 指令是交换机必须支持的，其他的指令都是可选的。各种类型的指令定义如下。

- Meter meter_id：该指令不包含 Action，行为是将数据包送往指定的 meter。
- Apply-Actions action(s)：立即对数据包执行指定的指令，而不改变其 Action Set。
- Clear-Actions：立即清除数据包的 Action Set 中所有的 Action。
- Write-Actions action(s)：将其包含的 Action 合并到数据包的 Action Set 中。
- Write-Metadata metadata：写入元数据值到元数据区域。
- Goto-Table next-table-id：指定下一张跳转的流表。

Action 是交换机执行操作的最小单元，交换机用 Action 定义对数据包的处理。OpenFlow 交换机主要定义了如下 Action。

- Output：转发数据包到指定的 OpenFlow 端口，包括物理端口、逻辑端口和保留端口。
- Set-Queue：为数据包设置一个队列 ID，当数据包转发到端口时，队列 ID 能决定哪个队列上的端口用于调度和转发这个包。
- Group：将数据包交给指定的组处理。
- Drop：丢弃数据包。当数据包的 Action Set 中没有 Output 指令时执行丢弃操作。当流水线中的 Instruction Set 或 Action Bucket 为空，或执行 Clear-Actions 指令之后，将会执行丢弃操作。
- Change-TTL：修改数据包 TTL 的值。

- Push-Tag/Pop-Tag：为数据包包头修改标签，包括添加和移除（如 VLAN、MPLS 等）协议的标签。
- Set-Field：修改数据包的 IPv4 TTL、IPv6 Hop Limit 或 MPLS TTL 等值。

上述的 Action 中，Output、Drop 和 Group 是 OpenFlow 交换机必须支持的 Action，而其他都是可选 Action。

7. OpenFlow 通道

OpenFlow 通道是一个连接交换机和控制器的接口，用于交换机和控制器之间交换 OpenFlow 消息。通过该接口，控制器对交换机进行配置和管理，从交换机接收相关事件，并向交换机发送数据包。一台交换机通常可以有多台 OpenFlow 通道，可以连接到多个控制器。OpenFlow 通道通常使用 TLS 加密，但也可以直接通过 TCP 运行。另外，OpenFlow v1.3 版本中新增了一个辅助通道的机制。在这个机制下，一条安全通道允许有多条连接，其中一个作为主连接，其余的作为辅助连接。通过这种辅助通道的方式，能有效地提高交换机与控制器之间通信的性能。

5.4 控制平面

5.4.1 控制平面结构

控制平面是整个 SDN 架构里的控制中心，它是连接着 SDN 架构的上层应用平面和下层数据平面的桥梁，如图 5-10 所示。本节主要从控制平面与各个平面的关系的角度出发，来看整个 SDN 的架构。

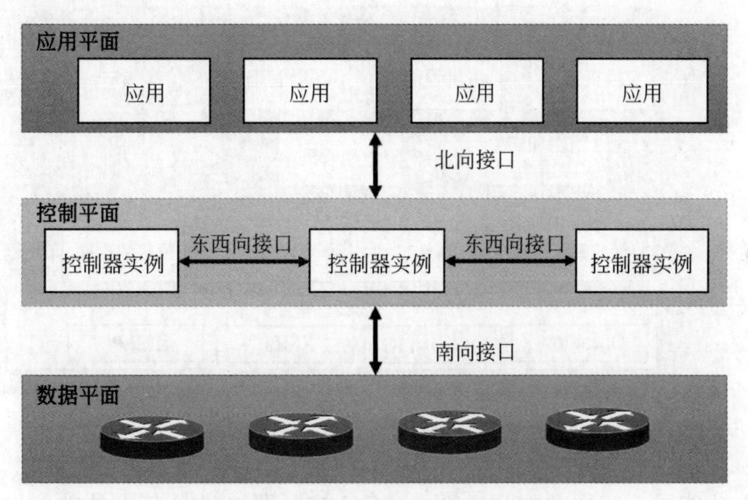

图 5-10　控制平面与各个平面的关系

控制平面通过南向接口对数据平面的网络设备进行集中管理，并通过北向接口向应用平面提供可编程能力。另外，数据平面允许多台控制器协作管理，多控制器之间的通信与交互主要依靠东西向接口来实现。各种接口的介绍如下。

(1) 北向接口(Northbound Interface)是通过 SDN 控制器向上层应用平面开放的接口,它的目标是使上层的应用能够调用底层的网络资源,因此其设计需要考虑应用的需求。北向接口直接影响 SDN 的可编程能力。另外,北向接口也可以是基于控制器提供的各种 API 函数。

(2) 南向接口(Southbound Interface)主要用于实现控制器对数据平面设备资源的直接管理,是控制平面集中式管理和分布式的数据平面之间交互的协议接口。目前,OpenFlow 协议是 SDN 架构南向接口最成熟并且使用最广泛的协议,也是 ONF 组织大力推崇的南向接口协议。OpenFlow 协议被业界的大力支持,同时也已经被各大网络设备厂商所接受。不过,一些厂商也提出了其他的南向接口协议,如 XMPP、PCEP 等。

(3) 东西向接口(East-West Interface)是面向多控制器的 SDN 环境中控制器之间的信息交互接口,主要用于通告网络状态和策略等信息。东西向接口实现了多域间的控制信息交互,从而实现底层设备网络透明化的多控制器组网策略。目前,学术界除了面向多控制器协同处理机制的开发以及由多控制器引入的新问题(如一致性问题)方面进行探讨外,还有对给定网络拓扑情况下对控制器数量以及地理位置部署优化等问题的研究。

控制器是 SDN 控制平面最主要的组成部分,SDN 控制平面主要由一台或者多台控制器组成。理解控制器的体系架构将有助于理解 SDN 架构。图 5-11 展示了 SDN 控制器的体系结构。在这种层次化的体系结构下,控制器内部被分为基本功能层和网络基础服务层两部分,具体内容如下。

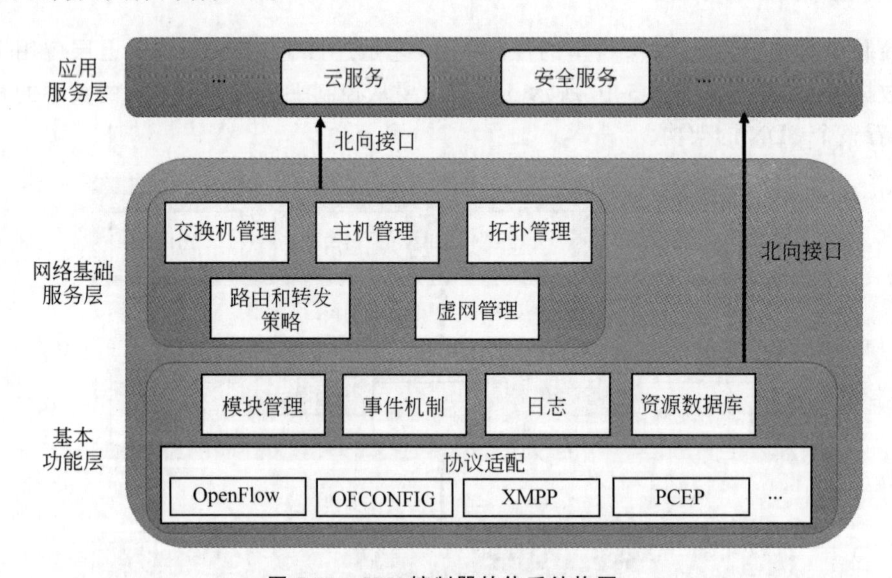

图 5-11 SDN 控制器的体系结构图

(1) 基本功能层。基本功能层主要为 SDN 控制器提供最基本的功能。首先是协议适配功能,向下需要提供南向协议来与数据平面设备进行信息交互,向上需要提供统一的 API 为上层应用开发提供便利;另外,还需要提供东西向接口协议来方便对控制平面分布式的部署。为了支持上层应用开发的需求,还需要提供以下 4 种功能: 模块管理、事件机制、日志和资源数据库。

（2）网络基础服务层。网络基础服务层为上层应用开发提供基础的网络功能，使开发者能专注上层的开发逻辑，提高开发效率。这层中的模块是作为控制器实现的一部分，可以调用基本功能层的接口来实现部分功能。这些网络功能可以有很多种，取决于控制器的具体实现，主要包括 5 种功能模块：交换机管理、主机管理、拓扑管理、路由和转发策略及虚拟网管理。

5.4.2　多控制器

SDN 的集中式控制方式给网络的控制与管理带来了极大方便。然而，使用单台控制器在网络的可扩展性和可靠性上有天然的缺陷。因此，随着网络规模的增加，使用多台控制器成了提高 SDN 可扩展性和稳定的必要选择。在大规模异构网络中，把单个网络划分为多个域（Domain）是提高网络的可扩展性和可靠性的常用方法。每个域中，一般至少需要部署一台控制器。

1. 多控制器架构

在 SDN 多控制器架构下，控制平面可以由多台控制器组成。不同的控制器负责管理网络的不同管理域，并与相邻域交换本地信息，以加强全局策略（Global Policy）的实施。一般来说，分布式控制器可以使用两种模式来扩展（见图 5-12）：水平架构（Horizontal Architecture）和层次架构（Hierarchical Architecture）。

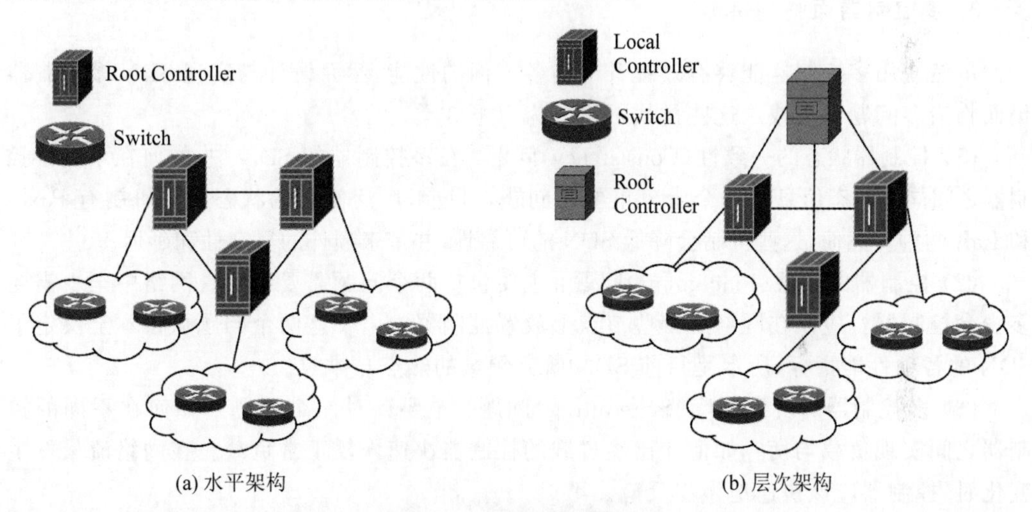

图 5-12　两种多控制器架构

（1）水平架构。水平架构要求所有控制器处于相同水平线。尽管每台控制器位于不同的地理区域，但所有控制器都是作为根控制器（Root Controller）来控制整个网络状态。水平架构的缺点也正是因为每台控制器都作为根控制器来控制整个网络状态，控制器之间频繁交互，当网络状态发生变化时，将造成资源浪费和所有控制器的整个负荷增加。

（2）层次架构。在层次架构中，根据控制器的用途，将所有控制器分为根控制器和本地控制器。根控制器负责维护整个网络信息；本地控制器相对靠近交换机，负责自己域中的网络状态。与水平架构不同的是,层次架构可以利用根控制器对本地控制器进行非常方便的管理。

2. 多控制器的优点

在 SDN 架构中,使用多控制器主要有如下 4 个优点。

(1) 管理方便。由于单台控制器的性能与可靠性有限,使用多控制器可以有效地通过划分控制域的方式管理大型网络。同时,不同的控制器厂商的控制器具有不同的功能,不同厂商所生产的控制器互相协作可有效提高网络管理的效率。

(2) 高可扩展性。在流量突发性增长时,使用单台控制器可能会使来自交换机的请求无法得到及时处理;使用多控制器可以根据网络的负载情况动态地调整控制器数目,并在控制器之间进行负载均衡,以达到节省成本和提高效能的目标。另外,使用多控制器也可以有效提升数据中心所支持的租户数量。

(3) 低延迟。由于网络中存在多台控制器,故交换机可以选择在拓扑上与其最近的控制器来获取指令。这样就能有效降低交换机与控制器之间的通信延迟。

(4) 高可靠性。在一个或多台控制器崩溃时,与它们所绑定的这部分交换机可以通过一定的迁移过程迁移到网络中其余的控制器上。这一部分交换机就能在原有的控制器崩溃时继续提供服务。

3. 多控制器面临的挑战

虽然使用多控制器能够有效提升网络各方面的性能,然而设计与实现 SDN 多控制器仍面临诸多问题与挑战。这些挑战可以分为以下 3 类。

(1) 控制器状态的一致性(Consistency)问题：在多控制器的 SDN 中,如何在不同的控制器之间同步状态信息是一个十分重要的问题。目前,广泛使用的状态同步机制有 Paxos 和 Raft 两种。然而,这些机制会降低 SDN 的可靠性,并带来额外的复杂性和延迟。

(2) 控制器的布置(Placement)问题：主要包括两个问题需要解决。网络中至少需要多少台控制器？应该在网络的哪些节点上放置控制器？由于这两个问题从根本上决定了 SDN 的各项性能指标,所示是目前 SDN 研究领域的热点与难点。

(3) 多控制器的资源调度(Scheduling)问题：主要针对两个问题。如何在不同的控制器之间实现负载均衡？如何让已经过载的控制器快速恢复正常负载？在网络流量发生变化时,控制器应该快速地做出反应。

当前,SDN 多控制器已经在许多网络中得到了实际的部署(如 Google 公司运营的 B4 网络)。

4. 多控制器的实现原则

在多控制器实现时,从控制器的连接、网络状态信息的分发和控制器的协作等方面分析,相关的多控制器实现策略可以分为对可扩展性、容错性、一致性和安全性上的考虑。虽然不同的网络应用场景对多控制器的要求不同,但一般至少会包含对高一致性、高容错性和高可用性的要求：

(1) 一致性：在SDN多控制器中，即使引入了适当的同步机制，不同控制器上的信息也并不一定相同。由于状态信息的一致性对网络的性能存在重大的影响，使对多控制器之间的状态信息一致性的研究成了一个十分重要的研究方向。

(2) 容错性：在网络运行期间，即使是控制器或交换机发生故障，网络也能够维持稳定运行。由于SDN中引入了独立的控制面，使得SDN中的容错性措施不仅包括对数据平面的容错性措施，也包含了对控制平面的容错性措施。在SDN中，使用包含多个物理控制器的分布式控制平面可有效提升控制平面的容错性。对于SDN中的控制平面，主要使用主动备份和被动备份这两种备份方式来提高SDN多控制器的容错性。

(3) 可用性：一个SDN的正常运行时间长短。通常而言，对于SDN多控制器，常用规则备份、负载均衡和减少请求3种方式来提高(控制器的)可用性。

5. OpenFlow对多控制器的支持

OpenFlow v1.2版本对多控制器提供了一定的支持，使得一台交换机能够同时与多台控制器相连接。在多控制器模式下，支持OpenFlow的控制器能够在以下两种不同的工作模式中工作。

(1) Equal模式。Equal模式是默认的工作模式。在此模式当中，网络中的所有控制器都具有相同的权限。交换机可以向任意一台控制器发送所有类型的异步信息(如Packet-In和Flow Remove Message等)。

(2) Master/Slave模式。在此模式中，网络中的部分控制器被划分为Master控制器，剩下的控制器被划分为Slave控制器。对于Master控制器，它们拥有所有权限；对于Slave控制器，它们只有读取交换机的信息的权限，而无法向其中写入信息。

5.4.3 常用SDN控制器

控制器是SDN架构中控制平面的核心，是整个SDN架构中不可或缺的一部分。随着SDN技术的快速发展，越来越多的SDN控制器被开发并投入市场中。表5-1列举了一些常见SDN控制器。本节主要介绍3个常用的开源SDN控制器：Ryu、Floodlight和OpenDaylight等。

表5-1 常用SDN控制器

控制器	开发语言	开发团队	架构
NOX	C++/Python	Nicira Networks	集中式
POX	Python	Nicira Networks	集中式
Beacon	Java	斯坦福大学	集中式
Ryu	Python	日本NTT公司	集中式
Floodlight	Java	Big Switch Networks	集中式
OpenDaylight	Java	Linux协会联合多家网络巨头公司(如Cisco、Juniper等)	分布式

续表

控 制 器	开 发 语 言	开 发 团 队	架 构
ONOS	Java	ON.Lab	分布式
Onix	Python/C++/Java	Nicira	分布式

1. Ryu

Ryu是由日本NTT公司主导开发的一个轻量级的开源SDN控制器，旨在成为一个健壮并且灵活的SDN控制器。为构建SDN应用平台，Ryu采用Python语言进行开发，由于Python语言简单易学并拥有丰富的开源类库，使Ryu非常容易掌握。但是其缺点也很明显，即其性能无法与C++语言实现的控制器相比。Ryu控制器的整体架构简洁，并且自带一些已经开发好的组件，用户可以基于这些组件进一步开发自己的SDN应用程序。用户也可以对组件进行修改，实现自己的组件。由于Ryu模块清晰、可扩展性好，逐步取代了早期的NOX和POX。

Ryu的系统架构如图5-13所示。在北向接口上，Ryu有较大的灵活性，允许用户自定义API。另外，开源云平台OpenStack的Neutron模块也支持Ryu插件，通过REST API可以与Ryu控制器交互，来将上层应用的资源提供给用户。在南向接口上，Ryu支持1.0～1.5多个版本的OpenFlow协议，也支持非OpenFlow协议，如XFlow、SNMP和OVSDB等。Ryu自带的应用包括流量监控、链路聚合和生成树等，用户可以直接使用或者在此基础上进行二次开发。

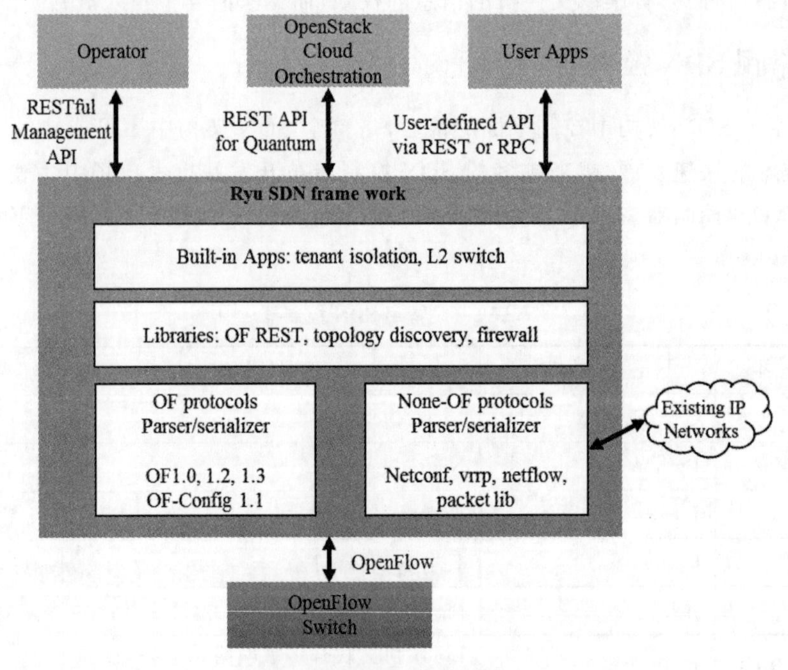

图5-13 Ryu的系统架构

Ryu 的优点在于其开发难度小、容易掌握，并且本身是一款轻量级的控制器，非常适合作为学术研究人员的常用控制器。然而 Ryu 开发的主导者日本 NTT 公司对其开发力量不足，虽然有个人开发者参与，但是目前 Ryu 更新相对较为缓慢。

2. Floodlight

Floodlight 是一个基于 Java 语言开发的开源 SDN 控制器，它主要由 Big Switch 公司捐资并且由开源社区进行开发和维护工作。Floodlight 是一款面向企业级的免费的 SDN 控制器，它遵循 Apache 2.0 软件许可，同时支持 OpenFlow 协议。Floodlight 采用层次化架构来设计控制器的功能。除了完成控制器的功能外，Floodlight 还提供一些通用的应用程序，如防火墙等。除此之外，Floodlight 还提供了前端的 Web 管理界面，用户可以非常方便地查看网络信息，包括交换机信息、主机信息以及网络拓扑。

Floodlight 的系统架构如图 5-14 所示。Floodlight 使用模块框架设计控制器功能和应用，其核心功能包括 REST 应用、普通应用模块和控制器模块 3 方面。控制器模块管理和控制转发设备，并为应用程序实现通用的核心网络服务。例如，处理 OpenFlow 协议、拓扑管理、链路发现、设备管理和一些基础功能等。控制器模块通过 Java API 为普通应用模块提供基础支撑服务，普通应用能与控制器进行高宽带交互，如负载均衡、防火墙、Hub 和学习型交换机等。控制器模块和普通应用模块通过 REST API 对外开放接口，REST 应用只需要调用接口来进行应用程序的编写即可完成想要的功能，这些外部 REST 应用包括 OpenStack Neutron 插件等。

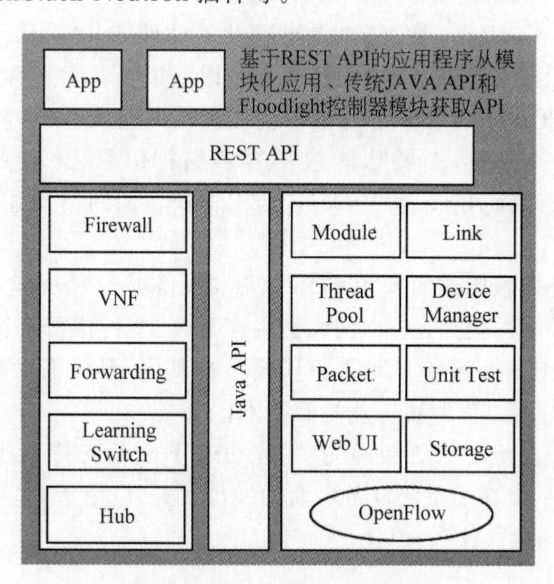

图 5-14　Floodlight 的系统架构

Floodlight 的优势：①采用商业级别的控制内核，性能与其他控制器相比得到保证；②同时支持 OpenFlow 网络和混合 OpenFlow 网络；③采用模块化设计，提供模块加载，非常方便业务的拓展和应用的扩展。由于 Big Switch 公司的业务重心转移，Floodlight 如今已不是厂商核心支持所在，更新速度缓慢。

3. OpenDaylight

OpenDaylight 是一个综合的 SDN 控制开源平台，由 Linux 协会联合多家网络巨头公司(如 Cisco、Juniper 等)创立。OpenDaylight 旨在降低网络运营的复杂度，延长现有网络硬件的生命周期，同时开发新的 SDN 业务和应用。

在 OpenDaylight 的设计伊始就提出了 6 个基本架构原则：运行时模块化和扩展化(Runtime Modularity and Extensibility)、南向支持多种协议(Multi-Protocol Southbound)、服务抽象层(Service Abstraction Layer)、开放式可扩展的北向 API(Open Extensible Northbound API)、支持多租户或分片(Support for Multi-tenancy/Slicing)以及一致性聚合(Consistent Clustering)。这些原则使 OpenDaylight 能面向大规模生产环境(如网络运营商)。

OpenDaylight 采用 Java 语言进行开发，并使用模块化的方式来实现控制器的服务和应用。南向接口支持多种协议，主要是通过插件的方式实现，包括 OpenFlow 协议、BGP、OF-Config 等。值得注意的是，OpenDaylight 最新版本 Oxygen 还新加入了 P4 插件(P4 Plugin)，利用 P4 编程语言协议无关的特性，以支持数据平面抽象。

OpenDaylight 平台提供了 MD-SAL(Model Driven Service Abstraction Layer)服务抽象层，为其他模块和应用提供一系列基础的服务，实现了北向接口与南向接口的解耦。MD-SAL 是 OpenDaylight 设计的亮点，它采用 YANG 作为建模语言模型语言来对网元配置进行建模，包括对应用和功能的建模，并通过 YANG Tools 实现模型的解析和自动生成接口代码。OpenDaylight 通过这种方式简化了插件的开发，让开发者只需要专注业务逻辑的实现和 YANG 模型的定义，而不需要考虑下层转发设备的具体实现。在这层之上，OpenDaylight 还提供了网络服务的基本功能和拓展功能，基本功能包括虚拟租户网络、OpenFlow L2 交换机等，拓展功能包括容器编排引擎、服务功能链和 OpenStack Neutron 服务等。OpenDaylight 采用 OSGi 结构将众多的网络功能隔离，极大地增加了控制平面的可扩展性。

OpenDaylight 是一款优秀的开源 SDN 控制器，相较于 Ryu 这些轻量级的控制器，OpenDaylight 有着明显的优点：①面向大型生产环境、支持集群等高可用，功能丰富，能形成对大量网络功能支持的平台；②主流厂商参与其中，形成强大生态圈；③支持多种南向接口和完整的北向接口，兼容工业主流技术。

OpenDaylight 仍在不断地更新和完善，它也在不断地支持一些业界新的技术。然而，OpenDaylight 的缺点在于主流设备厂商的涉足太大，以至于其发展方向由厂商掌握，普通用户和运营商没有话语权。

5.5 SDN 与分布式路由协议：Fibbing

前面介绍的基于 OpenFlow 的 SDN 的实现方式，都是采用数据平面和控制平面分离，逻辑集中式的架构。而 Fibbing 则是一种能够对分布式路由进行集中控制的体系结构，充分结合了 SDN(灵活性、可表达性和可管理性)和传统分布式网络协议(健壮性和可扩展性)的优点。

Fibbing 将虚拟节点(Fake Node)和链接引入底层的链路状态路由协议中,这样路由器就可以根据扩充的拓扑结构重新计算自己的转发表。Fibbing 能支持多种网络功能,并且很容易支持灵活的负载平衡、流量工程和备份路径。根据高级转发要求,Fibbing 控制器计算出一个增强拓扑(Augmented Topology),并通过标准路由协议消息(如 OSPF 协议消息)向网络中注入伪造的组件(如虚拟节点)。Fibbing 可以与任何运行 OSPF 协议的路由器一起工作。实验证明了 Fibbing 可以扩展到具有许多转发要求的大型网络,引入最小的开销,并对网络和控制器故障做出快速反应。

假设一个大型网络中的部分初始网络拓扑如图 5-15(a)所示,假设某个时间段突然从多个入口点 A、D 和 E 涌入以 IP 地址 D1 为目的地的数据流(以下简称为 D1 数据流),阻塞了一部分的网络,如图 5-15(a)中实线箭头所示。

网络管理者是有可能将这些数据流当作可疑的拒绝服务(Denial of Service,DoS)攻击,并且为了网络的安全性和避免网络拥塞,通过如下操作来解决这个问题:①将这些流引入洗涤器(Scrubber)中"清洗"一遍;②利用其他空闲的链路进行负载均衡以防止链路拥塞,如 BE。

然而,在传统网络中要进行上述这些路由策略是非常困难的。主要原因有以下两点:①中间件(Middlebox,即本例中的 Scrubber)和目的点互相之间并不相邻;②域内路由一般基于最短路径算法,直接修改路由规则会影响其他正常的流,例如,图 5-15(a)中任何导致去往 D1 的数据流重路由(Reroute)的策略,都将导致去往 D2 的数据流的重路由。即改变去往 D1 的数据流的路由走向,将会影响正常的数据流,并且不能解决链路拥塞的问题。因此,传统网络的分布式路由算法是难以解决这种问题的。

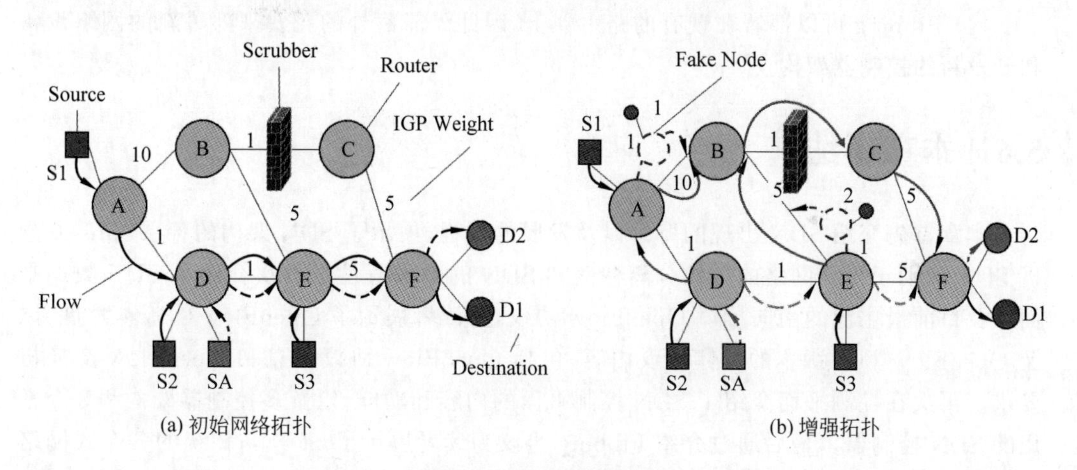

图 5-15　Fibbing 示例图

通过引入 SDN 的集中式控制架构到传统网络中来管理转发行为,这种问题就能很容易地解决。但如果单纯考虑用 SDN 控制器直接控制整个网络中的路由策略以提供网络高可靠性和高可扩性是一件极具挑战的事情。除了需要 SDN 控制器计算庞大的转发策略和对拓扑变化的快速反应能力外,一些微小的交换机规则表的更新都有可能造成控制器成为整个网络的瓶颈。

Fibbing 的解决方案结合了传统网络和 SDN 架构各自的优点，采用了对分布式路由进行集中控制的体系结构，通过控制分布式路由协议的输入来直接控制路由器转发信息库(FIB)。Fibbing 依赖于传统的链路状态协议(如 OSPF 和 IS-IS)，路由器通过拓扑的同步视图计算最短路径。Fibbing 控制器通过代价最小的欺骗的方式来控制路由，消除了配置它们的必要性。它通过向路由器提供精心构建的增强拓扑结构，包括虚拟节点(具有虚拟的目标地址块)和虚拟链接(具有虚拟的权重)，诱使路由器计算目标转发条目。

Fibbing 的解决方法如图 5-15(b)所示。首先，Fibbing 控制器在网络中添加两个带有不同权重的节点分别连接到 A 和 E，这两个假节点都宣告能直接到达目的地 D1，这样就产生了一个新的网络拓扑——增强拓扑。分布式路由协议会使 D 开始使用 A 作为到达目的地 D1 的下一跳，原因是新的路由代价为 3，小于旧的代价 6。与此同时，A 和 E 也重新决定新的路径进行转发。由于虚拟节点并不存在，当数据包发送到 B 时，则按照 B 上路由器的转发规则进行转发。这就解决了可疑数据流导向中间件和链路拥塞的问题。

从 Fibbing 的特性来看，它有不同于以往解决办法的优点。

(1) Fibbing 能支持多种路由决策，它能引导所有的流正确地走向目的地而不产生环路问题，从而能实现一些新兴的转发应用，如流量工程、负载均衡和快速故障恢复等。

(2) Fibbing 将拓扑计算交由控制器完成，保证了链路问题的快速反应和及时解决，同时节省了路由器的资源。另外，Fibbing 生成的增强拓扑能有效处理一些网络故障，如环回和黑洞。

(3) Fibbing 可以同时适应多个路由器的转发行为，同时允许它们计算转发表项并自己聚合。也就是说，当控制器集中计算路由输入时，仍然以分布式的方式计算路由输出。

(4) Fibbing 可以部署在现有的路由器上，因此无需额外的花费来部署新的网络设备和开发新的控制器架构。

5.6 本章小结

本章首先介绍 SDN 出现的背景以及发展的过程，展示了 SDN 架构的各层内容，并分析 SDN 区别于传统网络的数控分离特性和 SDN 的可编程性。其次介绍了 SDN 数据平面以及目前最主流的南向接口 OpenFlow 协议，为读者展示了 OpenFlow 的版本发展，以及 OpenFlow v1.3 版本的具体协议内容，包括 OpenFlow 协议消息和 OpenFlow 交换机要求。再次在控制平面介绍了 SDN 控制平面的内容和功能，以及多控制器架构和 3 个常用的 SDN 控制器。最后通过介绍 Fibbing 协议为读者展示了 SDN 与传统的分布式网络路由协议的结合是如何方便网络管理和改善网络性能的。

5.7 习题

1. SDN 是一种新型的网络体系架构，它将网络的________平面与________平面进行分离，________利用通信接口对数据平面的设备进行集中式管理，从而实现可编程化控制底层硬件和对网络资源灵活的按需调配。

2. SDN 的分层架构主要由 3 个平面和两个接口组成，从上至下分别为________平面、________接口、________平面、________接口及________平面。

3. 简要说明，与传统计算机网络相比，SDN 主要有哪些方面的重要属性？

4. 在 OpenFlow v1.3 版本中，主要的协议消息有哪几类？

5. OpenFlow 交换机包含哪些主要的模块？

6. 控制器内部被分为网络基础服务层和基本功能层，简述它们各自的作用。

7. 常见的多控制器架构包括哪两种？它们主要的区别是什么？

8. 相较于单控制器架构，SDN 多控制器架构能更有效地管理大型网络，这是它的一个优点，除此之外它还有哪些优点？

9. 列举几个常用的 SDN 控制器，并进行对比。

10. 对比以往的路由解决办法，简述 Fibbing 的优点。

11. 简述 SDN 与传统网络的异同，并谈谈对本章开头 Scott Shenker 那句话的理解。

第6章 网络功能虚拟化技术

It is not every day you hear an operator suggest a virtual network function (VNF) has all the beastliness of Eli Wallach's villain in *The Good, the Bad and the Ugly*.

并非每天都会有运营商建议虚拟网络功能(VNF)具有 Eli Wallach 在《黄金三镖客》中反派的所有野蛮性。

——Iain Morris

本章目标

学习完本章之后,应当能够:

(1) 理解并给出网络功能虚拟化的概念和意义。

(2) 列举 NFV 体系结构的主要模块。

(3) 理解 SDN 和 NFV 之间的关系。

网络功能(Network Function,NF)在传统的计算机网络和数据中心网络中都普遍存在,它们作为一个个独立的网元,在网络中行使着不同的功能,对网络的安全性、可靠性和性能的保障等方面至关重要。

常见的网络功能包括防火墙(Firewall)、入侵检测系统(Intrusion Detection System,IDS)、负载均衡器(Load Balancer)、网络地址转换(Network Address Translation,NAT)等。其中,防火墙能够根据预先设定的规则控制数据包进出,防止非法用户对内网的入侵;入侵检测系统负责对网络传输进行监视,当检测到可疑的数据会发出警告或进行主动反应;负载均衡器则广泛用于管理数据流量,将网络请求分散到一个服务器集群中可用的服务器中,已达到均衡负载的目的;网络地址转换可以通过私有 IP 和公有 IP 之间的转换,实现内网设备与外网的访问。

在传统的网络部署中,网络功能的实现往往依赖于专用硬件设备,也称网络中间件(Middlebox)。这种以专用硬件设备实现的中间件,虽然一般具有较好的性能,但却存在着诸多的弊端,如结构封闭、造价昂贵、升级困难、运营开支大等。这种相对封闭的网络架构和模式也难以支撑网络的可持续发展。随着网络规模的不断增大和需求的不断变化,需要实现的网络功能也越来越多样化。新的业务需求要求降低网络建设和运维成本的同时,提升网络资源利用效率和业务部署速度。而单纯通过专用硬件设备实现网络功能的方式,已经不能满足云计算环境的需求。

随着虚拟化技术的不断发展,网络功能的部署可以不再依赖于传统的专用硬件设备。网络功能可以通过软件的形式,灵活地部署在通用服务器的虚拟化资源中。这种软件化的方式,能够在单一的物理平台上,同时运行多个不同的网络功能程序。此外,结合云计算的相关技术,各类型的网络功能可以分布式地部署在云计算平台的虚拟化资源中。多用户和租户可以方便使用不同类型、不同版本的网络功能,极大地满足大规模的商业需求。相比于传统的专用硬件设备,虚拟网络功能的实现方式不仅效率高、弹性好,而且能够有效降低运营成本,方便软件化的网络功能更新升级和定制修改。

6.1　NFV 概述

6.1.1　NFV 概念

网络功能虚拟化(Network Function Virtualization,NFV)作为一种全新的网络功能架构,它利用标准的 IT 虚拟化技术,将传统的基于硬件的网络功能集成到通用的商业设备上(如 x86 架构服务器等),从而降低昂贵的网络设备成本和运营维护的难易程度。

NFV 的最终目标是通过基于行业标准的 x86 服务器、存储和交换设备,来取代通信网的私有专用的网元设备。它能够紧密结合新形势下未来网络需要具备的诸多特征,如网络容量动态和快速伸缩、更低的运营和维护成本、自动化业务编排等,如图 6-1 所示。

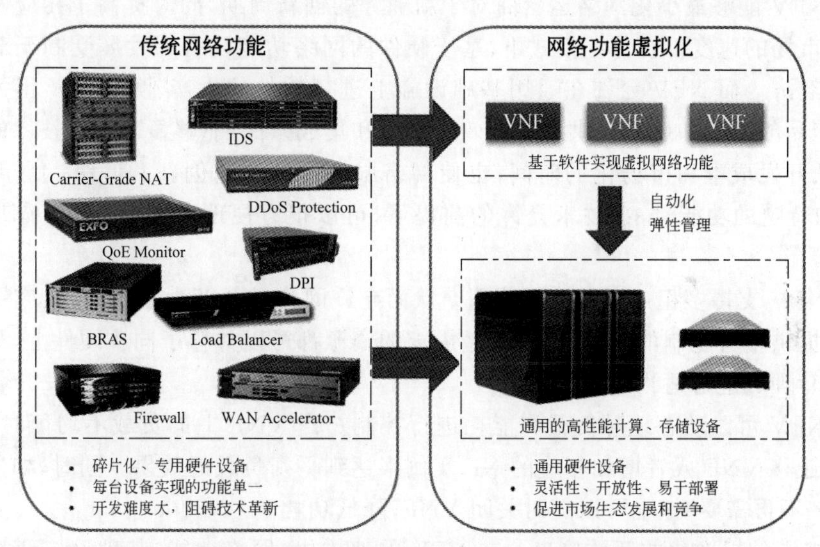

图 6-1　网络功能虚拟化的由来和相对传统网络功能的优势

早在 NFV 技术之前,相关的虚拟化技术就已经趋于成熟,如基于 Hypervisor 的硬件虚拟化技术、云端的计算资源虚拟化技术等。其中,对网络服务组件特别是网络功能虚拟化是 NFV 技术的关键。传统模式下,网络功能全部以专用硬件设备的形式存在,这种网络中间件在部署上不仅仅受制于物理位置的局限,同时也容易造成网络架构的僵化,不利于业务的拓展和更新。因此，为了缓解甚至解决这个问题，对提供网络功能的专用硬件设备的虚拟化逐渐被人们所重视。NFV 就是在这种背景下被诸多大型网络服务运营商（如AT&T、BT、Verizon 等）所提出，特别是 2012 年 ETSI 成立 NFV ISG 后，先后制定了多个 NFV 相关的白皮书，其内容引发了产业界和学术界的共同关注。

6.1.2 NFV 的意义和优势

NFV 旨在通过不断发展的标准 IT 虚拟化技术将网络运营商构建的网络中的传统网络设备整合到行业通用的标准大容量服务器、交换机和存储设备中。这些服务器可以位于各种 NFV 基础设施的节点中，包括云数据中心、网络节点和用户端等。NFV 为网络运营商带来了很多益处，对电信产业的发展造成了巨大改变。

NFV 的意义和优势主要体现在以下 6 方面。

(1) 相比于以传统的专用硬件设备的方式实现网络功能，NFV 通过在通用的服务器和存储设备上以虚拟化软件的形式部署网络功能，这种方式使运营降低了成本、提升了效率。基于 NFV 的多个虚拟网络功能（Virtual Network Function，VNF）实例可以共享硬件资源，降低了网络中部署硬件的成本。

(2) NFV 让网络功能在传统商用硬件上部署时更具有灵活性、可扩展性。它将需要提供服务的网络功能和部署位置在很大程度上进行解耦，从而允许 VNF 可以放置在最适当的位置，不受本身的硬件问题所约束，具有高度的可重用性和弹性。由于 NFV 是基于软件形式通用的自动化操作，使网络功能软件的部署和更新都提高了操作效率。

(3) NFV 能够最小化网络运营商对于新业务的创新周期，同时提高了相应网络服务产品进入市场的速度。在传统模式下，基于硬件的网络功能设备的发展受制于对其投资的规模型经济。而 NFV 允许在通用基础设施上进行软件的生产、测试以及相关组件的开发，为产品的发展和成熟提供了更高效的测试和集成条件，能够显著缩短技术的更新迭代期，降低开发成本和市场化的时间，也使网络服务能够快速创新和升级。当需要某个 VNF 增加特定的功能时，在技术允许的前提下，可以很方便地对 VNF 进行修改和重新部署。

(4) NFV 支持多租户对资源的使用。从而允许网络运营商为多个用户、应用程序和内部系统提供量身定制的服务，所有这些需求的资源都可以共存于同一硬件上，只需要根据相应的管理域进行适当的安全隔离。

(5) NFV 可以动态地对负载和能耗进行控制。当 VNF 上的负载不均衡时，可以方便地通过迁移 VNF 或者增加相应的 NF 实例来达到平衡负载的效果。同时，如果某个类型的 VNF 不再需要时，也可以随时关闭 VNF，降低功耗。

(6) 多方的标准化的开放接口。在 NFV 的架构中，网络功能、基础设施和相关的管理实体模块之间充分解耦，因此彼此之间的开放式的接口可以由不同的供应商提供。

6.1.3 NFV 标准化及组织

NFV 和 SDN 一样，都倡导网络的开放化、融合化、智能化和虚拟化等理念。与 SDN 不同的是，NFV 主要是运营商提出来的，是网络演进的重要趋势之一，全球各大标准和开源组织纷纷围绕 NFV 展开了相关工作。

1. ETSI

欧洲电信标准化协会(European Telecommunications Standards Institute,ETSI)是最早制定 NFV 技术相关行业规范的标准组织。2011 年 11 月,ETSI 成立 NFV ISG,成为推动 NFV 基础架构标准的主要国际标准组织之一,主要制定支持 NFV 硬件和软件的基础设施要求和架构规范,以及虚拟网络功能的指南,先后发布多个版本的 NFV 白皮书和包括 MANO 在内的多个工作组规范。ETSI NFV ISG 发布的成果在 NFV 领域有着举足轻重的影响力。

2. 3GPP

3GPP(3rd Generation Partnership Project)是移动通信标准领域的权威组织,定义了 GSM、WCDMA、LTE/EPC 及 5G 等多代移动通信系统的标准规范。3GPP 中主要由 SA5 负责与 NFV 相关的标准化工作。SA5 侧重于制定虚拟化网络管理架构,云管理与网管协同,NFV 引入后的网络信息模型,故障、配置、性能、安全等管理流程,OSS/BSS 网管接口要求等方面的标准。

3. IETF

互联网工程任务组(Internet Engineering Task Force,IETF)作为互联网领域的重要标准组织之一,也同步开展 NFV 相关标准化工作,涉及两个研究组和 9 个工作组。其中,NFV RG 主要关注固定和移动网络基础设施的虚拟化、基于 NFV 的新网络架构、家庭和企业网络环境的虚拟化、虚拟化和非虚拟化基础设施与服务并存等问题的研究;SDN RG 主要针对 SDN 模型进行定义和分类、网络描述语言(和相关的工具)、抽象和接口、网络或节点功能的正确操作验证等。IETF 的 9 个工作组涉及 Internet、路由、传输、安全 4 个领域,包括 DMM、SFC、NVO3、I2RS、BESS、TEAS、VNFPOOL、IPPM、I2NSF,研究内容涵盖移动网络、数据中心内网虚拟化,用于网络安全控制和监控功能的新信息模型、软件接口和数据模型等。其中,NVO3(Network Virtualization Overlays)主要关注架构、协议、数据面需求以及安全等;SFC(Service Function Chaining)重点关注在一个虚拟网络中流量的灵活调度并形成流经多个功能实体的业务链。

4. OPNFV

OPNFV(Open Platform for NFV)是 NFV 开放平台项目,由 AT&T、中国移动等电信运营商牵头发起的开源组织,于 2014 年 9 月 30 日在 Linux 基金会下创建成立,该开源社区旨在提供运营商级的综合开源平台,以加速新产品和服务的引入,实现由 ETSI 规定的 NFV 架构与接口,提供运营商级的高可靠、高性能、高可用的开源 NFV 平台。OPNFV 项目启动以来,已经得到 100 多个厂商的关注,包括网络运营商、IT 厂商、设备制造商及解决方案提供商等。

5. ITU-T

国际电信联盟-电信标准化部(ITU Telecommunication Standardization Sector)是国际电信联盟管理下的专门制定电信标准的分支机构。目前ITU-T已在其定义的NGN和IMT-2020架构中引入了对NFV技术的支持。

6. OpenStack Tacker 项目

OpenStack是开源的云计算管理平台,提供部署云的操作平台和工具集。OpenStack的Tacker项目提供了一个集成在一起的NFVO和VNFM模块,未暴露两者之间的Or-Vnfm接口,但可以支持连接外部VNFM。目前支持的能力包括VNF模板管理、VNF实例化和终止、VNF配置管理、VNF监控和自愈等。

6.2 网络功能与服务功能链

在NFV的部署中,某些端到端的服务通常需要多种类型的VNF来实现。这些网络功能包括传统的防火墙、NAT,同时也会存在于某些特定应用程序的特殊网络功能。通常,这些VNF以一定的顺序连接起来,提供特殊的网络服务,这种结构称为服务功能链(Service Function Chain,SFC),简称服务链。本节简要介绍一些常见的网络功能,以及服务功能链的基本概念。

6.2.1 常见网络功能

1. 防火墙

防火墙(Firewall)常放置于两个或多个网络之间,在内外网之间设立一道屏障,用于监视和过滤经过的数据流。防火墙可以基于一组用户定义的规则过滤接收和发送的网络流量,以提供网络安全。通常,防火墙的目的是减少或消除不必要的网络通信的发生,同时允许所有合法通信自由流动,防止攻击者以恶意的方式访问需要受到保护的服务器。

传统的企业级防火墙的部署多依赖于专用硬件设备,在软件化的环境下,防火墙可以安装在主机上来检查各个网络接口上的数据传输。它是当前最重要的一种用于网络安防的网络功能之一。常用的防火墙包括iptables、pfSense、UFW等。

防火墙的功能主要包含访问控制功能、内容控制功能、日志功能、对可疑信息的检测和警告功能、集中管理功能等。依据防火墙的安全策略,其对数据流处理方式分为3种:允许数据流通过,拒绝数据流通过,丢弃数据流。其中,当数据流被拒绝通过时,发送方会收到防火墙发送的通知,提示数据流被拒。而丢弃数据流不会通知发送方,发送方只能等待回应直至超时。

2. 网络地址转换

网络地址转换(Network Address Translation,NAT)是一种地址翻译技术,该技术实现了对IP数据包重写源IP地址或目的IP地址。NAT技术广泛应用于多台主机只通过一个公有IP地址访问因特网的私有网络中。

NAT之所以会存在,起源于当时人们在设计网络地址时,未能充分考虑到IP地址不够用的问题。其本质是让多台机器公用同一个IP连接因特网,这就从某种程度上解决了在IPv4环境下IP地址不够用的问题。

例如,在典型的网络配置中,一个本地网络使用一个专用网络的指定子网(例如,192.168.0.0/16)和连在网络上的一个路由器组建网络,其中路由器占用子网网络地址空间的一个专有地址(例如,192.168.0.1),同时它还通过一个或多个因特网服务提供商提供的公有IP地址连接到因特网上。当信息由子网内部向因特网传递时,路由器上的NAT功能可以将源地址从专有地址转换为公有地址。而路由器通过维护NAT表跟踪了每个连接上的基本数据,包括目的地址和端口。当信息从外网传递给内网时,它通过输出阶段记录的连接跟踪数据来决定将数据流转发给内网的哪台主机。因此,对于因特网,路由器上的公网IP起到了源地址和目的地址的角色。NAT的这种机制,隐藏了内部主机的IP地址,提升了内部主机的安全性。

3. 入侵检测系统

入侵检测系统(Intrusion Detection System,IDS)可以对网络传输或者系统进行监控,检查是否有可疑的活动,当侦测到时发出警报、进行日志记录或者采取其他主动反应措施,以保证网络系统资源的机密性、完整性和可用性。相对于其他网络安全设备,IDS不同之处在于其是一种积极主动的安全防护技术。

IDS按输入的数据来源主要分为基于网络的IDS和基于主机的IDS。其中,基于网络的IDS数据源是网络上的数据包。它往往将一台主机的网卡设置为混杂模式,对所有本网段内的网络传输进行检测。一般基于网络的IDS负责保护整个网段。而基于主机的IDS功能类似病毒防火墙,在被保护的后台运行,数据来源于系统的审计日志,进而对主机活动进行检测,防范对该主机的入侵。

常用的IDS有Snort和Suricata。Snort可以对截取的数据包做行为分析,根据一定的规则来判断是否有网络攻击行为出现,Suricata是一款集IDS、IPS(Inline Intrusion Prevention System)、NSM(Network Security Monitor)功能的开源网络安全监测引擎。Suricata在监控网络流量方面除了支持传统的规则匹配恶意行为外,还支持编制Lua脚本语言以应对更复杂的威胁。由于Suricata以多线程运行,且代码具有高度的可扩展性,因此单个实例的情况下就能处理数千兆的数据流量。

4. 代理服务器

代理服务(Proxy Server)即一个网络客户端通过本服务与另一个网络终端(一般为服务器)进行非直接的连接。通常,代理服务有助于保障网络终端的隐私和安全,防止攻击。提供这种代理服务的计算机系统或其他类型的网络终端称为代理服务器。

使用代理服务器的主要优点:代理服务器的硬盘会缓存目标主机返回的数据,因此下一次客户端再访问相同的站点数据时,会直接从代理服务器的本地存储空间读取,这种方法能够明显提高访问速度;由于所有客户端的请求都必须通过代理服务器访问远程站点,因此常在代理服务器上设置限制,过滤数据流中的不安全信息。其中,正向代理可以隐藏内网客户端自己的IP地址,避免一定的入侵风险。此外,代理服务器可以满足不受限地访问某目标站点。

Squid是一个支持超文本传送协议(Hypertext Transfer Protocol,HTTP)、超文本传输安全协议(Hyper Text Transfer Protocol Secure,HTTPS)和文件传送协议(File Transfer Protocol,FTP)等服务的Web缓存代理软件,它可以通过缓存页面提高服务器的相应速度并降低带宽占用。同时,Squid还具有强大的访问控制功能和各种平台的兼容性。

6.2.2 网络功能的实现形式

不同于传统的企业网络,在云计算环境下,网络功能在实现和部署时,逐步呈现出异构的特性。总体来说,目前主要有如下3种常见的网络功能实现方式。

(1) 专用硬件设备:如传统企业网络,网络功能作为一个单独的硬件网络设备Middlebox,接入网络中。

(2) 可编程网络设备:随着SDN、OpenFlow、P4,以及基于状态数据平面(Stateful Data Plane)等技术的成熟,部分网络功能可以部署在交换机或路由器中,甚至在服务器的Hypervisor中实现,如简单的Firewall、Heavy-Hitter、ACL、VPN、NAT、Load balancers等。

(3) 网络功能虚拟化:NFV技术利用了虚拟化技术的优点,在服务器上通过软件的方式实现各种网络功能,方便网络功能的部署及管理。

网络功能不同的实现方式,分别具有相应的优点和缺点,适合不同的应用需求场景。例如,专用硬件设备的性能较高,但灵活性能差;SDN或P4可编程交换机等方式实现的网络功能,管理灵活、方便,但由于OpenFlow流表功能或流水线资源等的限制,可支持的网络功能数量和种类都十分有限。而通过NFV实现的VNF,由于其管理灵活,可按需分配,配合云数据中心的虚拟化环境,已经成为网络功能实现的一个重要方式。

6.2.3 服务功能链

1. 基本概念

服务功能链(Service Function Chain,SFC)在概念上类似于基于策略的路由机制,它将网络功能以特定的顺序进行组合,以提供特定的服务。这些部署的网络功能可以对分类后的数据包、数据帧或数据流进行处理。同时,除了提供网络功能的组合以处理网络流量,这种服务功能链模式还具有一定的弹性,能够动态地对服务链的组件(包括其中网络功能)的顺序进行改变,以适应新的需求。

SFC是NFV中的一个典型的应用,SFC将不同的VNF动态链接起来,形成一个集群部署。例如,从互联网进入云数据中心的流量,一般需要先经过防火墙的过滤,再被NAT或负载均衡器等处理。

在传统的网络中，每个服务都需要独立的硬件，在这些硬件的基础上，建立服务功能链支持网络新设备的串联使用。在 NFV 环境下，SFC 的部署摆脱了专用硬件设备的束缚，各种网络功能迁移到商品服务器上以软件形式运行。同时，NFV 架构还可以集中管理和配置网络，以及进行动态资源分配，这将极大简化 SFC 的部署。

如图 6-2 所示，每个 VNF 节点至少存在一个或者多个 VNF 的实例，同时这里每个节点上的 VNF 可以被多个服务链共享，如 VNF2 和 VNF3。此外，在一条服务链中，同一个 VNF 可以出现多次，即服务链是存在环路的，数据流可能会多次流经一个或者多个 VNF。服务链可以起始于 VNF 组成的拓扑的源节点（如 VNF1），也可以从后续的任意节点开始（如 VNF3）。

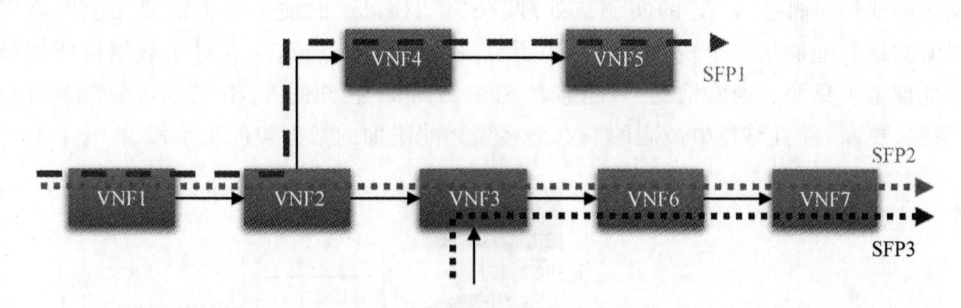

图 6-2　SFC 逻辑示意图

SFC 中包含的相关概念如下。

（1）SF/NF（Service Function/Network Function）[①]：一个网络功能负责对数据包进行特定的处理，它们可以运行在不同层的协议栈里。每个网络节点上可以放置一到多个网络功能，常用的 SF/NF 包括防火墙、广域网和应用加速器（WAN Optimizer）、深度包解析器（DPI）、网络安全监听器（Monitor）、网络流量负载均衡器（Load Balancer）、网络地址转换器（NAT）、TCP 优化器（TCP Optimizer）等。

（2）SFC Classifier：用来识别网络流量。它将流经的网络流量分配到不同的 SFC，Classifier 可以运行在任意设备上，并且一条 SFC 中可以存在多个 Classifier，一般情况下，Classifier 位于 SFC 的头节点。SFC Classifier 会将网络流量包加上 SFC 标识符，即在数据包中加上一个 SFC Header，这个头部包含一个 SFC 的唯一识别 ID。

（3）SFI（Service Function Instance）：即网络功能的实例，对应于某个具体的 VNF，可以是以进程的形式存在。

（4）SFF（Service Function Forwarder）：该组件提供服务层的转发，SFF 接收带有 SFC Header 的网络包，并通过 SFC Header 将网络包转发给相应的 SFI。有时，SFF 也可以基于网络流量中的五元组信息来负责转发。

（5）SFC Proxy：任何无法兼容 SFC 的设备，在部署 SFC 时就必须配合 Proxy 使用，Proxy 会把网络包中的 SFC Header 删除，并把原始的数据包转发给传统的 SF 设备。当

① 在 IETF 的文档中称其为 Service Function，在本书中主要称其为网络功能（Network Function）。

数据包处理完毕后，Proxy 负责把 SFC Header 加回到网络包中，并且转发回 SFC 中。

(6) SFP(Service Function Path)：SFP 规定了数据流流经 VNF 的路径，它抽象出具体的处理数据流的服务链和一系列网络功能之间的关系。它的确定受到 VNF 的具体位置的影响。对于一个给定的由 VNF 组成的 SFC，因针对不同的流量需要不同的策略以提供需要的服务，故存在一个或多个 SFP(见图 6-2)。

2. SFC 架构

SFC 整体架构如图 6-3 所示。SFC Classifier 在数据包中添加 SFC Header，这个头部包括元数据以及 SFC 的路径信息。这些信息决定了哪些数据包需要被处理以及这些数据包需要经过哪些 VNF 的实例被处理。SFC Header 的使用使得需要相应网络服务数据流的信息能够从一个转发节点发送到另一个转发节点，这一点对于数据流能够被正确地处理至关重要。通常情况下，能够对 SFC Header 感知的 VNF 节点可能对其进行添加、移除、更新，并且路径中最后的节点会移除之前添加的数据包的头字段。

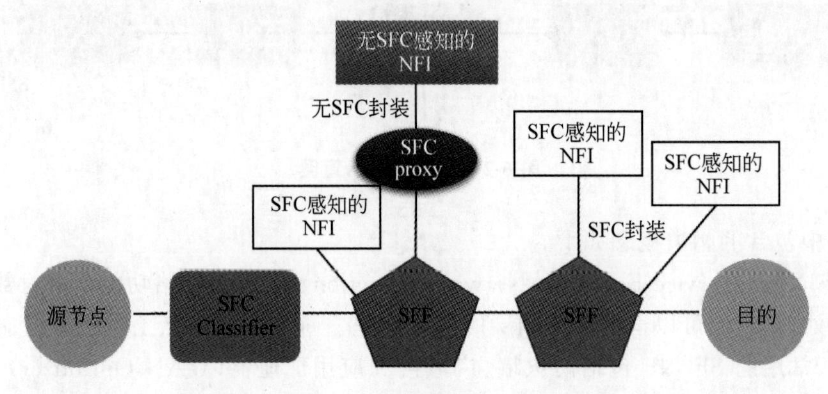

图 6-3　SFC 整体框架

SFF 能够根据被添加的头字段进行转发操作，它也是部署在 SFC 当中的节点。SFC Proxy 节点能够使对 SFC Header 没有感知的网络功能向后兼容。在这种情况下，数据包就不存在 SFC 层面上的封装了。

SFF 和 SFI 之间的连接可以有两种模式：单臂模式(One-Armed)和串联模式(Bump-In-The-Wire)。两种模式分别如图 6-4 和图 6-5 所示。其中，单臂模式下，SFF 将网络流量包转发给 SFI 后，SFI 处理完毕会再转发给 SFF，由同一个 SFF 发送回 SFC；串联模式下，SFI 在完成对数据的处理后，会将网络流量包转发给 SFC 的下一个 SFF。

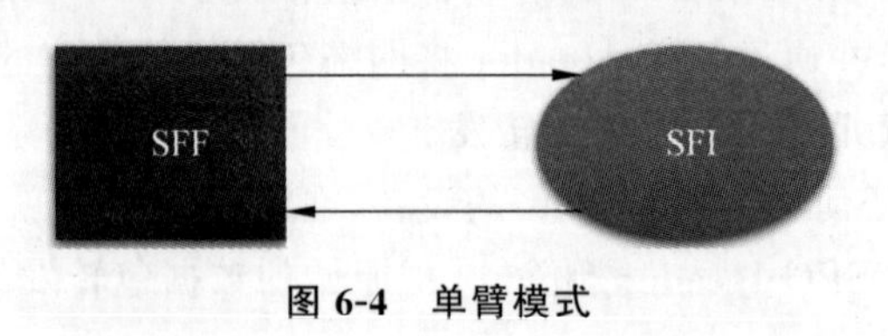

图 6-4　单臂模式

SFC 在实际的应用中常常和 SDN 结合起来，如图 6-6 所示。在传统网络中，SFC 的

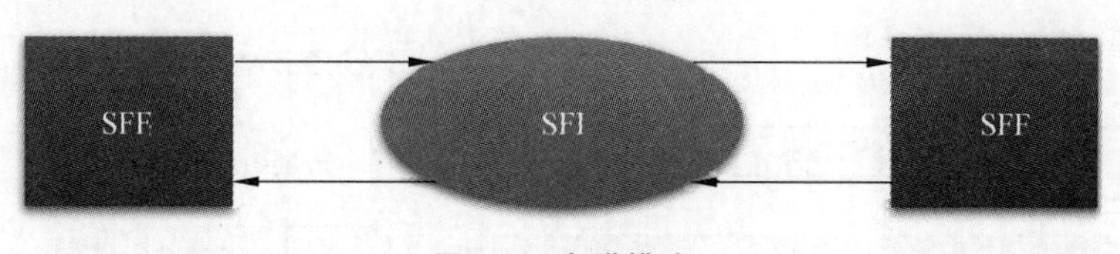

图 6-5　串联模式

部署存在一定的挑战。例如,SFC 中的网络服务设备如何安置受限于网络的拓扑;SFC 的位置一旦确定,不方便轻易改动;此外,网络功能的扩容也比较麻烦。在这种情况下,将 SDN 融入 NFV 中,可以极大地增强 SFC 的灵活性。SDN 主要提供两类服务:网络基础架构功能和网络服务功能。基于 SDN 部署 SFC 则是实现网络服务功能的一种常用方式,即将 VNF 加入网络流量路径中,通过 SDN 来管理 SFC。

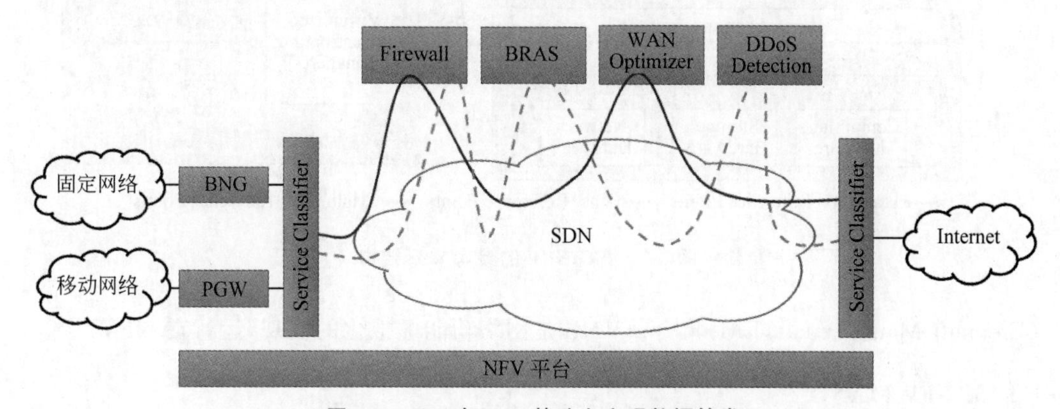

图 6-6　SFC 在 SDN 基础上实现数据转发

6.3 NFV 体系结构

本章主要根据 ETSI ISG 针对 NFV 定义的相关架构和概念等内容进行介绍。

6.3.1 NFV 高层框架

ISG NFV 的参考体系结构,如图 6-7 所示。它定义了 VNF 实例的部署、操作、管理和编排,以及 VNF 之间的关系等内容。从宏观上看,ISG NFV 的参考体系结构主要包括以下 4 个重要模块。

1. NFVI

NFV 基础设施(NFV Infrastructure,NFVI)为 VNF 的运行提供平台,包括各种各样的物理资源,以及在此之上的虚拟化资源。

2. VNF/EM

该模块包括以软件形式实现的虚拟网络功能(VNF)和管理这些 VNF 的元素管理

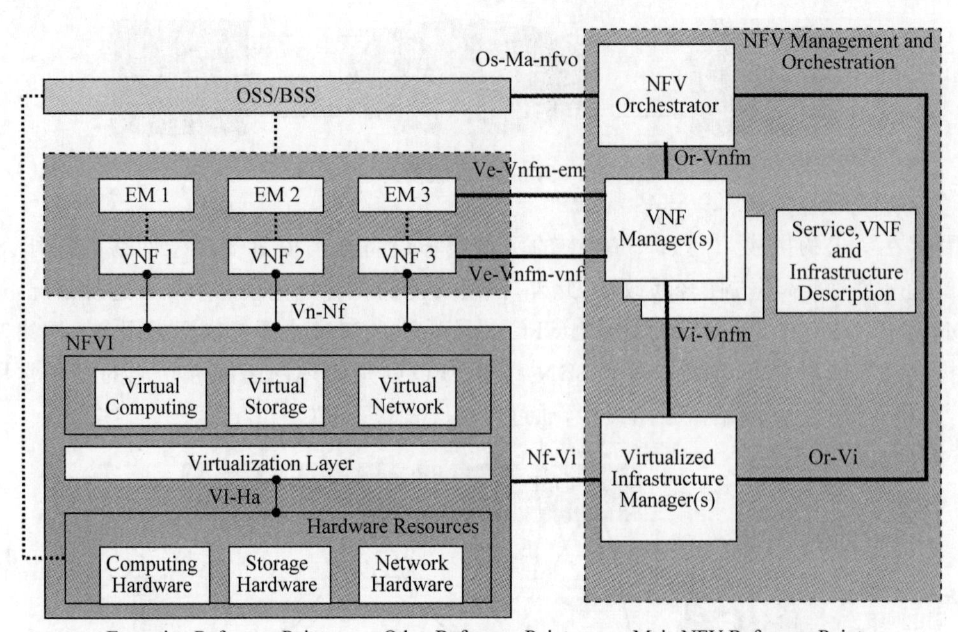

图 6-7 ISG NFV 的参考体系结构

(Element Management,EM)集合。VNF 是网络功能虚拟化的实现,运行在 NFVI 上。

3. NFV MANO

NFV 管理与编排(NFV Management and Orchestration,NFV MANO)模块主要负责对虚拟化的基础设施资源进行管理,以及对 VNF 的编排和生命周期的管理。主要包括将 VNF 部署在合适的位置以实现期望的网络服务,为 VNF 合理分配和扩展硬件资源,检查 VNF 的状态和错误信息等。

4. OSS/BSS

运营和业务支持系统(Operation and Business Support System,OSS/BSS)指 NFV 操作方原有的管理系统。

6.3.2 NFV 基础设施模块

VNF 依赖于虚拟硬件的可用性,是运行在物理硬件上的软件资源模拟。在 ISG NFV 框架中,这些可以通过 NFVI 来实现。NFVI 是为 VNF 提供部署、管理、运行的硬件和软件环境的统称。NFVI 主要包括物理硬件资源、虚拟化层和虚拟资源。

1. 物理硬件资源

NFVI 的物理硬件资源位于 NFVI-PoPs(NFVI Point of Presence),在一个 NFV 架构中,NFVI-PoPs 不局限某个位置(如单个物理主机),可以跨越多个设备和不同物理位置进行伸缩和扩展，多个物理硬件资源点通过网络可以互联。从 VNF 的角度来看，底层的物理硬件资源和虚拟化层(如 Hypervisor)为 VNF 提供需要的虚拟化资源。

在 NFV 中，底层的物理硬件资源包括计算、存储和网络资源等。其中，计算相关的物理硬件资源，包括 CPU 和内存等，它们可以通过集群计算等技术，作为资源池在主机之间共享。存储资源可以使用网络存储(NAS)、SAN 技术连接的存储设备或服务器内部存储等。这些硬件都不是专门为任何特定的网络功能而构建的，而是由商用现货(COTS)x86 服务器等提供。

网络资源主要由各种交换功能设备组成，包括路由器、有线或无线链路等。网络资源可以跨越不同的域。NFV 中的网络资源可以分为两类：一类 NFVI-PoPs 内部的网络，它连接节点内部的计算和存储资源，也包括用于连接外网的路由和交换设备等；另一类是 NFVI-PoPs 之间的传输网络，以及 NFVI-PoPs 和其他网络的连接。

2. 虚拟化层和虚拟资源

虚拟化层直接与硬件设备池交互，使其可作为虚拟机(容器)用于 VNF。虚拟机(容器)为其托管的任何软件(即 VNF)提供虚拟化计算、存储和网络资源，并将这些资源像专用物理硬件设备一样呈现给 VNF。

因此，虚拟化层将物理资源进行抽象，使 VNF 以软件的形式部署在虚拟化的基础设施上，该层将 VNF 与硬件相解耦，保证了两者的相对独立性。这些功能通常由 Hypervisors 和 VM 等技术来实现。NFV 架构并不完全限制虚拟化层的具体实现方式，但虚拟化层需要拥有标准化的特征以及对物理硬件资源(计算、存储和网络)和 VNF 的开放接入点。

在网络的虚拟化方面，网络硬件通过虚拟化层实现多 VNF 实例间的互联，这可以通过诸多网络虚拟化技术来实现，如 VLAN、VXLAN、NVGRE 等。此外，也可以通过将控制平面与数据平面相解耦的 SDN 技术实现网络通信。

6.3.3　虚拟网络功能模块

虚拟网络功能模块是 VNF 和 EM 的组合。VNF 是对传统网络功能的虚拟化实现；EM 主要实现对一个或多个 VNF 的管理功能，用作网络管理系统和执行网络功能的设备之间的交互层。

虚拟化环境的细节对 VNF 是透明的，VNF 不会意识到它运行的通用硬件实际上是虚拟机。VNF 的行为和外部接口应该与它正在虚拟化的网络功能和设备的物理实现相同。

部署在一台虚拟机上的网络功能组件称为 VNF 组件(VNF Component，VNFC)。一个 VNF 可以由一个 VNFC 实现虚拟化(即一台虚拟机)，也可以由多个 VNFC 组合为一个 VNF(即多台虚拟机)。多个 VNFC 会在内部连接到 VNF，这些内部结构对其他 VNF 和用户是不可见的。

VNF 具有弹性的特点，可以扩大或缩小(Scale Up/Down)规模，以及扩展或缩小(Scale Out/In)功能。VNF 主要通过调整所属的 VNFC 来实现这些功能。

6.3.4 NFV 管理与编排模块

NFV MANO 模块主要负责管理基础设施层中的所有资源，包括创建和删除资源并管理 VNF 的整个生命周期等。MANO 主要包含以下 3 个功能模块。

1. 虚拟基础设施管理器

虚拟基础设施管理器(Virtualized Infrastructure Manager，VIM)负责管理和控制计算、存储和网络硬件资源，实现虚拟化层的软件以及虚拟化硬件等。由于 VIM 直接管理硬件资源，因此它具有这些资源的完整清单，以及对其操作属性(如电源管理、运行状况和可用性)的可见性和监视其性能属性的能力(如利用率统计信息)。

VIM 负责控制 NFVI 资源，并与其他管理功能块协同工作。VIM 的管理范围可以使用相同的 NFVI-PoPs，也可以分布在基础架构跨越的整个域中。VIM 的实例可以不限于单个 NFVI 层。单个 VIM 实现可能控制多个 NFVI 块。

2. VNF 管理器

VNF 管理器(VNF Manager，VNFM)负责 VNF 的生命周期管理，包括 VNF 的实例化创建、更新、信息查询、扩展、关闭等。此外，VNFM 可以在 NFV 架构中存在多个，单个 VNFM 可以服务于单个或多个 VNF。

3. NFV 编排器

NFV 编排器(NFV Orchestrator，NFVO)负责管理和编排 NFVI 和软件资源，在 NFVI 上实现网络服务功能。资源编排是指将 NFVI 资源进行分配、解除分配和管理到虚拟机的过程。

VNFM 独立地管理 VNF，看不到 VNF 之间的任何服务连接，以及 VNF 如何组合以形成服务功能链。而 NFVO 通过 VNFM 在 VNF 之间创建端到端服务，因此，NFVO 可以看到 VNF 为服务实例形成的网络拓扑。

6.3.5 NFV 参考点

ISG NFV 框架还定义了参考点(Reference Point)，以识别功能块之间必须发生的通信。识别和定义这些参考点，对于确保信息流在不同供应商的功能模块中的一致性，是非常重要的。这些参考点还有助于建立在功能块之间交换信息的开放和通用方式。

主要参考点如下。

- Virtualization Layer-Hardware Resources-(Vl-Ha)：连接虚拟化层和物理硬件资源，标识了物理硬件资源的接口，为 VNF 创造了不依赖于硬件资源的部署和运行的环境。通过该接口可以收集硬件的相关状态信息，用于更加细粒度地管理 VNF。
- VNF-NFV Infrastructure (Vn-Nf)：为 VNF 提供在 NFVI 上运行的 API。它不提供任何专用的管理控制协议。
- NFV Orchestrator-VNF Manager (Or-Vnfm)：用于在 NFVO 和 VNFM 之间传

递 VNF 管理方面的资源相关的请求信息，包括资源信息授权、确认、预置、分配等，负责将配置信息发送给 VNFM。也可以通过该接口收集 VNF 的状态信息，以对网络服务的生命周期进行管理。

- Virtualised Infrastructure Manager-VNF Manager (Vi-Vnfm)：该接口负责传递 VNFM 的资源分配请求，同时也收集虚拟化硬件资源的配置信息和状态信息供 VNF 使用。
- NFV Orchestrator-Virtualised Infrastructure Manager (Or-Vi)：用于 NFVO 与 VIM 的通信，负责传递 NFVO 的资源预置和分配的请求，以及两者之间的虚拟化硬件资源配置信息和状态信息的交换。
- NFVI-Virtualised Infrastructure Manager (Nf-Vi)：提供 NFVI 和 VIM 之间的接口，负责根据资源分配请求对虚拟化资源进行分配，虚拟化资源状态信息的转发，物理硬件资源配置和状态信息的交换等。
- OSS/BSS-NFV Orchestration (Os-Ma-nfvo)：为 OSS/BSS 和 NFVO 之间提供接口，负责传递对网络服务和 VNF 生命周期管理的请求信息，同时也负责策略和数据信息的交换。
- VNF/EM-VNF Manager (Ve-Vnfm-vnf/Ve-Vnfm-em)：早期 Vn-Vnfm-vnf 和 Vn-Vnfm-em 一起定义为 Ve-Vnfm。目前两者分开定义，分别为 VNFM 和 EM/VNF 之间提供通信接口。Ve-Vnfm-vnf 用于 VNF 生命周期管理，并与 VNF 交换配置和状态信息。Ve-Vnfm-em 支持 VNF 生命周期管理、故障和配置管理以及其他功能，仅在 EM 了解虚拟化时使用。

6.4 SDN 与 NFV

SDN 和 NFV 是近几年全球网络行业的热点话题。两者相互联系，却也有各自的差别。SDN 起源于园区网，在数据中心的应用当中逐渐趋于成熟；NFV 的概念则由大型电信运营商提出，也是由它们率先应用到实践当中。SDN 技术实现了控制平面和数据平面的解耦合，而 NFV 技术则是将网络设备的功能从专用网络硬件中解耦出来，将电信硬件设备从专用产品转化为商业化产品。在这两种技术背景下，控制平面和数据平面都具有一定的可编程特性。

针对开放系统互连(Open System Interconnection，OSI)参考模型，SDN 关注 OSI 参考模型中的第二、三层，即数据链路层和网络层，它主要对网络基础设施架构进行优化，如交换机、路由器等；NFV 则关注 OSI 参考模型中第四到七层，即传输层、会话层、表示层和应用层，它主要优化网络的功能，如防火墙、负载均衡器和广域网优化器等。

SDN 是从分布式的，采用复杂协议的专用网络设备，用低级的管理工具管理，转变为用高级管理工具管理商用设备组成的集中式架构系统；NFV 则将以往现场工程师对专用网络功能设备进行配置转变为 VNF 设备的远程配置和快速部署。

SDN 和 NFV 带来的好处：SDN 实现了网络业务自动化和网络自治，使能够更快速地部署网络业务实例，添加新的业务，很多需求仅仅需要对控制器进行开发就可以满足。

它同时也简化了网络协议,用户的策略处理集中在控制器上实现。通过集中控制,SDN能够对网络资源进行统筹调度和深度挖掘,提高网络资源的利用率,接入更多的业务,从垂直整合走向水平整合,使芯片、设备、控制器各层可以独立分层充分竞争。NFV则相对于传统专用硬件设备加快了相应网络功能的发布和安装速度,同时可以根据需求实时扩容,做到容量伸缩的及时响应,实现新需求、新业务更快捷方便,避免了硬件设备的冗长开发周期。NFV也简化了设备形态,利用通用服务器设备统一了底层硬件资源,使开发、维护更加便捷。此外,这种模式也大大降低了设备成本,水平整合改变了原来的竞争格局,各个层次的供应商可以分层竞争。

NFV和SDN是分开并且互补的,两种技术都是为了增加灵活性,减少成本,支持可伸缩性并加速引进新服务,但是可以单独运行其中一个。NFV利用传统数据中心的技术可以在完全没有SDN的环境下部署,而SDN可以实现数据平面和控制平面的解耦合。因此可以使NFV的应用在部署运行及维护管理方面更加简单高效且具有灵活性,SDN可以帮助NFV完成运行当中的流量控制,多租户的负载均衡等任务。同时,NFV也能够帮助SDN的建设与发展。例如,某公有云基于SDN提供了IaaS,客户希望在公有云上搭建自己的Web服务器,此时,客户可以借助第三方的镜像来部署诸如防火墙和负载均衡器的网络功能的实例。在这个场景下,以第三方镜像实现的NFV更好地完善了SDN的功能。

对于SDN技术,它在网络领域打开了一扇崭新的大门,能够促进网络的快速创新;NFV技术相对于传统网络功能服务的提供模式,大大降低了建设成本和运营成本,提升了设备空间的使用率和资源利用率。两项新兴技术为创新性的科学研究提供了大量的资源和机遇。总而言之,SDN技术是面向网络的,它没有改变网络的功能,而是重构了网络架构;NFV是面向设备的,它也没有改变设备的功能,但是改变了设备的形态。

6.5 本章小结

如今的网络充斥着大量的各种网络功能,由于很多采用的是专用硬件设备,导致网络僵化,使得网络管理和服务提供变得困难。网络功能虚拟化(NFV)是一种能够改变这种状况的新兴技术,它将网络功能与底层专用硬件设备解耦合,并以软件的形式实现它们,称为VNF。NFV显著减少了服务部署的资本支出和运营费用,大大提高了网络服务的灵活性等。本章先从介绍NFV产生的背景开始,逐步揭开NFV的面纱。依次对NFV的概念和优势、服务功能链、体系架构等进行介绍,并在最后讨论了SDN和NFV的关系。

6.6 习题

1. NFV的主要优势和意义是什么?
2. 简要列举几个常见的网络功能。
3. 什么是服务功能链?服务功能链中对网络功能的要求是什么?
4. NFV的参考体系结构中包括哪些组件?组件之间的通信接口有哪些?
5. SDN和NFV之间的关系是什么?

第7章

云计算网络安全基础

The art of war teaches us to rely not on the likelihood of the enemy's not coming, but on our own readiness to receive him. Not on the chance of his not attacking, but rather on the fact that we have made our position unassailable.

用兵之法，无恃其不来，恃吾有以待也；无恃其不攻，恃吾有所不可攻也。

——孙子

本章目标

学习完本章之后，应当能够：

(1) 了解云计算网络安全相关的基本概念和专业术语。

(2) 理解云计算网络当前所面临的主要安全风险和威胁。

(3) 列举云计算网络所面临的主要威胁技术。

本章主要介绍的是云计算网络安全的基础知识。首先介绍云计算网络安全相关的基本概念和专业术语；其次介绍云计算网络所面临的安全威胁，具体包括安全风险、威胁来源和威胁技术等。通过对本章的学习，读者可以对云计算网络安全的基本术语有较为详细的了解，并对云计算网络安全威胁有一定的认识。

7.1 基本概念与专业术语

网络安全技术就是保护网络信息系统和网络资源不受到威胁、干扰和破坏，云计算的出现给传统的网络安全赋予了新的内容与挑战。本节主要介绍与云计算网络安全相关的基本概念和术语，并做相应的解释和说明。

7.1.1 基本安全属性

1. 机密性

机密性(Confidentiality)是指只有获得授权的用户、实体或过程才能够对数据进行访问的特性，如图 7-1 所示。在云计算环境中，机密性主要是关于对传输和存储的数据进行访问的限制。

图 7-1 机密性

数据的机密性防护主要通过以下 3 种方法实现。

(1) 对数据进行存储隔离和加密，确保云服务商无法随意查看、使用或更改用户数据。

(2) 使用虚拟机隔离与操作系统隔离，避免数据在运行时受到攻击。

(3) 在应用层、传输层和网络层对数据进行加密。

2. 完整性

完整性(Integrity)是指在未经许可的情况下不发生任何形式改变的特性，如图 7-2 所示。一般情况下，根据对象的不同，完整性具体可分为数据完整性和系统完整性。数据完整性是指数据只能经许可的方式进行改变的特性，而系统完整性是指确保系统以一种正常的方式来执行预定的功能，避免非授权的操作。在云计算环境中，数据完整性是指在存储和传输过程中保持数据不被修改、破坏或丢失的特性，它关系到云用户发送给云服务的数据与云服务收到的数据是否完全一致。

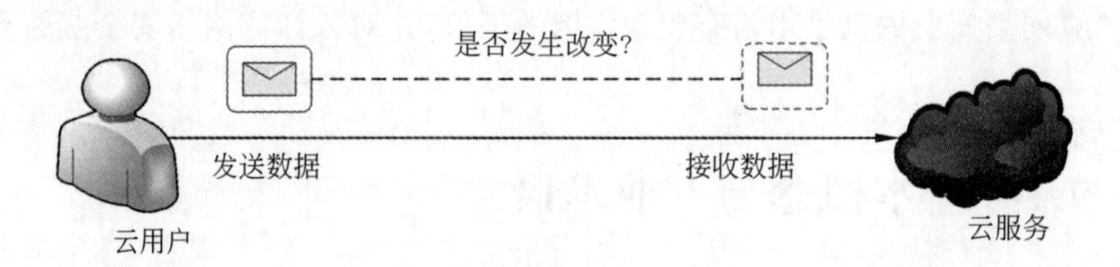

图 7-2 完整性

数据完整性的校验一般通过哈希函数来完成。首先，使用哈希函数对数据进行哈希得到该数据的一个哈希值。然后，将该哈希值和数据一起发送给接收者。接收者收到数据后，对数据使用相同的哈希函数进行哈希得到哈希值。如果计算得的哈希值和对方发过来的相同，那么就说明该数据在传输过程中没有被篡改过。

3. 可用性

可用性(Availability)是指被授权的用户可以访问和使用所需的数据和服务的特性，如图 7-3 所示。在云计算环境中，云计算网络资源的可用性是由云运营商和云服务提供商来共同保障的。

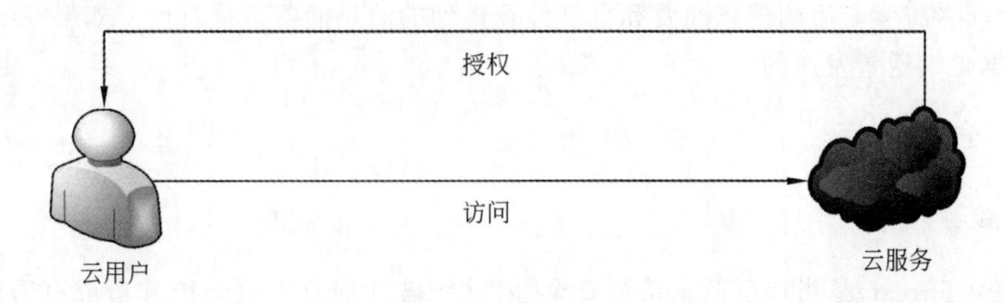

图 7-3 可用性

在云计算环境中，云服务主要通过云计算网络来提供给云用户。一些恶意的攻击者通常采用一些攻击方法来占用或破坏云计算网络资源，以阻止合法云用户正常使用云服务。为了防御针对云计算网络资源的可用性攻击，主要通过以下两种方法实现。

(1) 采用物理加固手段、科学规章制度等，保障云计算网络中固定基础设施安全的、可靠的运行。

(2) 通过访问控制等技术手段，阻止非法访问云计算网络。

4. 真实性

真实性(Authenticity)是指确保一个实体是经过授权的源所提供的特性，即一个实体是真实的、可被验证的和可被信任的特性。在云计算环境中，当云用户间或云用户与云服务间进行数据传输时，需要确定收到数据的真实性。也就是说，对数据的真实来源进行判断，核实数据真实的发送者和接收者，并对伪造来源的数据予以鉴别。

5. 不可抵赖性

不可抵赖性(Non-Repudiation)，又称不可否认性，它是指在数据传输过程中，确信参与者的真实性，防止通信双方中某方否认或抵赖其曾经完成的操作和承诺的行为，如图 7-4 所示。在云计算环境中，不可抵赖性是指发送者不能抵赖其发送过数据的事实和内容，而接收者也不能抵赖其接收到数据的事实和内容。

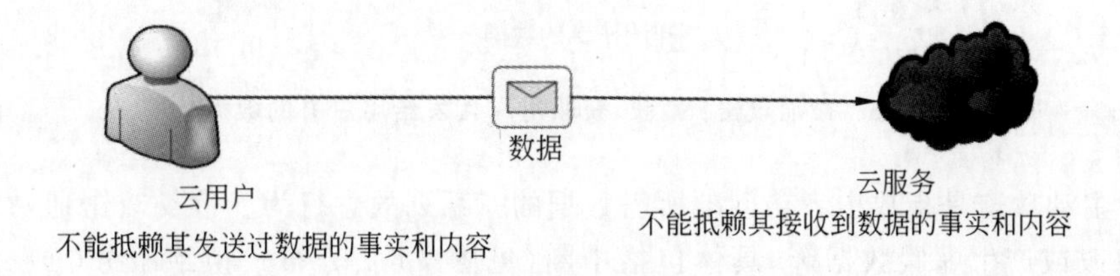

图 7-4 不可抵赖性

针对数据的不可抵赖性防护，主要通过数字签名来实现。首先，对待传输的数据进行摘要算法处理得到消息摘要。其次，利用发送者的私钥对消息摘要进行加密以获得电子签名，将此电子签名连同原始数据发送到接收者。收到数据后，接收者采用同样的摘要算法对数据进行处理得到消息摘要，并利用发送者的公钥对加密后的消息摘要进行解密。最后，接收者将解密后的消息摘要和自己计算得到的消息摘要进行对比。如果一致，则表示该数据是发送者发送的。

7.1.2 专用术语

1. 威胁

威胁(Threat)是指违反信息系统安全性，试图破坏现有安全防护并造成有害影响的一系列行为或事件。威胁实施的结果称为攻击(Attack)。在云计算环境中所面临的威胁是多种多样的，不仅包括外部的威胁，还有云服务端本身可能出现的威胁。云计算网络所面临的具体威胁包括流量窃听、拒绝服务、篡改攻击、伪造攻击、授权不足、虚拟化攻击等。

2. 漏洞

漏洞(Vulnerability)又称脆弱性，它是指由于信息系统中存在的弱点或缺陷，从而使攻击者可以在未经授权的情况下非法访问系统或数据，破坏其保密性、完整性、机密性等。在云计算环境中，漏洞的类型有多种，具体可以分为软件漏洞、固件漏洞、协议漏洞、管理漏洞等。

3. 网络攻击

网络攻击(Cyber Attack)是指未经许可情况下试图访问或篡改他人信息系统、网络设备或计算设备的行为。根据攻击方式的不同，网络攻击可以分为被动攻击和主动攻击。

(1) 被动攻击是指攻击者对数据的收集而不包含访问的行为。攻击者的主要目的是获取正在传输中的数据，具体包括截获(见图 7-5)、流量分析等。

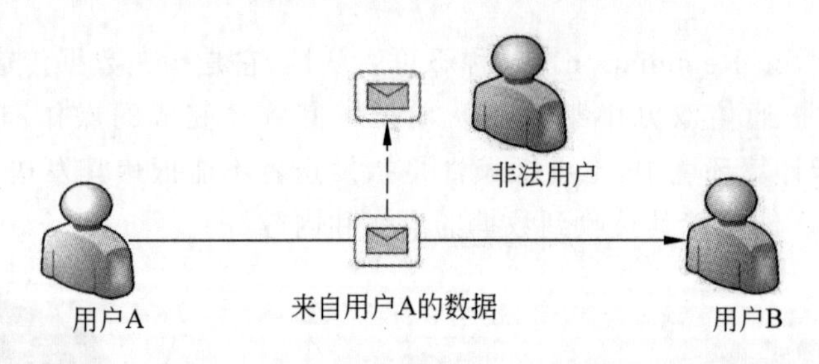

图 7-5 被动攻击：截获，获取用户 A 发给用户 B 的数据

(2) 主动攻击是指攻击者访问他所需数据的一系列故意行为。该类攻击通常会导致数据被篡改或产生虚假数据等，具体包括中断(见图 7-6)、分布式拒绝服务(Distributed Denial of Service，DDoS)攻击、篡改(见图 7-7)、伪造(见图 7-8)等。

主动攻击和被动攻击截然不同。一般情况下，被动攻击是比较难被发现，但可以防御的。然而，受到软件、硬件、协议的复杂性和多样性的影响，主动攻击是难以防御，但容易被检测的。

图 7-6　主动攻击：中断，使得用户 A 和用户 B 无法进行通信

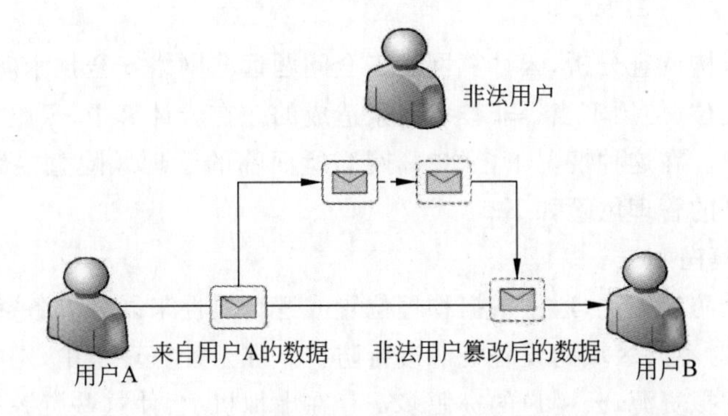

图 7-7　主动攻击：篡改，非法修改用户 A 发给用户 B 的数据

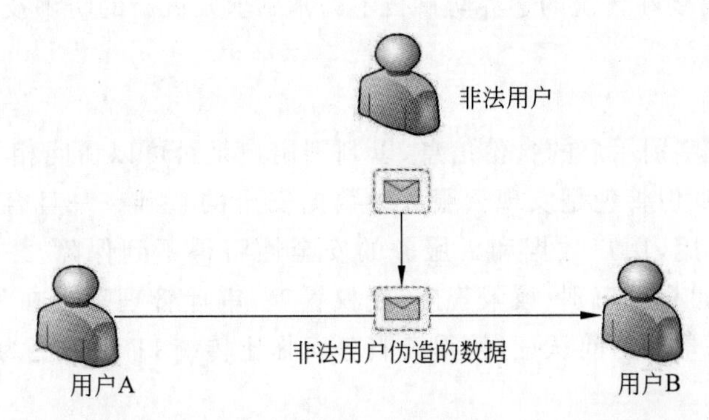

图 7-8　主动攻击：伪造，非法伪装成合法用户 A 发送数据给用户 B

4. 安全服务

安全服务是指为了增强信息系统的安全性、减少安全攻击的威胁而采取的一系列行为或措施。在云计算环境中，安全服务主要通过安全策略和安全机制来实现。安全策略是指定义一组安全规则或方案，并有效地实现这些规则与方案。安全机制是指用来检测、阻止攻击或从攻击状态恢复到正常状态而采取的方法和手段，它是保护云计算环境中各种 IT 资源和云服务的重要组成部分。

7.2 安全风险威胁

随着云计算的普及,网络安全问题成为制约其进一步发展的重要因素。一方面涉及云用户的隐私安全和云服务的资源安全;另一方面涉及云用户和云服务间网络传输过程中可能出现的安全问题。本节着重介绍云计算环境中所面临的安全风险与威胁。

7.2.1 安全风险

1. 管理风险

据国外专业机构调查分析,云计算网络安全问题远非网络安全技术问题,大部分安全事件是由管理不到位、使用不当等非技术因素造成的。在云计算中,云服务依赖云计算网络来提供给云用户。在这种情况下,云计算网络所面临的管理风险直接影响着云服务的安全和性能。常见的管理风险如下。

1) 安全边界模糊

传统网络安全防护方法,通常根据物理位置或逻辑属性来划分设备资源,然后采用边界安全防护设备,对不同区域的设备资源进行防护。在云计算环境中,网络设备常使用虚拟化技术来产生虚拟资源,云用户的资源多寄存在虚拟机上,使这些资源有可能跨主机甚至跨数据中心,打破了传统的基于物理边界的安全防护方法,造成云计算环境中安全边界较为模糊。因此,需要在传统的边界防御技术的基础上发展新的防御技术,为云计算网络安全保驾护航。

2) 身份管理

身份管理用于鉴别用户的身份信息,以判别用户是否可以访问相关的资源和服务。在云计算环境中,身份管理是实现云服务中数据安全的基础。一旦合法用户的身份被不法分子窃取和冒用,用户数据和云服务的安全性将得不到保障。一般情况下,身份管理涉及多方面,如身份识别、权限管理、授权管理、审计管理等。在云计算环境中,有大量的云用户和海量的访问认证,使得云服务面临比传统 IT 服务更为严峻的身份管理风险。

3) 内部员工管理

在云计算环境中,内部员工有可能利用身份的优势和权限的便利,非法窃取数据、破坏系统正常运行等,造成重大的安全危害。内部员工的危害行为通常分为两种:一种是内部员工无意识泄露内部数据等;另一种是内部员工有意地泄露敏感数据等。因此,有必要采取更为严格的管理机制,提高员工的安全意识;采取严格的权限访问控制来限制不同级别内部员工的权限,以降低内部员工泄露数据等危害云计算系统的可能性。

4) 服务中断

提供可持续和不间断的服务是云计算的主要优势之一。受自然灾害、技术缺陷、设备自身故障、使用不规范等因素的影响,云计算的可持续服务能力面临着较大的挑战。在自然灾害方面,水灾、火灾、地震、泥石流等可能引发云计算网络的物理设备受损、水电供应不稳定等，造成云服务中断；在技术缺陷和设备故障方面，云计算网络的硬件故障、软件故障、通信链路中断等，可能导致云服务商无法正常对外提供服务；在使用不规范方面，缺乏定期的维护和监控、管理员的操作不当和配置错误等都可能引发云服务的中断。

2. 技术风险

云计算平台的灵活性、可靠性、高扩展性等优势都依赖使用一些新技术，而这些新技术的使用给云计算也带来了一些新的安全风险。

1）固定基础设施风险

与传统模式不同，云用户将数据和业务放在云计算平台上，失去了对其的直接控制权。固定基础设施是承载云用户资源的载体，其安全性直接影响了云服务和云用户的安全。物理安全是固定基础设施安全的基础，任何不当的行为都可能危害固定基础设施的安全。例如，设备被盗或被毁，容易造成数据的丢失和泄露；电源故障引发的火灾、控温系统的失灵等，容易造成固定基础设施的破坏甚至毁灭。此外，环境因素同样也影响着固定基础设施的安全，它主要是指保障固定基础设施所处的环境周边的安全。环境安全技术主要是针对地震、泥石流、火灾、水灾、温度等自然因素所采取的防护措施。

2）虚拟化风险

虚拟化技术是云计算网络常用的技术之一，一方面可以使云计算网络更为合理地分配和使用物理设备资源；另一方面可以为云服务进行一定程度的风险隔离。但虚拟化技术同样也会给云计算网络造成一系列安全风险。

(1) 虚拟机：虚拟机本身是脆弱的，其自身不可避免地存在着漏洞。攻击方可以通过这些漏洞获取虚拟机的某些权限，从而实现对其中资源的访问，或是直接控制虚拟机。对此类风险的防护方法主要是及时发现虚拟机漏洞并对其进行修复。

(2) 资源管理：当云计算平台中虚拟机发生变动或删除时，该资源的重新分配可能会引发数据泄露。这主要因为虚拟机对其所占据的物理资源进行调查取证处理，可以得到其物理资源以及数据镜像，对它们进行分析可以获得残留的数据信息。

(3) 迁移风险：虚拟机迁移是指通过云计算网络将原虚拟机中的内容发送到另一台虚拟机中。在迁移过程中会有大量的数据传输，攻击者可以通过一定的手段对其进行截取，进而获得虚拟机的控制权。

(4) 漏洞风险：云计算网络所面临的漏洞包括两方面。一方面是其所依赖的核心技术所带来的漏洞；另一方面是云计算网络本身固有特性所带来的安全漏洞。当前云计算网络依赖的核心技术，如虚拟化、软件定义网络、加密等，都存在一定的漏洞。对于虚拟化技术，虚拟化技术本身可能会导致攻击者从虚拟环境中成功逃脱而不受到追踪。对于加密技术，通常期望所用的密码技术是安全的、不容易被破解的，但随着计算技术的进步，一些之前被认为是安全的密码技术变得不再可靠，存在被破解的风险。此外，云计算中泛在接入、Web 访问等特性依赖于云计算网络来实现，而互联网协议是云计算网络的核心部分，用来保障数据的有效传输。互联网协议的漏洞直接影响运行在云计算网络之上云服务的安全性，如 IP 漏洞容易造成对信任主机的攻击。

7.2.2 威胁来源

云计算网络安全威胁可能来自云计算的内部或外部，也可能来自人或应用程序。根据来源的不同，云计算网络威胁主要分为以下 4 方面。

1. 匿名攻击者

在云计算环境中，匿名攻击者(Anonymous Attacker)是指没有被授权的用户，其主要使用外部的应用程序发动攻击。通常，匿名攻击者会绕过登录系统或直接窃取合法用户的账号或证书，隐匿自己的攻击行为和身份信息等。匿名攻击者的攻击能力与对目标网络的安全策略的了解程度成正比。

2. 恶意服务者

在云计算环境中，恶意服务者(Malicious Service Agent)通常指能够截获并转发云计算环境中数据流的一些云服务代理。他们通常会产生一些恶意行为，如破坏数据内容等。此外，恶意服务者也可能是能够远程截取并破坏数据内容的外部应用程序。

3. 授信的攻击者

在云计算环境中，授信的攻击者(Trusted Attacker)是指云服务授权的恶意云用户，他们利用合法身份来攻击云服务或云资源。

4. 恶意的内部员工

在云计算环境中，恶意的内部员工(Malicious Insider)是指云服务商的雇员，他们通常都会有访问云计算网络中 IT 资源的特殊权限，并滥用此权限对云计算安全造成极大破坏。

7.2.3 威胁技术

1. 流量窃听

流量窃听(Traffic Eavesdropping)是指数据从云用户传输到云服务端的过程中被攻击者截取，如图 7-9 所示，攻击者截获了云用户发出的数据并复制。流量窃听以被动的方

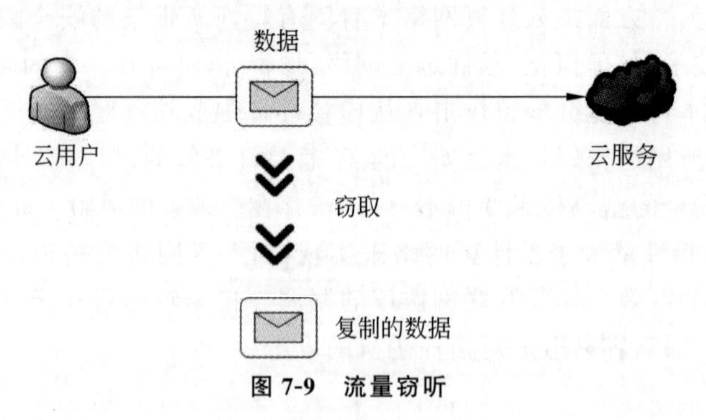

图 7-9 流量窃听

式存在,难以被云用户和云服务商所发现,通常用作非法的数据收集等目的。尽管流量窃听不会破坏数据本身,它破坏了数据的机密性,存在泄漏的风险。

2. 拒绝服务攻击

拒绝服务(Denial of Service)攻击是指不断伪造大量无用数据或请求发送给云服务,挤占云计算网络带宽,增加云服务处理的负载,使网络的性能显著下降,导致云服务无法正常给合法云用户提供服务,如图 7-10 所示。

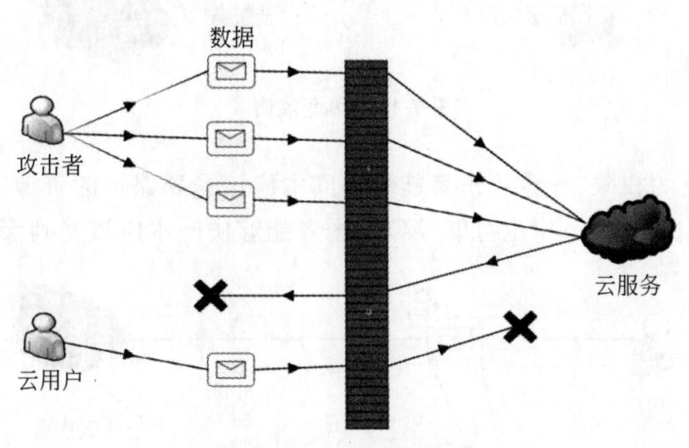

图 7-10　拒绝服务攻击

3. 篡改攻击

篡改攻击(Tampering Attack)是指在云用户向云服务传输数据的过程中,攻击者截获和篡改正在传输的数据,并将篡改后的数据转发给云服务,如图 7-11 所示。

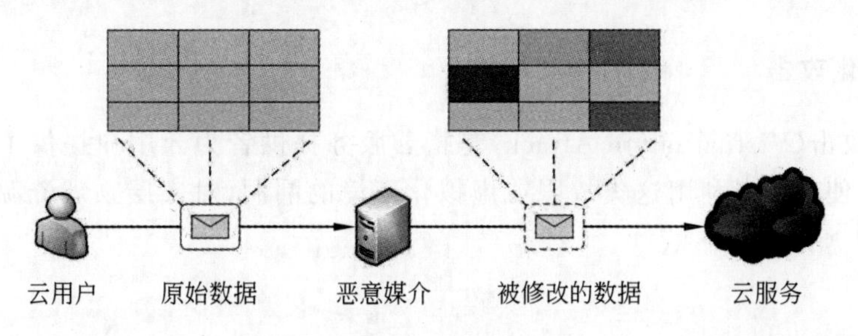

图 7-11　篡改攻击

4. 伪造攻击

伪造攻击(Fabrication Attack)是指攻击者冒用他人身份伪造数据,并将伪造的数据转发给云服务,如图 7-12 所示。

5. 授权不足

授权不足(Insufficient Authorization)是指授予了攻击者错误的访问权限,或者给予

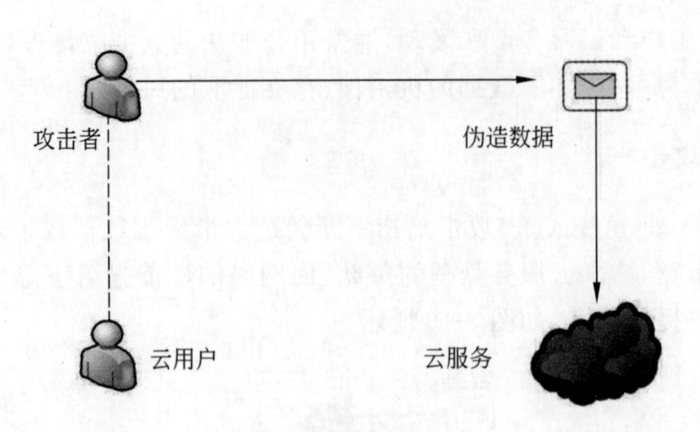

图 7-12 伪造攻击

了攻击者过于宽泛的权限，导致攻击者能够访问本应该受到保护的资源，如图 7-13 所示。此外，使用弱密码或共享账户，也可能导致攻击者能够访问本应该受到保护的 IT 资源。

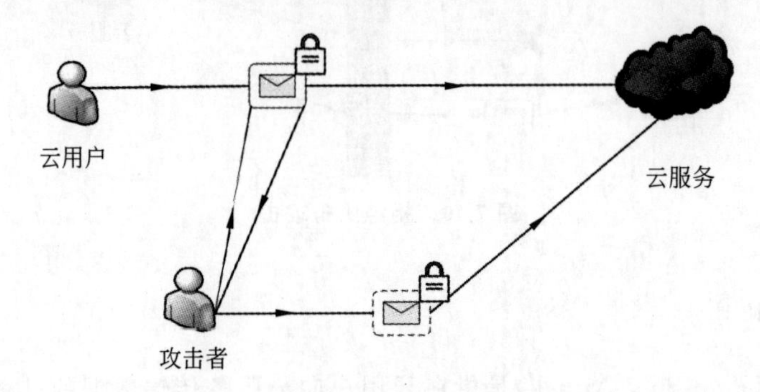

图 7-13 授权不足

6. 虚拟化攻击

虚拟化攻击(Virtualization Attack)是指云服务提供者为云用户提供了虚拟化资源的管理权限，使攻击者利用这类权限或虚拟化环境的漏洞，对底层物理资源进行非法攻击，如图 7-14 所示。

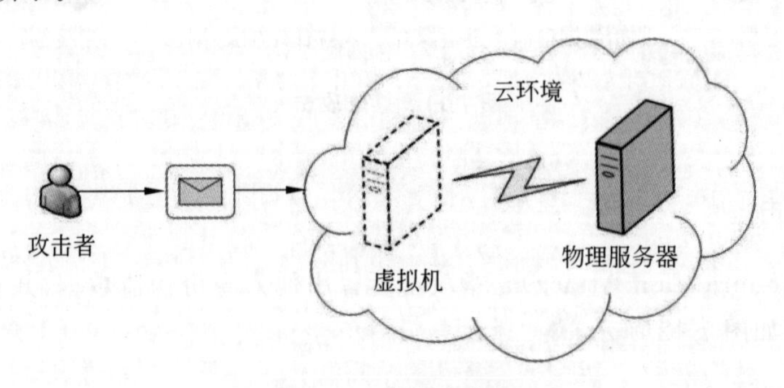

图 7-14 虚拟化攻击

7. 信任边界重叠

由于云计算环境提供的 IT 资源大多被多个云用户共享,使云用户的信任边界存在重叠部分即信任边界重叠(Overlapping Trust Boundaries)。恶意的云用户(攻击者)可能直接攻击共享的虚拟 IT 资源,或虚拟资源的底层物理 IT 资源,或共享同类 IT 资源的其他云用户,危害共享资源和其他云用户,如图 7-15 所示。

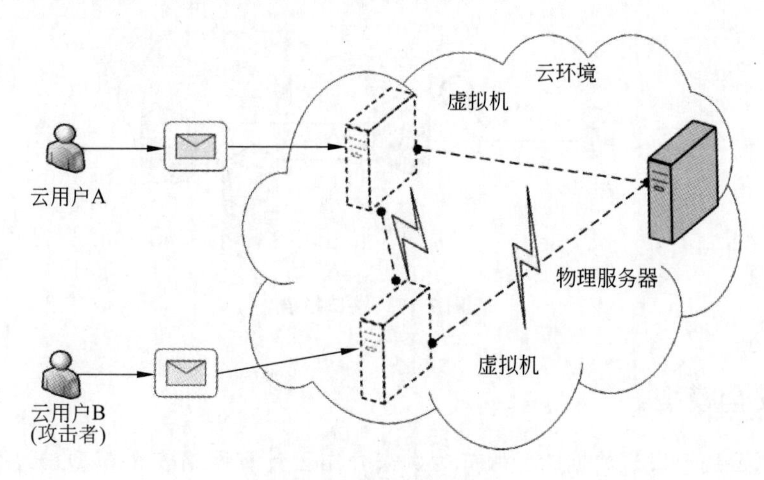

图 7-15　信任边界重叠

8. 嗅探攻击

嗅探工具通常是网络管理员用来对网络环境进行检测、查找网络漏洞的工具,如 Sniff。在用集线器(Hub)组建的局域网中,局域网内所有的计算机都接收相同的数据包。网卡中过滤器通过识别 MAC 地址过滤掉和自己无关的信息,嗅探工具只需关闭这个过滤器,将网卡设置为混杂模式就可以进行嗅探。

嗅探攻击(Sniffer Attack)是指攻击者使用嗅探工具截取网络中数据包,然后通过解密手段将加密数据包破解,会对通信双方造成巨大的安全威胁,如图 7-16 所示。

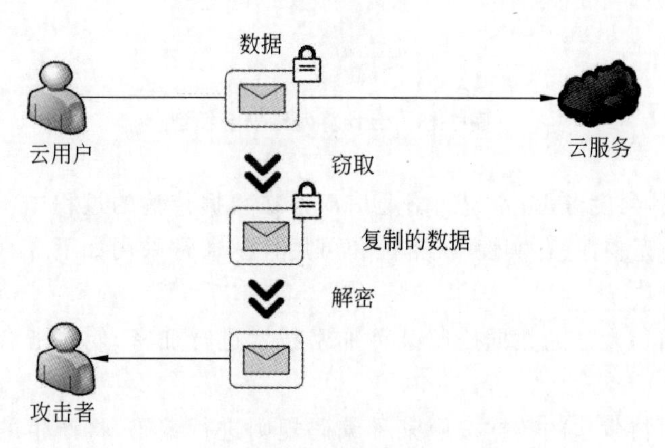

图 7-16　嗅探攻击

9. 端口扫描

端口扫描(Port Scanning)是指向目标IT设备的端口发送请求信息,以确定其所使用的网络服务类型和可使用的端口,如图7-17所示。端口扫描本身并不是恶意的网络活动,但有可能被攻击者用来探测目标IT设备的服务,以获得该服务的已知漏洞的重要手段。

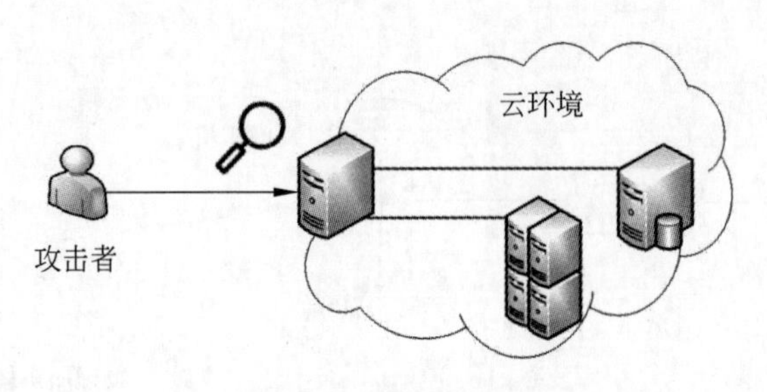

图7-17 端口扫描

7.2.4 安全模型

本节以云用户发送数据给云服务为例来介绍云计算网络安全模型,云用户和云服务为网络交互的主体。云计算网络安全模型包括一对网络传输的主体,以及采取某种通信协议所建立的逻辑通信信道,如图7-18所示。

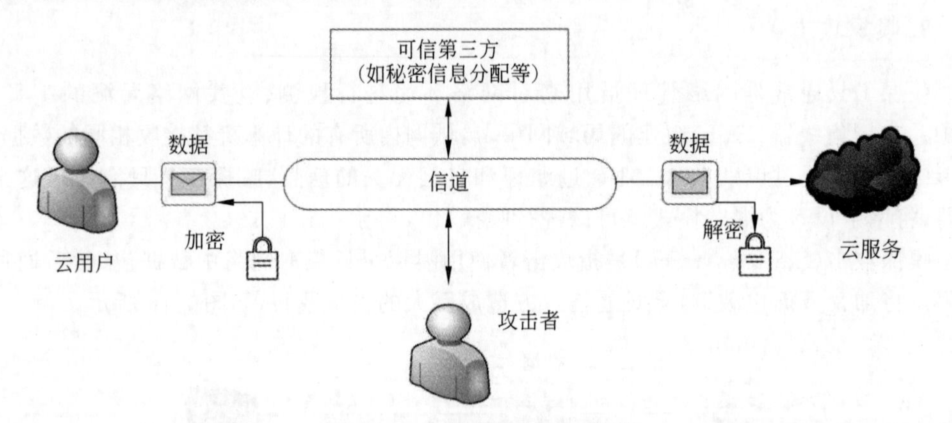

图7-18 云计算网络安全模型

从网络安全的角度考虑,希望网络通信双方在数据传输的过程中不会受到攻击者的干扰,保证数据的完整性、真实性、机密性和可用性。通常采用如下3种措施来保障数据的安全性。

(1) 加密:将待发送的数据按照某种加密技术进行加密,使攻击者无法得到数据的真正内容。

(2) 编码:将待发送的数据按照某种编码规则进行编码,将产生的新数据附在原数据后,便于后续的验证。

(3) 共享：数据的发送者和接收者共享某些机密信息，并且不被第三方所知，如加解密所用的密钥。

对于云计算网络安全模型，它的安全性设计需要从多方面考虑。首先，对于模型中的加密算法，需要有足够的安全性，能够抵抗攻击者的攻击。其次，云计算网络安全模型需要有能力传输加密算法产生的加密数据。最后，网络传输双方使用的安全协议需要利用加密算法和秘密信息来实现安全服务。

7.3 本章小结

云计算主要通过网络对云用户提供服务，而安全是云用户首要考虑的要点，因此云计算网络安全是云计算的基石。本章重点介绍了云计算网络安全的基础知识。机密性、完整性、真实性和可用性是衡量网络安全水准的关键性特性，而威胁和漏洞则是衡量网络环境中不安全性的重要标准。网络攻击是云计算网络安全的主要威胁来源，其主要分为被动攻击和主动攻击，具体形式包括截获、中断、篡改和伪造等。此外，云计算网络所面临的安全风险，既有管理风险，如安全边界模糊、身份管理、内部员工管理、服务中断等；也有技术风险，如固定基础设施风险、虚拟化风险等。云计算网络安全威胁可能来自云计算环境的内部或外部，也可能来自人或应用程序。

7.4 习题

1. 简述机密性与完整性的区别。可以只有完整性而不具备机密性吗？简述理由。
2. 简述主动攻击和被动攻击的区别。
3. 云计算网络中的风险包括哪些？列举其中一个进行具体说明。
4. 为了保障通信过程中数据的完整性、真实性和机密性，安全模型需要采用哪些措施？
5. 在云服务授予云用户错误的权限时，可能会出现哪些情况？
6. 如果虚拟化资源出现漏洞或授权错误，是否对虚拟资源底层的物理设备构成安全威胁？

第8章

云计算网络安全技术

Few false ideas have more firmly gripped the minds of so many intelligent men than the one that, if they just tried, they could invent a cipher that no one could break.

让聪明人抓挠的办法,就是让他们设计一种没人能破译的密码。

——David Kahn

本章目标

学习完本章之后,应当能够:

(1) 掌握云计算网络安全所涉及的密码技术,了解常见的密码模型和密码技术。

(2) 理解云计算网络中消息认证和身份认证的原理,了解常见消息认证方法。

(3) 掌握云计算网络中数据隔离和路径加密的几种方式,了解链路加密与端到端加密的区别。

本章主要介绍的是云计算网络安全的主要技术。首先介绍云计算网络安全技术的基础——密码技术;其次介绍各种云计算网络安全技术,包括哈希、消息认证、数字签名、单点登录、身份认证与访问管理、数据隔离、通信路径加密等。通过对本章的学习,读者可以对云计算网络的安全技术有较为详细的了解,并能运用安全技术设计云计算网络安全防御方案。

8.1 密码技术

在云计算环境中,通常采用密码技术来保证云计算网络中数据的安全。本节主要介绍密码基础知识和常见加密技术。

8.1.1 密码模型

常见的密码模型通常由5部分组成,如图8-1所示。

(1) 明文(Plaintext):原始的和可解读的数据,它是加密模型的输入。

(2) 密文(Ciphertext):明文经过密钥和加密算法加密后输出的数据,无法

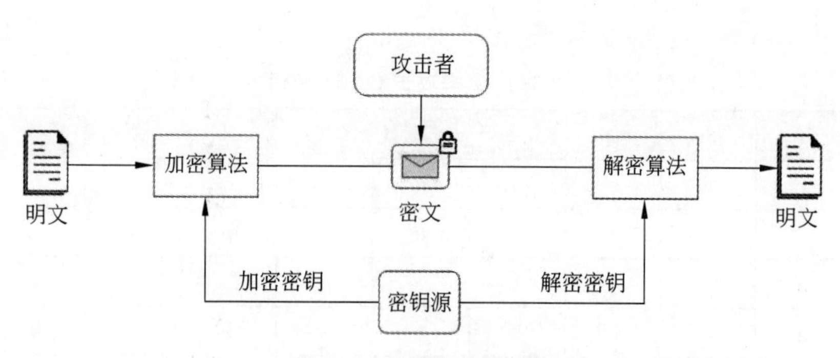

图 8-1　常见的密码模型

被直接解读。

(3) 加密算法(Encryption Algorithm)：对明文进行处理，将明文转变为其他形式。

(4) 解密算法(Decryption Algorithm)：加密算法的逆运算，将密文转换为明文。

(5) 密钥(Key)：加密过程中所使用到的参数，加密(或解密)算法根据特定的密钥对明文(或密文)进行处理。

密码的安全性主要依赖于以下两个条件。

(1) 加密算法的安全性：攻击者即使获得了一个或多个密文，无法破译这些密文或计算出密钥，我们认为这样的加密算法是安全的。

(2) 密钥的安全性：数据发送者和接收者需要在安全的方式下获得密钥，且保证密钥不被第三方所知道。

8.1.2　替换加密技术

1. Caesar 密码

替换加密技术是指将明文中的字符替换成其他字符的方法。已知最早的替换加密技术是由 Julius Caesar 提出的 Caesar 密码，它的加密规则是将明文中的字母替换为它后三位的大写字母，如表 8-1 所示。

表 8-1　Caesar 密码表

a	b	c	d	e	f	g	h	i	j	k	l	m
D	E	F	G	H	I	J	K	L	M	N	O	P
n	o	p	q	r	s	t	u	v	w	x	y	z
Q	R	S	T	U	V	W	X	Y	Z	A	B	C

【例 8-1】

明文：hello world

密文：KHOOR ZRUOG

Caesar 密码相对简单，比较容易被破解。如果已知密文是由 Caesar 密码加密的，那么可以利用简单的穷举方法得到所有可能的密钥，然后得到密文所对应的明文，如表 8-2

所示。

表 8-2 穷举攻击 Caesar 密码

序号	K	H	O	O	R	Z	R	U	O	G
1	j	g	n	n	q	y	q	t	n	f
2	i	f	m	m	p	x	p	s	m	e
3	h	e	l	l	o	w	o	r	l	d
4	g	d	k	k	n	v	n	q	k	c
5	f	c	j	j	m	u	m	p	j	b
6	e	b	i	i	l	t	l	o	i	a
7	d	a	h	h	k	s	k	n	h	z
8	c	z	g	g	j	r	j	m	g	y
9	b	y	f	f	i	q	i	l	f	x
10	a	x	e	e	h	p	h	k	e	w
11	z	w	d	d	g	o	g	j	d	v
12	y	v	c	c	f	n	f	i	c	u
13	x	u	b	b	e	m	e	h	b	t
14	w	t	a	a	d	l	d	g	a	s
15	v	s	z	z	c	k	c	f	z	r
16	u	r	y	y	b	j	b	e	y	q
17	t	q	x	x	a	i	a	d	x	p
18	s	p	w	w	z	h	z	c	w	o
19	r	o	v	v	y	g	y	b	v	n
20	q	n	u	u	x	f	x	a	u	m
21	p	m	t	t	w	e	w	z	t	l
22	o	l	s	s	v	d	v	y	s	k
23	n	k	r	r	u	c	u	x	r	j
24	m	j	q	q	t	b	t	w	q	i
25	l	i	p	p	s	a	s	v	p	h

2. Playfair 密码

Caesar 密码仅有 25 种可能的密钥,是远不够安全的。通过复杂替换规则,密钥空间就会急剧增加。例如,相对于单字符替换技术,多字符替换技术能较大增加密钥空间。最著名的多字符替换技术是 Playfair 加密,它是基于一个密钥词构成的 5×5 的字母矩阵。

下面以明文 communist 和密钥 guangzhou 为例，介绍 Playfair 加密的过程。

1）编制密码表

密钥中有重复字母，可将后面重复的字母删除。在一个 5×5 的矩阵表中，将密钥按照从左到右、从上到下的顺序填在矩阵中，再将字母表中剩余的字母按先后顺序填充在矩阵中。此外，字母 I 和 J 会被当成一个字母，最后所形成的密码表如表 8-3 所示。

表 8-3　Playfair 密码表

g	u	a	n	z
h	o	b	c	d
e	f	i/j	k	l
m	p	q	r	s
t	v	w	x	y

2）处理明文

将明文拆成两个字母的字母对，如果字母对中两个字母相同，则在其间添加一个字母，如 x。例如，明文 communist 变成 co mx mu ni st。

3）编码密文

(1) 如果字母对位于密码表的同一行，用其右边的字母来代替。每行中最右边的一个字母就是用该行的最左边一个字母来替换。例如，co 变成 db。

(2) 如果字母对位于密码表的同一列，用其下边的字母来代替。每列中最下边的一个字母就是用该列的最上边一个字母来替换。例如，mt 变成 tg。

(3) 如果字母对不在密码表的同一行或同一列，用该字母所在的行、另一个字母所在的列所对应的字母来代替。例如，mx 变成 rt，mu 变成 pg。

(4) 最后的密文 dbrtpgakmy。

Playfair 密码相对于 Caesar 密码是一个巨大的进步。一方面，尽管都是使用 26 个字母，但是有 676(26×26)个字母对，给破解单个字母对增加了难度；另一方面，字母对的相对频率比单个字母的相对频率变化幅度更大，在统计规律上，用频率分析字母对就更困难些。

8.1.3　置换加密技术

置换加密技术是指按照某一规则，将明文中的字符顺序重新排列。假如密钥为 cipher，根据其英文字母在字母表中的先后顺序，得到一个数字序列 145326。对于明文 attack begins at four，可以将它与密钥及数字序列做如下排序，如表 8-4 所示。按照密钥所对应数字的顺序，从小到大依次读取该列的所有字母，就可以得到密文。在本例中，先读数字 1 所在列的字母 aba，再读数字 2 所在列的字母 cnu，以此类推，最后得到的密文是 abacnuaiotettgfksr。将密文按照密钥中的字母顺序按列写下、按行读出即可得到相应的明文。

表 8-4 置换加密技术

密钥	C	I	P	H	E	C
顺序	1	4	5	3	2	6
明文	a	t	t	a	c	k
	b	e	g	i	n	s
	a	t	f	o	u	r

8.1.4 对称加密技术

替换加密与置换加密都是产生在早期常规密钥密码体制中的两种常用的密码技术。对称加密技术,即在密码体制中加密密钥与解密密钥是相同的,对称密码的简单模型如图 8-2 所示。

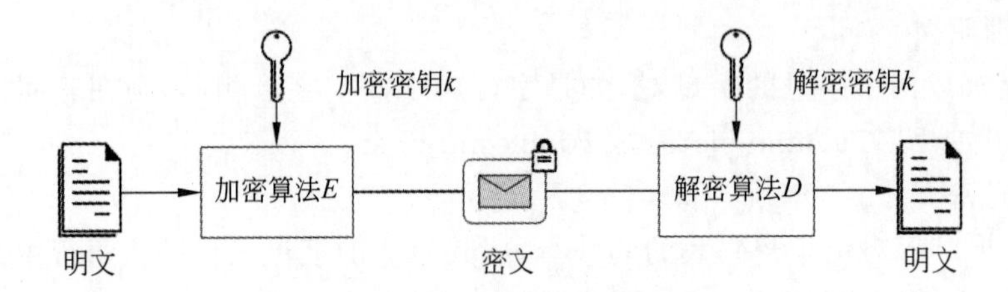

图 8-2 对称密码的简单模型

DES(Data Encryption Standard)是一种典型的对称加密技术,它由 IBM 公司研制,1977 年被美国联邦政府的国家标准局确定为联邦资料处理标准,随后在国际上广泛流传并得到大规模应用。DES 在加密前先将明文进行分组处理,每个组数据为 64b,其加密密钥同样为 64b(实际上只使用了其中的 56b,第 8、16、24、32、40、48、56、64 位是校验位),可能的密钥有 256 个。DES 的算法是公开的,其保密性仅取决于密钥的保密。如果用 1s 可执行 10^9 次 DES 解密的计算机,大概需要 1.125 年可以破解 DES 密码;如果用 1s 可执行 10^{13} 次 DES 解密的计算机,大概需要 1 小时可以破解 DES 密码。

3DES(Triple DES)也是一种典型的对称加密技术,其使用了两个密钥并执行三次 DES 算法,如图 8-3 和图 8-4 所示。其中,E 和 D 分别表示加密和解密算法。在 3DES 中,密钥是 168 位,可能的密钥有 2168 个。如果用 1s 可执行 10^9 次 DES 解密的计算机,大概需要 5.8×10^{33} 年可以破解 3DES 密码,如果用 1s 可执行 10^{13} 次 DES 解密的计算机,大概需要 5.8×10^{29} 年可以破解 3DES 密码。

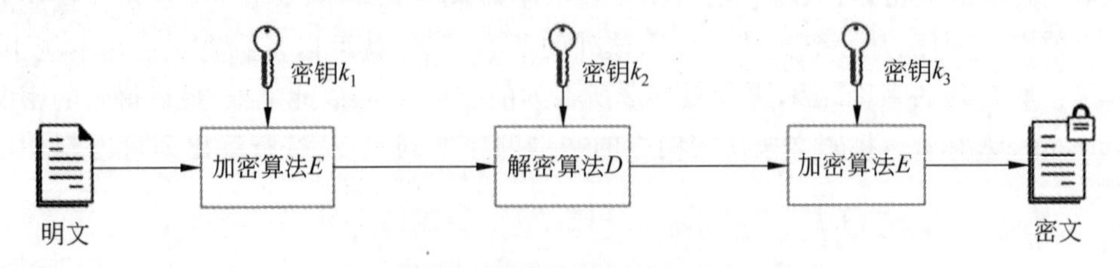

图 8-3 3DES 的加密过程

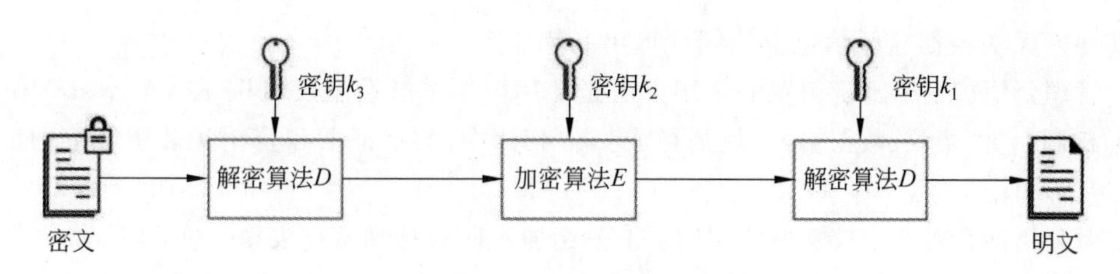

图 8-4　3DES 的解密过程

8.1.5　公钥加密技术

公钥加密也称非对称加密，最早由 Stanford 大学的 Diffie 和 Hellman 于 1976 年提出。公钥加密是指使用不同的密钥来加密和解密数据，使由已知加密密钥推导出解密密钥在计算上是不可行的。公钥加密和解密的模型如图 8-5 和图 8-6 所示，如果使用私钥加密，那只能用相应的公钥解密；相反，如果使用公钥加密，则只能用相应的私钥解密。由于使用了两个不同的密钥，公钥加密计算比对称加密计算速度要慢，计算开销较大。

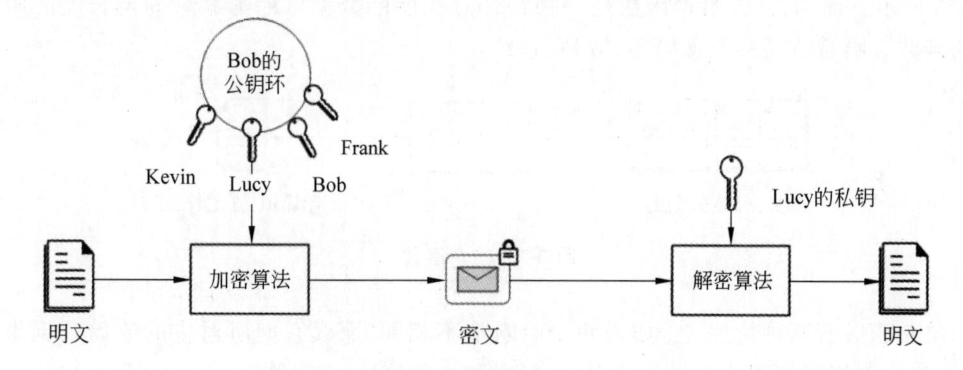

图 8-5　公钥加密和解密模型：用公钥加密

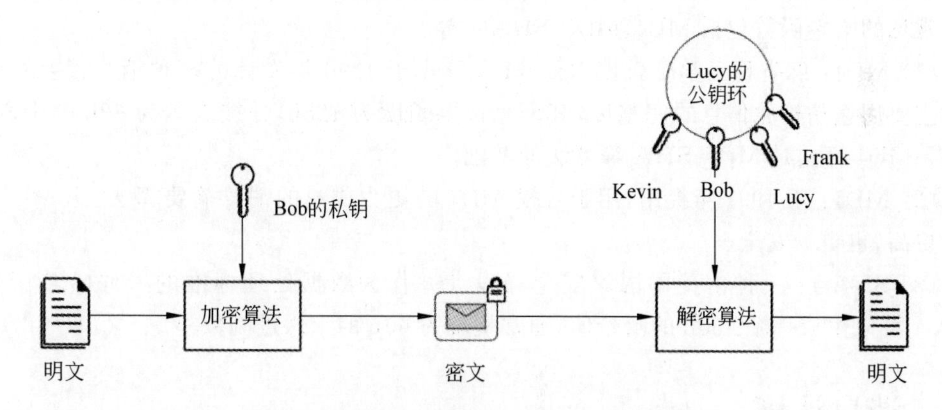

图 8-6　公钥加密和解密模型：用私钥加密

在公钥加密中，公钥是公开的，任何用户都能够获得，而私钥只有其所有者知道。此外，加密算法和解密算法也是公开的，可以由任何人获得。尽管如此，除了私钥拥有者外的其他人无法根据这些信息由公钥计算出私钥。

管理公钥加密中密钥颁发的常用方法是使用公钥基础设施(Public Key Infrastructure,PKI)机制,它由协议、数据格式、规则组成。在PKI中,数字证书和公钥常被用来鉴别证书的拥有者和相关信息。

对公钥加密有3个较常见的误解:①公钥加密比对称加密更安全。实际上,加密算法的安全性依赖于密钥的长度,以及攻破密文所需的计算量。在这方面,公钥加密不一定比对称加密更加安全。②公钥加密是一种更为先进的通用密码技术,对称加密较为落伍。实际上,公钥加密算法的开销较大,使对称加密在计算上显示出一定的优势。③相对于对称加密中密钥分配的会话,公钥加密体制中密钥分配比较简单。实际上,公钥加密需要通过包括一个中心代理的协议来实现密钥分配,具体的分配过程并不比采用对称加密更简单。

8.2 哈希

哈希(Hash)又称散列函数,它是可以将可变长度的数据产生固定长度的哈希值,如图8-7所示。简而言之,哈希函数是一种将任意长度的数据压缩为某一固定长度的哈希值的函数。哈希值又称消息摘要、散列、指纹。

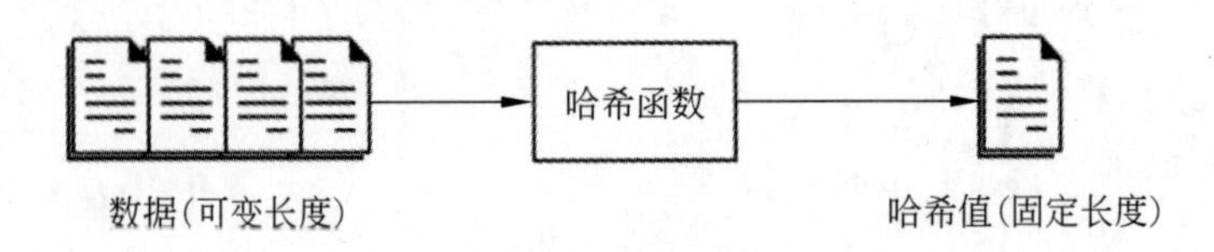

图8-7 哈希函数

哈希函数有两种特性:①如果两个哈希值不相同,那么它们所对应的原始数据也不同,即找不到拥有相同哈希值的两个不同数据(抗碰撞性);②给定一个数据,可以计算出其哈希值,但无法从哈希值逆向计算出其所对应的原数据(单向性)。

常见的哈希函数包括MD4、MD5、SHA-1等。

(1) MD4:麻省理工学院教授Ronald Rivest于1990年设计的一种消息摘要算法。它的主要用途是检验信息的完整度,其消息摘要长度为128b,并被表示为32b的十六进制数。MD4算法是MD5、SHA等算法的基础。

(2) MD5:于1991年提出,用于替换MD4的更为成熟的消息摘要算法,比MD4复杂度更高,也更为安全。

(3) SHA-1:一种由美国国家安全局设计并作为数据处理标准的密码哈希函数。SHA-1可以生成一个160b的哈希值,通常呈现为60b的十六进制数。

8.3 消息认证

消息认证(Message Authentication)是指验证收到的数据与发送时的数据是否一致的一种技术,即对数据的真实性与完整性进行检验。一方面验证数据的发送者是真正的而不是冒充的;另一方面验证数据在传输过程中是否被篡改、重放、删除或插入等。消息认证机制并不针对数据传输中的被动攻击,不会用于防止数据窃取,其主要目的是保证数据的完整性。

消息摘要(Message Digest)又称数字摘要,它是由单向哈希函数产生的一个固定长度的值,其追加在消息后。消息摘要用于消息认证的过程,如图 8-8 所示。

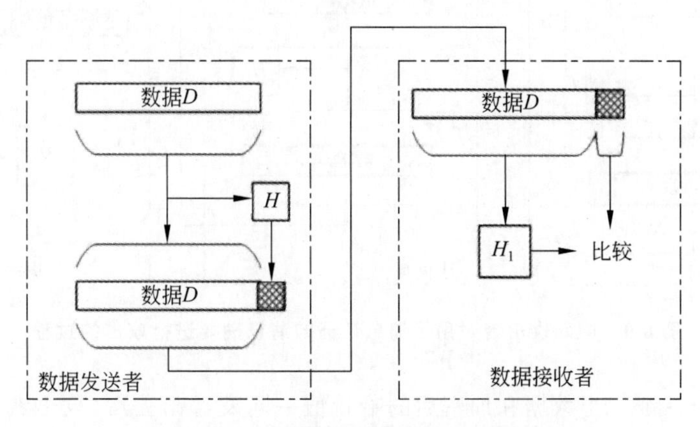

图 8-8　消息摘要用于消息认证的过程

(1) 发送者根据待发数据 D,使用哈希函数计算消息摘要 H,并将其附在数据 D 后组成一个新的数据 $D+H$,一起发送出去。

(2) 接收者收到数据 $D+H$ 后,对数据 D 执行相同的哈希计算,生成新消息摘要 H_1。

(3) 接收者比较收到数据中消息摘要 H 和新消息摘要 H_1。如果不同,收到的数据与发送者发送的数据不同;否则,是同一个数据。

哈希函数的运算结果(消息摘要)必须通过安全的方式来传输。在传输过程中,攻击者篡改或替换发送者所发送的原始数据和对应的消息摘要,以蒙骗接收者。详细过程如图 8-9 所示。

(1) 发送者根据待发数据 D,使用哈希函数计算消息摘要 H,并将其附在数据 D 后组成一个新的数据 $D+H$,一起发送出去。

(2) 攻击者在网络中截获数据 $D+H$ 后,篡改数据 D 或伪造一个新数据来替换原来数据 D,产生一个新数据 D_1。

(3) 攻击者对 D_1 进行哈希计算得到消息摘要 H_1,并将其附在数据 D_1 后发送出去。

(4) 接收者收到数据 D_1+H_1 后,对数据 D_1 执行相同的哈希计算,生成新消息摘要 H_2。

(5) 接收者比较收到数据中消息摘要 H_1 和新消息摘要 H_2。如果结果相同,接收者认为收到的数据与发送者发送的一致,但实际上数据在传输过程中被替换掉了。

为了抵抗上述攻击,可以采用加密技术对哈希值或带有哈希值的数据进行加密处理,

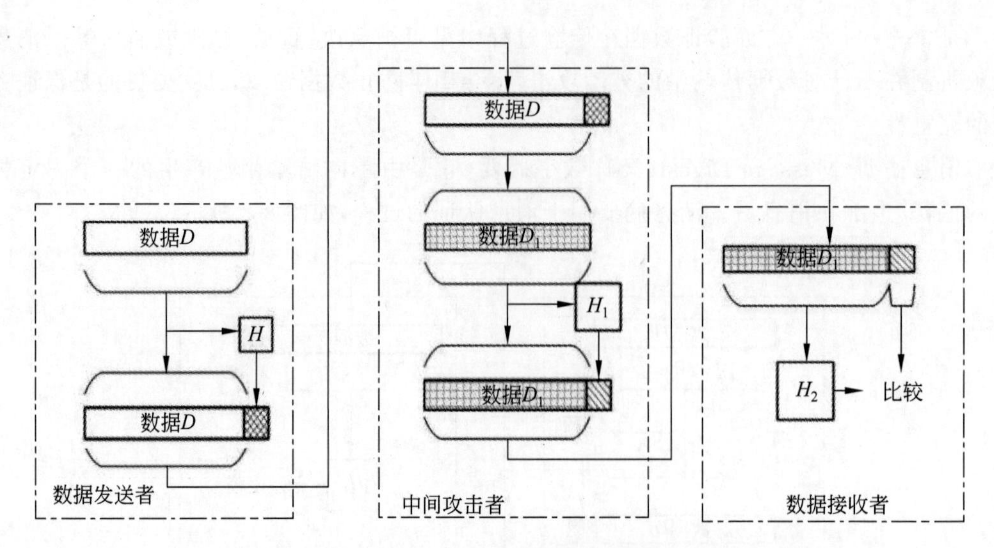

图 8-9　中间攻击者对用于消息认证的消息摘要进行攻击的过程

实现安全的消息认证。当数据和加密后的哈希值一同发送出去后，攻击者是无法对其进行伪造的。以对消息摘要进行加密为例说明，如图 8-10 所示。

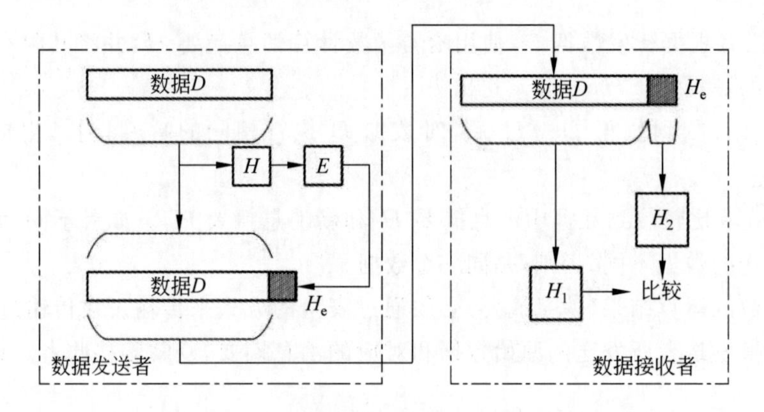

图 8-10　消息认证中对消息摘要进行加密

(1) 发送者根据待发数据 D，使用哈希函数计算消息摘要 H，并用加密技术对 H 进行加密得到 H_e。将数据 D 和加密的消息摘要 H_e 一起发送出去。

(2) 攻击者即使截获到 $D+H_e$，由于其不知道加密所用的密钥 K，不能生成可供接收者正常解密的消息摘要。

(3) 接收者收到数据 $D+H_e$ 后，对数据 D 执行相同的哈希计算，生成新消息摘要 H_1。同时，用密钥 K 对加密的消息摘要 H_e 进行解密得到 H_2。

(4) 比较 H_1 和 H_2。如果结果相同，接收者认为收到的数据与发送者发送的是一致的。

8.4 数字签名

类似于消息认证，数字签名(Digital Signature)是哈希函数的另一个重要应用，它通过不可抵赖性和身份验证来确保数据的真实性和完整性。数字签名使用哈希函数和公钥加密两种技术，其基本原理如图 8-11 所示。

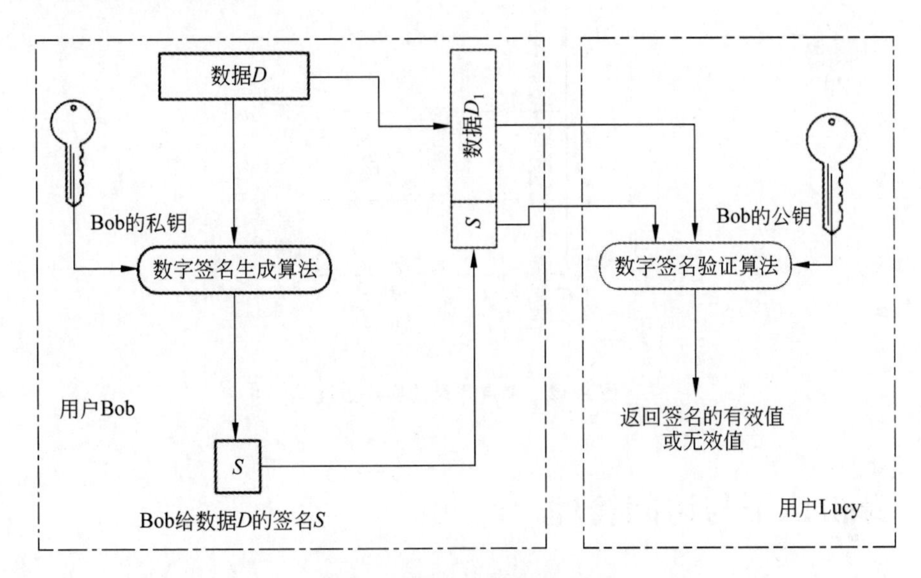

图 8-11　数字签名的基本原理

(1) 发送者用数据 D 进行哈希计算得到哈希值，并用私钥对数据的哈希值进行加密，得到该数据的签名 S。

(2) 接收者收到后，用发送者的公钥对签名 S 进行解密，得到哈希值。

(3) 比较解密后的哈希值与收到数据 D_1 生成的新哈希值，以确定收到的数据 D_1 与发送者发送的数据 D 是否一致。由于私钥是属于发送者专有的信息，因此能够保证数据的真实性与完整性。

8.5 单点登录

单点登录(Single Sign-On，SSO)是指在多个相关且独立的信息系统中访问时，只需登录一次就可以无缝切换访问不同信息系统的技术。在云计算环境中，单点登录技术可使云用户被一个安全代理认证，该安全代理为用户提供一个可以持续认证的安全证书。当云用户访问同一个云计算平台下其他云服务或云上的 IT 资源时，能够实现无缝登录。单点登录减轻了在云计算网络中反复用户认证和确认授权的负担。当单点登录断开时，云用户需要在每个云服务系统中都进行重复的身份认证。单点登录技术的实现过程如图 8-12 所示。

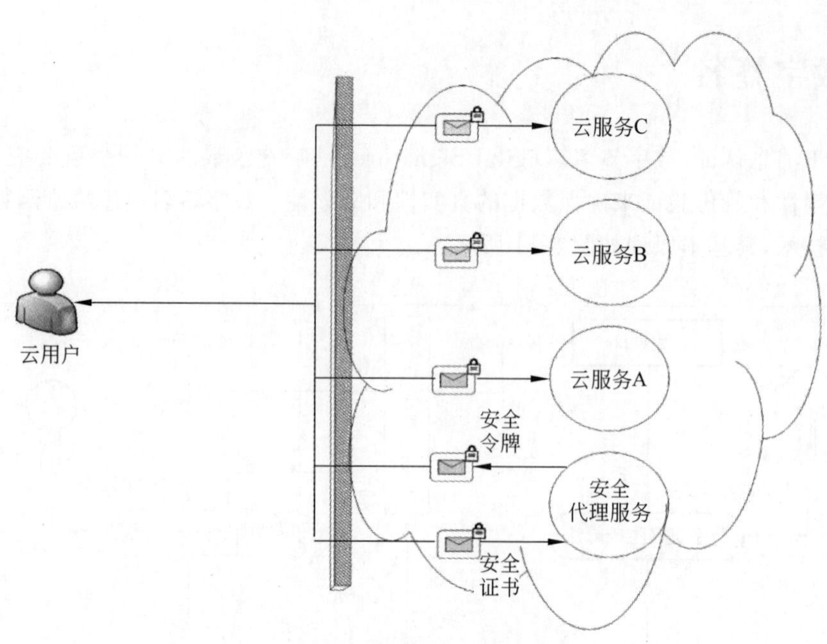

图 8-12 单点登录的实现过程

8.6 身份认证与访问管理

身份认证与访问管理(Authentication and Access Management)是一种用来识别用户并且分配资源权限的技术,包括控制和追踪用户身份以及资源、环境、系统访问特权等策略。

身份认证是基础,用来确定用户身份的真实性、合法性和唯一性的一种技术。除了最常见的用户口令外,身份认证技术还包括数字签名、数字证书、生物特征识别等其他方式。在云计算环境中,单向的身份认证并不能满足云安全要求,通常采用双向认证机制,防止资源被非法访问。此外,云用户在使用不同云服务时,常常拥有不同的登录账号和密码,这容易造成混淆和遗忘。为了提供良好的用户体验,单点登录、联合身份认证、PKI 等技术广泛应用在云计算环境中的身份认证。

根据《云计算安全指南》(*Cloud Security Guidance*),联合身份认证是指云用户在登录和使用某云计算平台的云服务后,就可以访问相互信任的云服务,而不需要在多个云计算平台上重复的注册和登录多个账号。联合身份认证的基础是单点登录。基于 PKI 的联合身份认证是使用最为广泛的一种身份认证方案,PKI 能提供身份认证、数据机密性、数据完整性和不可抵赖性等,从而实现了身份认证和访问管理需求。

访问管理主要是给云用户分配云服务和云资源的访问权限,通常依靠某些控制策略和权限授权来实现,主要包括授权、用户管理和证书管理。通过授权,用户获得访问特定的服务和资源的权限,既保障了资源的可用性又有效地隔离了资源。用户管理主要用于创建用户身份与访问组、确定密码策略和合理处理用户权限。证书管理主要为用户身份和对应访问权限建立一套规则。访问管理是保障云上 IT 资源机密性、完整性、可用性和合法使用性的重要基础,也是云计算网络安全防范的关键策略之一。

8.7　数据隔离

云计算平台所提供的服务多种多样,用户的需求也各不相同,每个应用服务都需要存储数据和计算服务。为了防止数据冲突,需要一种技术将不同的应用服务(包括程序和数据)进行有效隔离,该技术称为数据隔离。数据隔离技术主要有如下 3 种。

1. 物理隔离

在云计算环境中,将每个应用服务部署在独立的物理 IT 资源上,在物理上隔离不同用户之间的数据,防止数据冲突。尽管这种方式能够完美隔离数据,但是它需要消耗大量的资金来购买服务器集群。

2. 逻辑隔离

在云计算环境中,将每个应用服务部署在不同的虚拟机上,每个虚拟机都有自己的操作系统,且能响应不同用户的不同需求。在该种隔离方式中,不同用户的数据以映射的方式反馈给不同的用户,达到数据隔离的目的。逻辑隔离的方式需要消耗大量的时间用于寻找指定映射。

3. 应用层隔离

应用层隔离是指通过业务划分来实现多用户数据的隔离,其主要原理是使用不同的工作流引擎来实现分离。一般分为两种情况:一种是具有相同的工作流引擎但不具有相同的数据流程,这种情况可以通过名称分配的方式来实现数据隔离;另一种是数据流程相同但工作流引擎不同,这种情况大部分也是使用名称分配的方式来实现数据隔离。

8.8　通信路径加密

8.8.1　链路加密

链路加密是指在传输过程中,当数据经过数据链路层时对其进行加密。在链路加密的网络中,每条通信链路上的加密是独立完成的,不同链路使用的密钥不同。当某条链路被攻破时,不会导致其他链路上传输的数据被暴露。在链路加密的过程中,每个节点都会收到来自上个节点加密后的密文,如图 8-13 所示。解密后,使用下个节点的公钥对数据进行加密。因此,在整个链路传输的过程中,数据需要经历多次加密、解密,这样做可以掩盖密文传输的起点与终点的地址。

链路加密也存在着一些问题。一方面,数据以明文形式在各个节点加密,所以各个节点本身必须是安全的。一般认为网络的源节点和目的节点在物理上是安全的,而中间节点(如路由器等)可能不都是安全的,存在着泄露数据的风险。另一方面,在每两个节点间

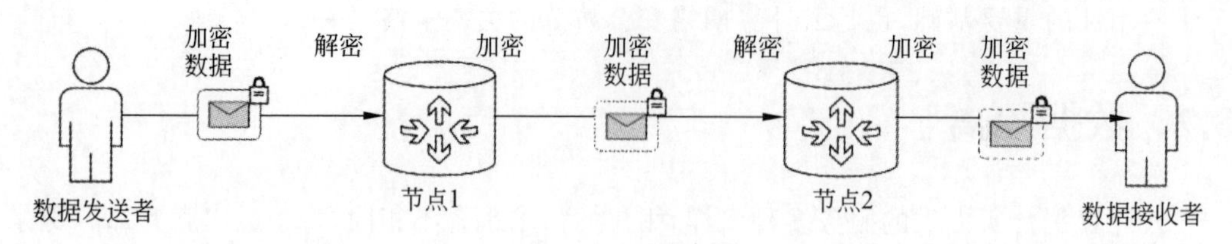

图 8-13 链路加密

传输数据时,需要保持节点间的同步。如果中间网络信号不稳定,容易造成数据的频繁丢失和重传,增加网络负担。在当前的云计算环境下,仅仅采用链路加密无法保证整个云计算网络的安全,大部分情况下只能用于对局部数据的保护。

8.8.2 端到端加密

与链路加密不同,端对端加密是在源节点和目的节点之间对数据进行加密,中间节点不进行任何加密和解密操作,其安全性不会因中间节点被攻击而受到影响,如图 8-14 所示。在端对端加密中,数据的控制信息(源节点、目的节点和路由信息等)无法被加密,因为加密控制信息后的数据将无法进行传输。在这种情况下,攻击者可以通过收集并分析数据频率、通信量等信息,对网络安全产生破坏。可以使用发送假数据的方法来掩盖真实信息,但是这会造成一定资源的浪费,对网络性能也会造成一定的负担。

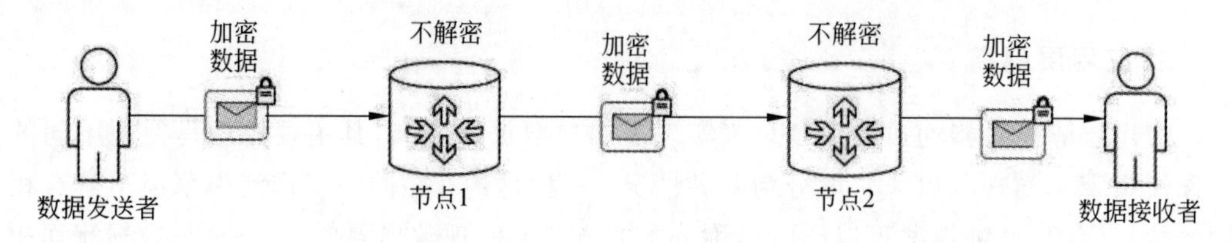

图 8-14 端到端加密

常见的端到端加密网络协议如下。

1. 安全套接字协议

安全套接字协议(Secure Socket Layer,SSL)是一种在通信传输协议 TCP/IP 上实现的安全协议,使用公开密钥技术,保证网络安全通信而不受到威胁。它在服务器与客户端之间建立一个安全链接,然后通过该链接进行安全的数据传输。

2. 传输层安全性协议

传输层安全性协议(Transport Layer Security,TLS)是一种在通信传输协议 TCP/IP 上实现的安全协议,目的是为网络通信提供数据完整性保障。TLS 协议与应用层协议(如 HTTP、FTP 等)无耦合。应用层协议能透明地运行在 TLS 协议之上,由 TLS 协议完成创建加密通道需要的协商和认证。应用层协议传输的数据在通过 TLS 协议时都会被加密,从而保证通信的机密性。SSL 协议与 TLS 协议都在传输层与应用层之间进行加密操作。

3. 超文本传输安全协议

超文本传输安全协议(Hypertext Transfer Protocol Secure,HTTPS)是在 HTTP 的基础上建立安全的通道,通过传输加密和身份认证保证了传输过程的安全性。该协议是在 HTTP 的基础上加入安全套接字层,其安全基础是 SSL,广泛用于网络上敏感数据的传输。

较为安全的数据传输方法是将链路加密和端到端加密结合,将控制信息使用链路加密的方式进行处理,而其他信息使用端对端加密的方式进行处理。这样既能保证数据内容的机密性,也保证了正常的数据传输。

8.9　本章小结

网络安全技术是保障云计算网络安全的主要手段。密码技术是网络安全技术的基础,常见的密码模型是建立在常规密钥体制上,将明文加密成密文,通信双方持有相同密钥源发送的密钥。替换加密是将明文按规则用另一种字符替换来进行加密,置换加密则是对明文中字符的排列顺序做调整来进行加密。替换加密和置换加密都属于常规密钥密码体制,即对称加密系统。现代密码学中很多加密手段中都包含了替换加密和置换加密。公钥加密体制是指使用一对加密密钥与解密密钥组成的加密技术,也是目前使用最为广泛的加密技术之一,常见的公钥加密算法是 RSA。此外,为了保障网络传输中数据的真实性,消息认证、数字签名、单点登录及身份认证与访问管理等安全技术应运而生。同时,链路加密与端到端加密的联合能保障网络传输中数据的机密性,也能够保证信息正常发送到下一传输节点。

8.10　习题

1. 简述哈希算法通过什么方式验证数据包的完整性。

2. 列举数据隔离的 3 种方式,并简述其中一种。

3. 为什么一个数字签名是可鉴别和不可伪造的?

4. Playfair 密码是一种典型的多字母代替加密技术,用 Playfair 技术加密数据。如果密钥是 monarchy,构造出密钥字母矩阵,以及明文 balloon 所对应的密文。

5. 置换加密技术指按照某一规则,将明文中的字符顺序重新排列。现有密钥 4312567,明文 attack postponed until two am xyz。置换加密规则:从标号小的开始,依次按列读出字母,写出密文。由于单纯的置换密码有着与原始明文相同的字母频率而容易被识别,需要采用多次置换加密来提高密文的安全性。对上述密文再进行一次加密,并写出其密文。

6. 公钥加密一定比对称加密安全吗?为什么?

7. 什么是 PKI,它由几部分组成?

8. 简述链路加密与端到端加密的区别。

第9章 云计算网络安全机制

Cyber security is much more than a matter of IT.
网络安全不仅仅是技术问题。

——Stephane Nappo

本章目标

学习完本章之后,应当能够:

(1) 了解云计算网络中基础设施物理安全的重要性和常见的安全防护方法。

(2) 了解网络协议的安全隐患,掌握常见网络安全协议的原理和网络安全设备的运行机制。

(3) 了解4A用户管理与认证,掌握账号管理、认证管理、授权管理和审计管理等安全机制。

(4) 了解网络虚拟化所面临的安全威胁,掌握网络虚拟化的安全防御手段和虚拟私有云。

(5) 了解软件定义网络所面临的安全威胁,掌握其安全防护方法。

本章主要介绍云计算网络安全机制。首先介绍云计算网络中固定基础设施的物理安全防护机制、常见的网络安全协议和网络安全设备;其次介绍云计算网络中用户管理与认证、网络安全管理、网络虚拟化安全、软件定义网络安全等安全机制。通过对本章的学习,读者可以对云计算网络的安全机制有较为详细的了解和认识。

9.1 物理安全防护机制

云计算网络[①]是云计算模式中的重要固定基础设施,承载服务应用、平台、用户之间的数据传输。云计算网络基础设施的安全是保障云计算环境中服务、应用安全和可信的基石,保障云服务的安全运行。物理安全往往是最容易被人忽略的部分,没有被严肃对待。据 Sage Research 的研究结果,在实际的工程实

① 在本书中,云计算网络主要是指云数据中心内部的网络,不涉及云用户与云数据中心之间的通信网络。

践中，有高达 80％的网络故障是因物理安全问题引起。因此，物理安全是云计算网络安全中首要考虑的问题，与其他安全机制同等重要。

9.1.1　物理安全概念

物理安全是云计算首要考虑的安全问题，它通常采取适当措施来降低或阻止人为或自然灾害从物理层面对云计算的机密性、完整性、可用性造成的安全威胁，保证云计算平台的安全可靠运行。物理安全分为狭义的物理安全和广义的物理安全。

狭义的物理安全是指传统意义上的物理安全，包括设备安全、环境安全和设施安全。设备安全的技术要素包括警告标志、防止电磁信息泄露、抗电磁干扰、电源保护，以及设备振动、碰撞、冲击适应性等方面。环境和设施安全的技术要素包括机房场地选择、机房屏蔽、防火、防水、防雷、防老鼠、防盗、供配电系统、空调系统、区域防护等方面。

广义的物理安全还包括由软件、硬件、管理人员组成的整体云计算系统的物理安全。从系统角度考虑，物理安全技术应确保信息系统的机密性、完整性和可用性，通过边界保护、配置管理、设备管理等等级保护措施来保护系统的机密性；通过设备访问、边界保护、设备及网络资源管理等措施确保信息系统的完整性；通过容错、故障恢复、系统灾难备份等措施保障系统的可用性。

9.1.2　物理安全威胁

云计算网络中物理设备面临的安全威胁是多种多样的，主要包括自然灾害、人为因素和环境因素。

1. 自然灾害

自然灾害对云计算网络的影响大多是致命性的，容易造成网络固定基础设施损坏甚至引起云数据中心无法正常运行。

(1) 地震往往是突发且不可预测的，一旦发生，对网络设备的影响是严重的。在部署网络设备，特别是数据中心的网络设备，应该尽量选址在远离地震带的地方。

(2) 水灾是指洪水、暴雨、建筑物漏水等对网络设备造成的灾害，它不仅威胁到管理人员的安全，也会给网络设备造成重大损坏，并影响云计算平台的正常运行。通常可以采用工程技术和管理制度来避免或减少水灾的危害。

(3) 雷击是一种多发的自然灾害，雷击过程往往伴随产生一股强电磁。云计算网络设备的电磁兼容能力往往较低，雷击瞬间产生的强电磁容易引起电压或电流过高，进而损害设备。

(4) 火灾是一种发生频率较高的自然灾害，在机房发生火灾容易烧毁网络设备，影响云计算平台的正常运行。火灾引起的原因有多种，有因电路短路、过载、接触不良、绝缘层破坏或静电所引起的，也有因管理人员操作不规范、乱扔烟头等所引起的，还有因外部火灾蔓延所引起的。

2. 人为因素

人为因素往往导致设备损坏、设备丢失等。在云计算网络中，设备和周围配套设施大多价值较高，往往成为偷盗的对象；设备损坏可能是由于人的有意或无意造成的，无意的设备损坏多半是操作不当造成的，而有意的设备损坏是有预谋、有计划的破坏。

3. 环境因素

环境因素对网络设备的威胁主要包括两方面：一方面是电磁环境，包括电压波动、静电、电磁干扰等；另一方面是物理环境，包括灰尘、温度、湿度等。

9.1.3 物理安全防护

物理安全防护一般从物理设备安全、环境安全、综合保障等方面开展，具体防护措施参照《信息安全技术/信息系统安全等级保护基本要求》来进行。

1. 物理设备安全

1）防盗防毁

目前，设备防盗防毁的措施如下。

(1) 给重要设备贴特殊标签(如磁性标签)，当设备被非法携带外出时，检测机器就会自动报警。

(2) 用锁或黏性物质将设备固定或黏接在某个位置上。

(3) 使用监控报警装置，一方面实时监控所保护设备的周围环境，另一方面监控所保护设备的状况。其一旦出现问题，报警系统迅速报警并通知相关人员来处理。

2）防电磁泄漏

网络设备是一种电子设备，在工作时不可避免地会产生电磁辐射，但可以采取相关措施，防止电磁泄漏。

(1) 屏蔽保护：利用屏蔽材料将发生电磁泄漏的设备包起来，切断设备与外部环境间的电磁信号传播。屏蔽是抑制电磁辐射最有效的措施，但成本较高。

(2) 干扰保护：利用干扰器产生一种电磁噪声，增加辐射信息被截获后破解还原的难度。干扰保护的成本较低，但防护的可靠性较差。

(3) 隔离保护：将重点保护设备从云计算平台里分离出来，切断其与其他设备间电磁泄漏的通路。合理布局和隔离是降低设备电磁泄漏的有效手段。

3）电源保护

电源的稳定可靠是云计算平台正常运行的先决条件，电压波动、浪涌电流和突然断电等都有可能影响云计算平台的正常运行，甚至损坏云设备。电源保护有如下 3 种措施。

(1) 选用合适的电源调制器，如隔离器、稳压器和滤波器。隔离器能将电压的变化限制在额定值的±25%之内，稳压器能将电压波动限制在±10%之内，滤波器能滤除 60Hz 以外的波。

(2) 使用不间断电源(Uninterruptied Power Supply，UPS)。当出现电源中断时，迅

速切换到 UPS 来供电，保障云计算平台运行的不中断运行。

(3) 规范使用，正确使用电源，使用与设备相匹配的电源，保证设备的电源线接地等。

4) 设备保护

按照相关规定，对设备做维护和保养，对报废设备做正确处理和利用。

(1) 设备维护：维护人员应在有效保养时间内，按照设备维护手册的要求和有关维护规程对设备进行适当的维护，并做好相关记录。

(2) 设备处理和再利用：设备到期报废或被淘汰需处理或设备改为他用时，维护人员应采用相关方法将设备内敏感数据和许可的软件清除。如有必要，应采取消磁、物理销毁、报废或重新利用等措施。

(3) 设备转移：未经许可，工作人员不能将设备带离工作场地；应设置设备移动的时间限制，并在返回时执行一致性检查，必要时可以删除设备中的记录。

2. 环境安全

环境安全是保障设备物理安全最基本的措施，环境的优劣直接影响了设备的可靠性。

1) 机房选址

应经多次论证，进行合理布局，建立应急措施和备份系统。为了保障机房内设备能正常、持续、安全地运行，在设计和规划机房时，应满足以下条件。

(1) 避开地震地带。

(2) 避开易发生水灾、火灾的高危区域。

(3) 避开易产生粉尘、油烟、有害气体源及存放易燃、易爆物品的区域。

(4) 避开强振动源和强噪声源。

(5) 避开强电磁场的干扰。

(6) 远离核辐射源。

此外，还需考虑所选地点的常年温度、湿度、电价，以及高科技人才资源条件、配套设施条件、周边环境和政策环境等因素。

2) 火灾防护

火灾防护对保障机房安全是非常重要的。全球有多家大规模数据中心由于火灾防护措施不够充分，遭受火灾袭击，造成网络设备瘫痪。在设计防火措施时，要根据火灾产生的可能原因，遵守火灾预防、探测和扑灭方法等国家和地方有关标准。具体的预防措施如下。

(1) 静电防护：电子设备对静电比较敏感，静电能造成电子设备运行出错，甚至引起火源，造成火灾。

(2) 消防预警：机房内常备消防器材，且保持良好状态，按规定安装自动火警预警装置及气体类灭火器装置。机房应采用防火材料，安全通道也要有醒目的指示标记，并保持畅通。

(3) 供电：提供良好的供电方式和稳定的电压，并具有良好的接地措施，预防雷击等造成的火灾。

(4) 区域隔离：机房布局要将脆弱区和危险区进行隔离，如设置安全防火门、使用阻燃材料等，防止外部火灾蔓延。

此外，还可以通过正确存放可燃物品、保证附近水源充足、提高员工防火意识和灭火技能等预防机房火灾的发生。

3）四防

四防是指防水、防静电、防雷击和防鼠害。

（1）防水：水灾可以使设备受损，降低使用寿命，甚至造成机房瘫痪等。防水是基础设施安全的重要防护手段之一，常采用如下措施。在机房除空调设备用的水源外，不得安装其他水源；定期检查空调设备专用水源的密封性；定期检查建筑物屋面和外墙有无漏水渗水，排水管道是否畅通；防止水从窗户、门缝进入；用漏水预警设备，一旦发生漏水，及时报警并处理。

（2）防静电：静电不及时释放，容易产生火花，造成火灾或损害集成电路部件等。具体措施如下。机房工作人员在操作电子设备前，及时导走静电；机房内装修材料应采用乙烯制品，避免使用挂毯、毛毯等；安装防静电地板；机房内保持一定的湿度。

（3）防雷击：机房外部使用避雷装置，如接闪器、引下线和接地装置，吸引雷电流，并为其释放提供一条低阻值通道；机房内部采用点位连接、合理布线或防闪器、过电压保护等技术手段，以及拦截、屏蔽、均压、分流、接地等方法，达到防雷目的。

（4）防鼠害：老鼠在机房的危害不可小觑，破坏电线绝缘层等，可能造成机房瘫痪。常在电缆和电线上涂抹驱鼠药剂，在老鼠必经线路或保护设备周围安放捕鼠器、驱鼠器等。

3. 综合保障

1）安全区域

安全区域是指需要被保护的一定范围的空间。在云计算中，固定基础设施可能受到非法物理访问、盗窃、损坏和泄密等安全威胁。可以通过建立安全区域的方式，对固定基础设施进行物理保护，常用的保护安全区域的措施有如下 4 种。

（1）采用围墙、门和窗阻止非法访问。门窗要足够结实，防止非法进入；机房的出入口尽可能少，便于监控人员的出入；连入自动报警系统，加强门的保护能力。

（2）重要安全区域设置保安，检查出入人员的证件，防止非法进入；检查移入和挪出的设备等，防止未授权的设备移动。

（3）加强钥匙管理。做好钥匙保管，钥匙丢失报备和换锁；重点区域由专人管理钥匙；及时收回离职人员的钥匙；定期更换锁。

（4）使用电子监控系统，不间断监控各个区域，弥补人员监控的不足。

2）人员保障

据云计算安全联盟对行业专家进行的一项调查显示，在云服务面临的 12 个主要安全威胁中，恶意的内部人员名列前茅。人为因素成为危害云计算平台安全的关键因素，为此有必要加强人员的安全管理。

（1）做好固定基础设施管理和维护人员的背景调查。

（2）坚持人员安全管理的原则，进行合理的职责分配。

(3) 加强人员安全培训教育，提高管理人员的安全意识。

(4) 定期轮换安全工作人员，以免长期担任与安全有关的工作。

(5) 部署安全相关工作时，每项工作必须两人或多人在场，以免执行未经授权的工作。

3) 综合部署

云计算网络的物理安全需要作为完整系列来进行安全保护，在物理安全中有许多单独的安全元素，这些安全元素相互补充，构成多维度的封层防御体系。这些安全元素包括环境考量、访问控制(包括机房、设备、程序)、监测(包括视频监控、温度监控、环境监控)、人员识别和访问控制，以及具有响应机制(包括门禁、隔离区等)非法行为监测等。为了保障云计算网络的物理安全性，根据云计算安全部署的维度，进行如下 9 方面的安全部署。

(1) 电子运动传感器。

(2) 持续录像监控：部署全天候、不间断录像监控系统，监控管理人员对网络设备的操作和移动，监控不法分子对网络设备的破坏，并及时采取措施，保证云计算平台的安全性。

(3) 身份识别系统：部署人脸识别、指纹识别等身份识别系统，防止非法人员进入，实现对工作人员的管理。

(4) 防地震设备架：通过安装防地震设备架，将网络设备放置其上，保障发生地震时网络设备的安全性。

(5) UPS：通过部署一种含有储能装置的 UPS，防止因断电导致网络设备停止运行等，保障云服务正常运行。

(6) 空调系统：通过部署空调系统，实现对网络设备周围环境的温度、湿度的控制，并保持一定的通风性，保障网络设备正常运行。

(7) 气体灭火系统：气体灭火系统通过部署的温度传感器、烟雾传感器等传感设备，一旦发生火灾，自动触发灭火装置，及时灭火。

(8) 设备监控系统：监控网络设备运行状态，一旦发生故障，能及时解决；监控管理人员操控网络设备的行为，如有非法操作，及时预警。

(9) 内部人员安全：通过加强工作人员的管理和培养，提高安全防护意识，提升安全规范操作技能，不仅能对发生的安全隐患和事故及时响应和处理，还能防止内部工作人员非法操作和恶意破坏。

9.2　网络安全防护

9.2.1　网络安全协议

1. TCP/IP 安全隐患

TCP/IP 协议族是互联网的基础，实现在多个不同网络间的数据传输。由于该协议族在设计初期过于关注其开放性和便利性，对安全性考虑较少，存在安全隐患。部分存在安全隐患的 TCP/IP 如下。

1）ARP 欺骗

数据链路层的 ARP 缺乏较好的安全认证机制，使攻击者容易利用这个弱点冒充别的主机来入侵其他被信任的主机，实施欺骗攻击。

2）IP 地址欺骗

攻击者利用 IP 地址易于更改和伪造的缺陷特性，冒充他人身份伪造源 IP 地址，向目标主机发送恶意请求，或者通过获取目标主机信任而趁机窃取相关的机密信息。

3）TCP 安全威胁

攻击者利用 TCP 三次握手的漏洞，假冒其中一方伪造 SYN 数据包与另一方建立连接，达到破坏连接的目的。如果攻击者趁机插入有害的数据包，将会产生严重的后果。此外，攻击者向目标服务端发送大量的 SYN 数据包，而不发送 ACK 数据包，消耗服务端的 TCP 连接队列，也就是消耗服务端的资源。等资源消耗完了，服务端就无法新建 TCP 连接，导致服务端网站无法为其他合法用户提供正常的服务。

4）UDP 安全威胁

攻击者伪造 UDP 数据包，其源 IP 地址为某个可信节点的 IP 地址，通过这种方式向服务器发起请求，从而触发服务器的某些操作。如果攻击者能够窃听 UDP 应答包，则能够从这样的攻击行为中获得所需的信息。

5）DNS 安全威胁

攻击者通过攻击域名服务器（DNS）或伪造 DNS 的方法，把目标网站域名解析到错误的 IP 地址从而实现用户无法访问目标网站的目的，或恶意要求用户访问指定 IP 地址（网站）的目的，即 DNS 劫持攻击。此外，攻击者利用僵尸网络发送大量伪造的查询请求至 DNS，这些查询请求包的源 IP 地址被设置为受害者的 IP 地址，因此 DNS 会把响应信息发送给受害者。大量的响应信息会导致被攻击者的处理能力被占用，从而形成 DoS 攻击，即基于 DNS 的 DoS 攻击。

6）HTTP 安全威胁

攻击者发给受害者一个合法的 HTTP 链接，当链接被单击时，用户被导向一个似是而非的非法网站，从而达到骗取用户信任、窃取用户资料的目的，该攻击称为钓鱼攻击。此外，攻击者在网页上发布包含攻击性代码的数据。当浏览者看到此网页时，特定的脚本就会以浏览者用户的身份和权限来执行。通过 XSS 可以比较容易地修改用户数据、窃取用户信息，以及造成其他类型的攻击，如 CSRF 攻击。

2. 基于 TCP/IP 协议族的安全协议

针对互联网日益严重的安全问题，TCP/IP 协议族在不断完善和发展，形成了各层安全通信协议，构成 TCP/IP 协议族的安全协议，如图 9-1 所示。

1）数据链路层安全协议

数据链路层安全协议有点对点隧道协议（Point-to-Point Tunneling Protocol，PPTP）、第二层隧道协议（Layer 2 Tunneling Protocol，L2TP）等，用于建立专用通信的安全链路，解决接入安全问题。

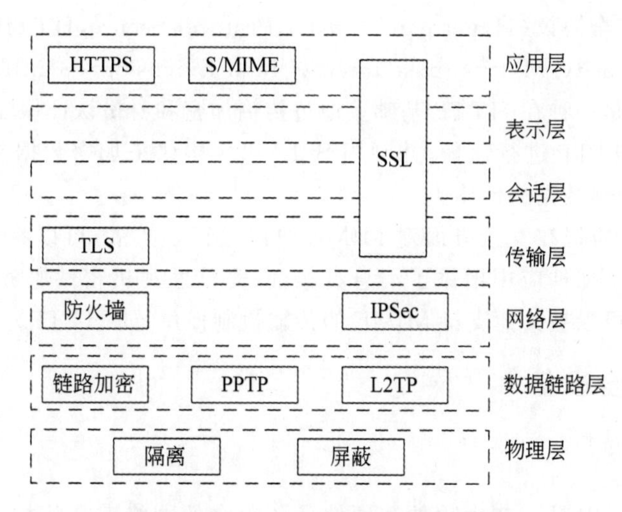

图 9-1　基于 TCP/IP 协议族的安全协议

(1) PPTP 是一种增强型安全协议，它本身并未描述加密或身份验证的部分，主要依靠点对点协议(Point-to-Point Protocol,PPP)来实现安全的功能。PPTP 使用 TCP 创建控制通道来发送控制命令，以及利用通用路由封装(GRE)通道来封装 PPP 数据包以发送数据。PPTP 是实现虚拟专用网络(VPN)的方式之一，用户通过私人隧道在公共网络上扩展自己的网络。

(2) L2TP 是一种虚拟隧道协议，通常用于虚拟专用网络。L2TP 自身不提供加密与可靠性验证的功能，可以和安全协议搭配使用，从而实现数据的加密传输。经常与 L2TP 搭配的协议是 IPSec，当这两个协议搭配使用时，通常合称 L2TP/IPSec。L2TP 支持包括 IP、ATM、帧中继、X.25 在内的多种网络。在 IPSec 中，身份认证头(Authentication Header,AH)协议用来向 IP 通信提供数据完整性和身份验证，同时可以提供抗重播服务；封装安全负载(Encapsulated Security Payload,ESP)协议提供 IP 层加密保证和验证数据源以应对网络上的监听。

2) 传输层安全协议

传输层安全协议主要包括安全套接层(Secure Sockets Layer,SSL)协议和传输层安全(Transport Layer Security,TLS)协议，用于实现端到端进程间的安全通信。

(1) SSL 协议位于 TCP/IP 与各种应用层协议之间，为数据通信提供安全支持。SSL 协议由两层构成：SSL 记录协议(Record Protocol)和 SSL 握手协议(Handshake Protocol)。SSL 记录协议为高层协议提供数据封装、压缩、加密等基本功能，定义了传输的格式；SSL 握手协议用于在实际的数据传输开始前，对通信双方进行身份认证、协商加密算法、交换加密密钥等。

(2) TLS 协议是 IETF 将 SSL 协议标准化形成的(RFC 2246)，与 SSL 协议的差异较小。

3) 应用层安全协议

应用层安全协议主要为客户机和服务器间通信提供数据完整性和真实性验证，主要包括超文本传输安全协议(Hypertext Transfer Protocol Secure,HTTPS)和多用途网际邮件扩充协议(Security/Multipurpose Internet Mail Extensions,S/MIME)。

(1) HTTPS是一种在HTTP基础上通过传输加密和身份认证保证传输过程安全性的协议。它通过HTTP进行通信,并利用SSL/TLS协议来加密数据包。HTTPS广泛应用于互联网上敏感数据的传输。

(2) S/MIME协议在安全方面对MIME协议进行了扩展,可以将MIME实体封装成安全对象,为电子邮件应用增添了消息真实性、完整性和机密性服务。S/MIME不局限于电子邮件,也可以被其他支持MIME的传输机制使用,如HTTP。

9.2.2 网络安全设备

1. 防火墙

防火墙(Firewall)是一个由软件和硬件设备组合的网络安全防护设备,在内网和外网之间、专用网络与公共网络之间构建相对隔绝的保护屏障,从而保护内网免受非法用户的侵入,如图9-2所示。防火墙主要由服务访问规则、验证工具、过滤和应用网关4部分组成,其主要功能如下。

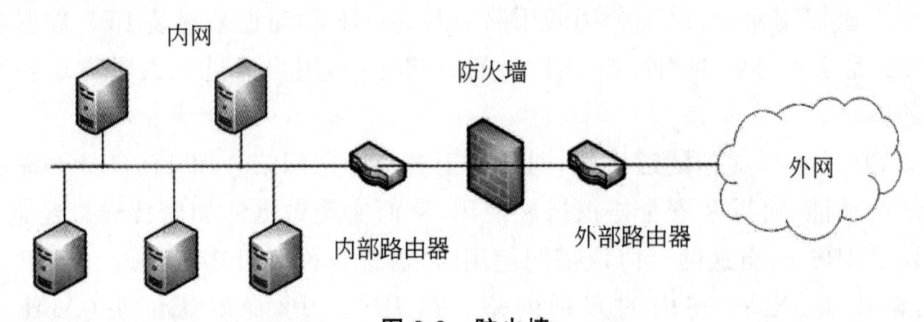

图9-2 防火墙

(1) 隔离网络:防火墙具有过滤数据流的功能,能阻止没被允许的数据穿过防火墙,过滤不安全的服务而降低风险。

(2) 强化网络安全策略:通过以防火墙为中心的安全方案配置,将所有安全软件(如口令、加密、身份认证、审计等)配置在防火墙上,成本较低。

(3) 监控审计:防火墙记录所有经过的访问行为,供网络分析。一旦发现有可疑行为,防火墙做适当的报警,并提供网络是否受到监测和攻击的详细信息。

(4) 防止内部信息的外泄:防火墙对内网的划分,可实现内网重点网段的隔离,从而限制了局部重点或敏感网络安全问题对全局网络造成的影响。此外,防火墙可隐藏内网的细节,防止内网中不引人注意的细节可能包含了有关安全的线索而引起外部攻击者的兴趣,甚至引发安全事件。

防火墙分为以下3种。

(1) 网络层防火墙运行于TCP/IP堆栈上,管理者会先根据企业(或组织)的策略预先设置好数据包通过的规则或采用的内置规则,只允许匹配规则的数据包通过。

(2) 应用层防火墙是在应用层上运行的,可以拦截进出某应用层程序的所有数据包,并且封锁其他的数据包。

(3) 代理服务器采用应用程序的运行方式，反馈其所收到的数据包来实现防火墙的功能。

2. Web应用防火墙

在云计算平台中，Web是各种云服务和云应用的主要载体，即云服务主要以Web访问的形式提供给云用户。根据Gartner公司的最新调查，有75%的网络攻击都与Web相关，如网络恶意代码和页面篡改。常见与Web有关的网络攻击如下。

(1) 页面篡改：指攻击者攻下Web站点，将原始页面的内容替换为广告或其他非法信息，导致原来的网页内容无法正常访问。

(2) SQL注入攻击：指将SQL指令伪装成正常的HTTP请求参数，发送给服务器。数据库服务器误认为是正常的SQL指令而运行，遭到破坏或入侵。

(3) XSS攻击：又称跨站脚本攻击，指攻击者在Web页面中插入恶意脚本，当用户浏览页面时，促使脚本执行，从而达到攻击目的。

(4) CC攻击：DDoS攻击的一种，指攻击者利用代理服务器生成指向受害主机的合法请求，实现DDoS攻击和伪装。

(5) CSRF攻击：又称跨站请求伪造(Cross Site Request Forgery)，指通过伪装成受信任用户进行访问，然后将Cookie存在浏览器。攻击者利用用户本地的Cookie进行认证，然后伪造用户发出请求。

Web应用防火墙(Web Application Firewall，WAF)是一种集Web防护、网页保护、负载均衡、应用交付于一体的Web整体安全防护设备。它主要通过特征提取和分块检索技术进行特征匹配，保护Web程序。WAF部署在Web应用程序前，在用户请求到达Web服务器前对用户请求进行扫描和过滤，分析并校验每个用户请求的网络包，确保每个用户的请求都是合法、有效和安全的，对无效或有攻击行为的请求进行阻断或隔离。因此，Web应用防火墙可以防御未知威胁，阻止针对Web应用的攻击。

与传统防火墙充当服务器之间的安全门不同，WAF能够过滤特定Web应用程序的内容，能防御DDOS攻击、SQL注入攻击等，以及实现加密传输、错误码过滤、Cache加速、Web服务器漏洞扫描等Web防护。此外，WAF还能防止Web信息泄露，如过滤敏感词和Web中关键词、防止文件泄露等。WAF不是一个最终的网络安全解决方案，而是要与其他网络周边安全解决方案(如网络防火墙和入侵防御系统)一起使用，以提供全面的防御策略。

WAF具备以下4个特点。

(1) 全面防护：在应用层检查所有HTTP和HTTPS的流量，能够检测和防御各类常见的Web攻击，如钓鱼攻击、蠕虫等。对SQL注入攻击的有效防御，防止页面篡改。

(2) 高可靠性：提供Bypass或HA等可靠性保障，确保Web应用核心业务的连续性。

(3) 管理灵活：支持基于端口、IP、协议类型、时间及域名等各种访问控制。

(4) 审计功能：记录各种日志、攻击统计报表等。

3. 云 WAF

云 WAF 即 Web 应用防火墙的云模式。它是指用户不需要在自己的网络中安装软件 WAF 或部署硬件 WAF，就可以对网站实施同样级别的安全防护，如防 SQL 注入攻击、防 XSS 攻击、防 CC 攻击、防篡改、防盗链等。传统 WAF 上存在的功能，云 WAF 同样具备。从用户的角度来看，云 WAF 就像是一种安全服务。

云 WAF 主要利用 DNS 技术实现。用户首先需要将被保护的网站域名解析权移交给云 WAF 系统。域名解析权移交完成后，所有对被保护网站的请求将被控制中心解析并调度到指定的端节点上。在这个过程中，云 WAF 会过滤攻击威胁。由端节点进行流量过滤后，再转发给原始的 Web 服务器。

云 WAF 的主要优势如下。

(1) 免部署：无须安装任何 WAF 软件程序或部署 WAF 硬件设备，只需切换 DNS 就可以将网站加入到云 WAF 系统的防护中。

(2) 免维护和更新：云 WAF 提供商会负责系统维护和更新防护规则库，不必担心可能会因为疏忽导致受到新型的漏洞攻击。

(3) CDN 功能：云 WAF 多以分布式计算为基础架构，采用跨运营商的多线智能解析调度，将单点网站资源的动态负载分配至全国的云端节点，为用户提供 CDN 服务，提升网站的访问速度。

4. 入侵检测系统

入侵检测系统(Intrusion Detection System，IDS)是一种对网络传输进行即时监视，并在发现可疑传输或网络入侵时发出警报或采取主动反应措施的网络安全设备，如图 9-3 所示。在云计算环境中，尽早对恶意行为进行识别和响应，对提高应用安全性、降低安全损失具有重要的意义。作为防火墙之后的第二道安全屏障，入侵检测系统致力于实时的入侵检测，尽早发现入侵行为，并采取记录、报警、隔断等有效措施来堵塞漏洞和系统。

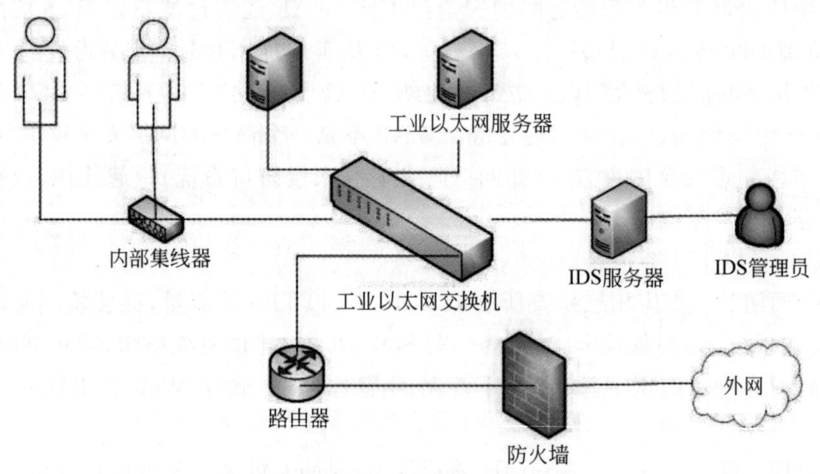

图 9-3　入侵检测系统

入侵检测系统能够帮助系统应对网络攻击，扩展系统管理员的安全管理能力(包括安全审计、监视、攻击识别和响应)，提高了信息安全基础结构的完整性。与其他网络安全设备的不同之处在于，入侵检测系统是一种积极主动的安全防护技术。入侵检测系统应安置在所有所关注流量都必须流经的链路上，如来自高危网络区域的访问流量和需要进行统计、监视的网络数据包。因此，入侵检测系统尽可能靠近攻击源或受保护资源。

入侵检测系统一般由 3 个组件组成，即信息收集、入侵分析、响应和恢复。入侵检测成功与否依赖于所收集到的信息的可靠性、正确性和实时性。所收集的信息包括主机系统信息、网络信息、其他网络安全设备所产生的日志和通知消息等。入侵分析是入侵检测系统的重要部分，目前入侵分析大多采用异常检测和误用检测两种相结合的方式。响应和恢复包括主动响应和被动响应两种，主动响应会阻断或干扰入侵过程；被动响应将汇报情况和记录入侵过程。入侵检测系统的主要功能：监视、分析用户及系统活动；审计系统构造和弱点；识别、反应已知进攻的活动模式，向相关人士报警；统计分析异常行为模式；评估重要系统和数据文件的完整性；审计和跟踪管理操作系统，识别用户违反安全策略的行为。当然，入侵检测系统也有不足，如误报、漏报率高，没有主动防御能力，不能解析加密数据流。

根据需求和环境特点，云服务商部署入侵检测系统，并制定相应的安全策略，对云服务的环境进行实时监控，对发生的非法行为和异常事件及时报警给管理员，并对异常事件和攻击行为做精准分析和报告，为管理员提供详尽、可操作的安全建议，以帮助完善安全保障措施，辅助 Web 应用防火墙进一步加强云服务的安全性。

5. 入侵防御系统

入侵防御系统(Intrusion Prevention System，IPS)是一种能够监视网络或网络设备的网络数据传输行为的计算机网络安全设备，能够及时中断、调整或隔离一些不正常或具有伤害性的网络数据传输行为，如图 9-4 所示。入侵防御系统深入网络数据内部，查找所认识的攻击代码特征，过滤有害数据流，丢弃有害数据包，并进行记录，以便事后分析。此外，它根据应用程序或传输层的异常情况，来辅助识别入侵和攻击。例如，用户或用户程序违反安全条例，数据包在不应该出现的时段出现，操作系统或应用程序弱点正在被利用等现象。入侵防御系统是对防病毒软件(Antivirus Software)和防火墙的补充。

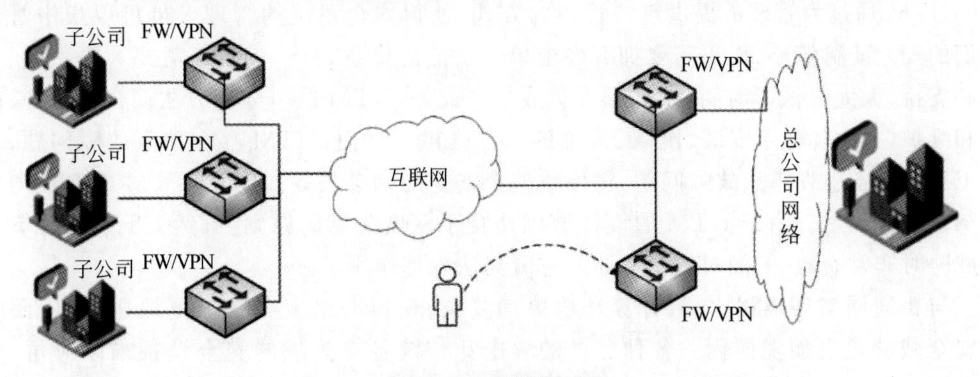

图 9-4　入侵防御系统

防火墙主要根据IP地址或服务端口(Port)过滤数据包,但对于利用合法网址和端口而从事的破坏活动则无能为力。此外,防火墙主要在第二到四层起作用,而防病毒软件主要在第五到七层起作用。为了弥补防火墙和防病毒软件在第四、五层之间留下的空档,入侵检测系统应运而生。入侵检测系统在发现异常情况后及时向网络安全管理人员或防火墙系统发出警报,但这时网络灾害已经形成。为了在网络危害形成之前做好网络安全预防工作,入侵防御系统由此产生,它是对入侵检测系统的补充,能够在发现入侵时,迅速做出反应,并自动采取阻止措施。

与入侵检测系统相比,入侵防御系统具有如下优点。

(1) 兼具检测和防御功能:入侵防御系统不仅能检测攻击还能阻止攻击。此外,它在入口处就开始检测,而不是等到进入内网后再检测,大大提高了检测效率和内网的安全性。

(2) 可检测到入侵检测系统检测不到的攻击行为:入侵防御系统在应用层的内容检测基础上加上主动响应和过滤功能,弥补了传统的防火墙和入侵检测系统方案不能完成更多内容检查的不足。

(3) 失效即阻断:当入侵防御系统被攻击失效后,它会阻断网络连接,使被保护资源与外界隔断。

6. 统一威胁管理

在云计算系统中,很多公司在构建云计算网络安全系统时,并没有很好规划,而是简单地采用防火墙、防病毒和防入侵等网络安全设备。这种安全防护方式只是把安全设备简单连接起来,容易造成以下问题:部分功能重复,资源浪费;安全效率低且管理复杂,难以整体性防御。针对这些问题,诞生了一种新的安全机制,即统一威胁管理。

统一威胁管理(Unified Threat Management,UTM)是指在单个平台上提供多种安全功能,如防火墙、VPN、防病毒、防垃圾邮件、Web网址过滤、IPS等。它通过部署各种安全防护设备在统一的管理平台上,进行统一管理,以应对日益增多的网络威胁。与传统的网络安全设备不同,UTM能解决多种网络安全问题。UTM通常由硬件、软件和网络技术组成具有专门用途的设备,它主要提供一项或多项安全功能,同时将多种安全特性集成于一个硬件设备里,形成标准的统一威胁管理平台。

UTM通过为管理员提供统一管理的方式,使得安全系统的管理人员可以集中管理他们的安全防御策略,而不需要拥有多个单一功能的设备,每个设备都需要人去熟悉、关注和支持,大大降低了时间、金钱和人员成本。此外,UTM的一体化方法简化了安装、配置和维护,大大降低了安装、配置、运维的工作强度。然而,UTM存在单点故障问题,一旦UTM设备出现单点故障问题,将导致整个安全防御会失效。同时,UTM也存在内部防御薄弱的问题。由于UTM的设计原则违背了深度防御的原则,虽然UTM在防御外部威胁时非常有效,但面对内部威胁时它就无法发挥作用了。

与普通网络环境相比,云计算环境更加复杂,使得网络安全状况更加恶劣,所面临的安全威胁也更加多样化。各种各样的攻击让传统各自为战的安全设备难以应付,单一的网络安全产品无法满足云计算环境下的全面安全的需求。只有将侧重点不同的网络安全设备有机融合起来，进行整体化的安全防护，才能真正抵御各种网络威胁。因此，采用适合云计算环境下的 UTM 安全设备，将有利于实现云服务安全的一站式整体安全保障。

7. 漏洞扫描器

漏洞扫描器（Vulnerability Scanner）是一类自动检测本地或远程主机安全弱点的程序，能够准确快速地发现扫描目标存在的漏洞并提供给使用者扫描结果。它首先向目标计算机发送数据包，然后根据对方反馈的信息来判断对方的操作系统类型、开发端口、提供的服务等敏感信息。通过漏洞扫描器，提前探知目标系统的漏洞，并预先修复。目前，漏洞扫描器主要包括端口扫描器（如 Nmap）、网络漏洞扫描器（如 Nessus、Qualys、SAINT 等）、Web 应用安全扫描器（如 Nikto、Qualys、Burp Suite 等）、数据库安全扫描器、基于主机的漏洞扫描器（如 Lynis）、ERP 安全扫描器等。

8. 防病毒网关

防病毒网关是一种网络安全设备，用于保护网络内（一般是局域网）进出数据的安全。有杀病毒、关键字过滤、垃圾邮件阻止等功能，同时部分设备也具有一定防火墙（划分 VLAN）的功能，如图 9-5 所示。如果与互联网相连，就需要网关的防病毒软件。防病毒网关的查杀方式主要有以下 4 种。

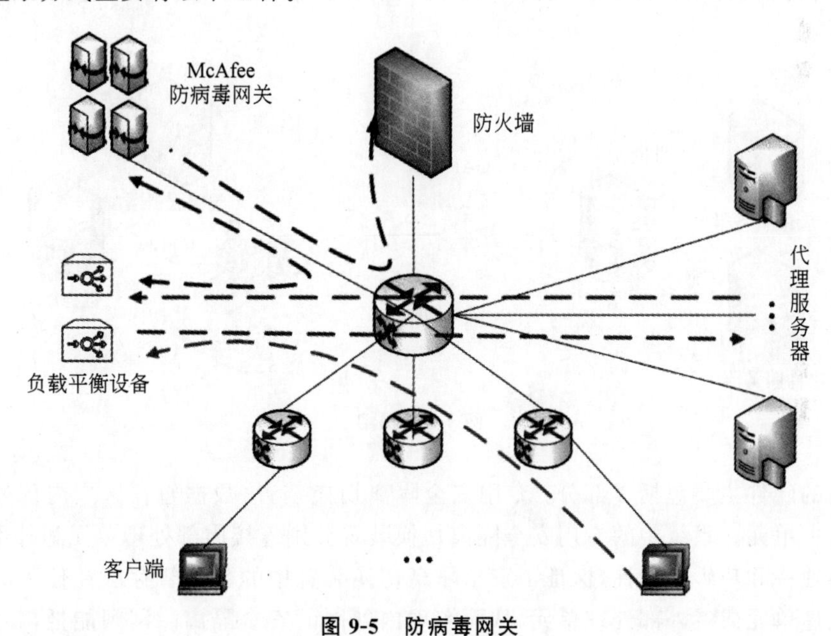

图 9-5　防病毒网关

(1) 基于代理服务器：依靠代理服务器对数据进行还原，再利用其安装在代理服务器内的扫描引擎对数据进行病毒查杀。

(2) 基于防火墙：利用防火墙的协议还原功能，将数据包还原为不同协议的文件，然后传送到相应的病毒扫描服务器进行查杀，扫描后再将该文件传送回防火墙进行数据传输。病毒扫描服务器可以有多个，防火墙内的防病毒代理根据不同协议，将相应的协议数据传输到不同的病毒扫描服务器。

(3) 基于邮件服务器：在邮件服务器上安装相应的邮件服务器版防病毒产品，在进出邮件前对邮件及其附件进行扫描并清除，从而防止病毒通过邮件网关进入企业内部。

(4) 基于网闸：采用网闸(GAP)技术，在产品内建立信息孤岛，通过高速电子开关实现数据在信息孤岛的交换。信息孤岛内安装防病毒模块，就可实现对数据交换过程的病毒检测与清除。

安全网关类设备大多工作在应用层和网络层，而防病毒网关工作用在第二层，即数据链路层。

9. 网闸

网闸(GAP)又称安全隔离网闸、物理网闸，它是一种带有多种控制功能的专用硬件设备，能切断网络之间的数据链路层连接，并能够在网络间进行安全适度的应用数据交换的网络安全设备，如图 9-6 所示。网闸的一个基本特征，就是内网与外网永远不连接，内网和外网在同一时间最多只有一个同隔离设备建立数据连接，也可以是两个都不连接，但不能两个同时都连接。网闸在两个不同安全域之间，通过协议转换的手段，以信息摆渡的方式实现数据交换，且只有被系统明确要求传输的信息才可以通过。因此，网闸的安全性高，即使连接网闸的外网处理单元瘫痪，网络攻击也无法触及内网处理单元。

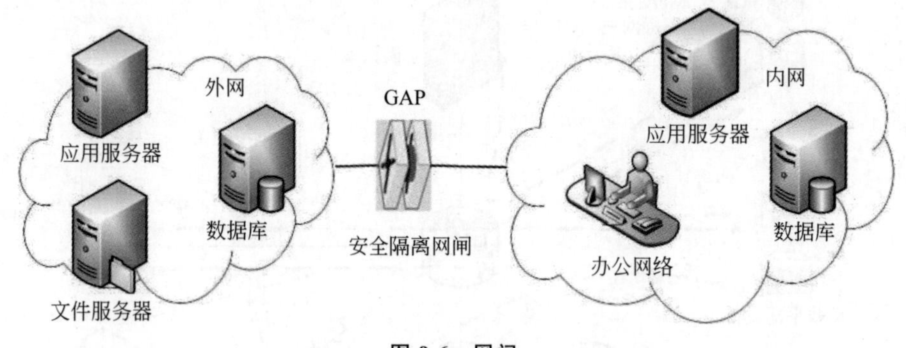

图 9-6 网闸

网闸的硬件主要包括 3 部分：专用安全隔离切换装置(数据暂存区)、内部处理单元和外部处理单元。系统中的专用安全隔离切换装置分别连接内部处理单元和外部处理单元。这种独特和巧妙的设计，保证了安全隔离切换装置中的数据暂存区在任一时刻仅连通内部处理单元或者外部处理单元，从而实现内外网的安全隔离。网闸能抵御基于操作系统漏洞攻击、抵御基于 TCP/IP 漏洞的攻击、抵御木马将数据外泄、抵御基于文件的病毒传播、抵御 DoS/DDoS 攻击等。

10. 虚拟专用网络

虚拟专用网络(Virtual Private Network，VPN)是在一个公用网络搭建一个临时的、安全的专用网络。它通过特殊加密的通信协议，为连接在互联网上、不同地理位置的两个或多个组织的内网，建立一条专有的通信线路，就像架设了一条专线，但不需要真正去铺设光缆之类的物理线路，如图9-7所示。虚拟专用网络利用低成本的公共网络作为企业骨干网，同时又克服了公共网络缺乏保密性的弱点。在VPN中，位于公共网络两端的网络在公共网络上传输信息时，利用已加密的通道协议对数据进行安全处理，确保数据的完整性、真实性和机密性。需要注意的是，没有加密的虚拟专用网络数据依然有被窃取的危险。

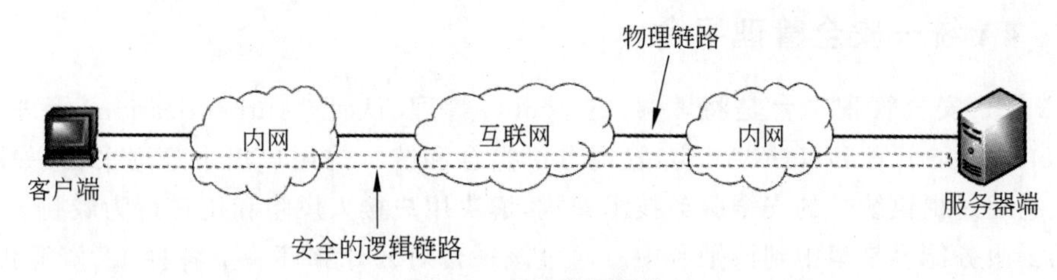

图9-7　虚拟专用网络

虚拟专用网络由VPN服务器、VPN连接(互联网等公共网络)、协议隧道、VPN客户机组成。常见的隧道协议有3种，如PPTP、L2TP和IPSec，其中PPTP和L2TP工作在OSI参考模型的第二层，又称第二层隧道协议；IPSec是第三层隧道协议。

虚拟专用网络有效解决了地理距离过长，无法假设物理网络以及随时访问企业内网的安全问题。公司内网是封闭的、有边界的，这一问题限制了企业内部各种应用的延伸。通过虚拟专用网络，将两个物理上分离的网络通过互联网这个公共网络进行逻辑上的直接连接，通过这种方式可以无限延伸企业的内网，继而使所有用户可以访问相同的资源，使用相同的应用。然而，当使用无线设备时，虚拟专用网络有一定安全风险。在接入点之间漫游特别容易出问题。因为当用户在接入点之间漫游时，任何使用高级加密技术的解决方案都可能被攻破。

11. 网络安全审计

网络安全审计(Audit)是指按照一定的安全策略，利用记录、系统活动和用户活动等信息，检查、审查和检验操作事件的环境及活动，从而发现系统漏洞、入侵行为或改善系统性能的软件或硬件。网络安全审计是提高系统安全性的重要手段，它从审计级别上可分为3种类型：系统级审计、应用级审计和用户级审计。系统级审计主要针对系统的登录情况、用户识别号、尝试登录的日期和具体时间、退出的日期和时间、所使用的设备、登录后运行程序等事件信息进行审查；应用级审计主要针对的是应用程序的活动信息，如打开和关闭数据文件，读取、编辑、删除记录或字段等特定操作，以及打印报告等；用户级审计主要是审计用户的操作活动信息，如用户直接启动的所有命令、用户所有的鉴别和认证操作、用户所访问的文件和资源等信息。根据系统审计对象和审计内容的不同，常见的审计产品包括网络安全审计、数据库安全审计、日志审计、运维安全审计等。

9.3 用户管理与认证

谷歌、苹果等公司多次发生用户账号泄露事件，可见用户管理与认证面临着较大的安全风险。相对于传统的信息系统，云计算平台的用户数庞大、应用系统繁多，给用户身份认证、访问控制和用户行为审计带来了严峻的挑战。例如，海量账户和证书管理、跨域授权、内外网用户行为审计。

9.3.1 4A 统一安全管理平台

4A 统一安全管理平台是将账号(Account)管理、认证(Authentication)管理、授权(Authorization)管理和审计(Audit)管理有机整合和统一的用户集中管理平台，如图 9-8 所示。它通过提供统一的安全服务技术架构，解决用户接入风险和用户行为威胁等，使新部署的云服务能容易集中到该平台中。通过该平台对云计算环境下各种 IT 资源进行集中管理，为各个应用和服务提供 4A 安全服务，提升业务的安全性和可管理能力。

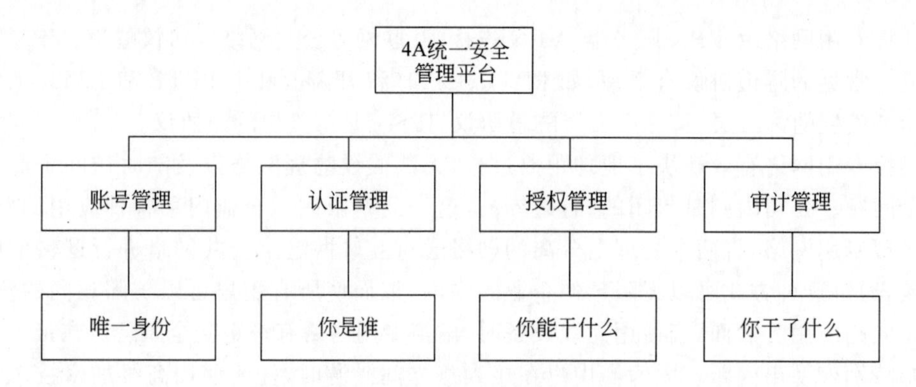

图 9-8 4A 统一安全管理平台架构

在云计算环境中，4A 统一安全管理平台支持单点登录，用户完成认证后，无须再进行登录认证就可以访问具有相同权限的所有目标 IT 资源。如图 9-9 所示，用户先通过终端的 4A 统一安全管理平台发起登录请求，认证管理模块鉴别用户请求信息。认证成功后，权限管理模块通过分析用户的账号、可访问的目标设备、访问权限等信息，授予相应权限，用户访问和操作目标设备。4A 统一安全管理平台将用户所访问目标设备的执行结果返回到用户的终端。在整个过程中，4A 统一安全管理平台对用户从登录到对目标设备操作的全过程进行审计记录。

9.3.2 账号管理

在云计算环境中，账号管理为云用户提供统一集中的用户(包括管理人员)账号的管理，为后续认证管理、授权管理、审计管理提供可靠的数据来源。账号管理具体包括两方面的内容。

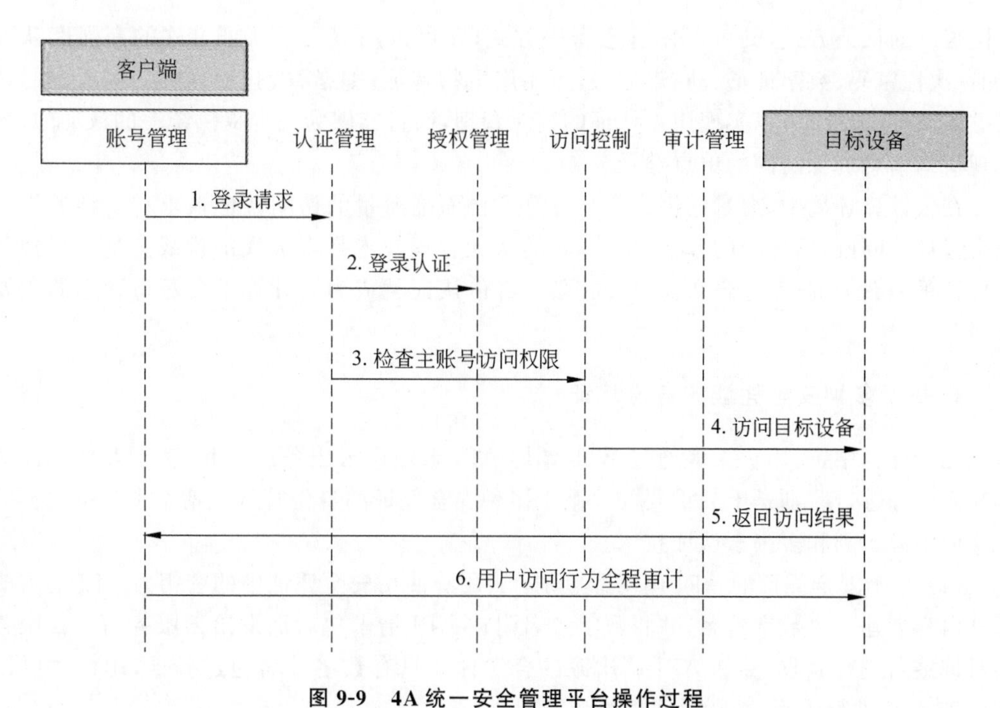

图 9-9　4A 统一安全管理平台操作过程

1. 用户身份信息管理

以内部管理人员和外部用户为基础的用户组织结构，建立统一的用户身份信息管理视图。用户身份信息管理需满足以下条件：①可以灵活添加、修改和删除用户；②可以搜索、查看用户信息；③统一管理和操作用户的身份信息；④灵活配置组织框架，在人员变动和组织结构变动时快捷实现更改；⑤对用户进行角色指派、授权等；⑥以部门为单位进行统一授权。

2. 用户账号管理

对用户账号进行管理时，应注意以下 5 方面：①每个用户有唯一的全局标识；②用户密码需满足系统的密码强度要求，定期更改密码；③登录失败达到一定次数后，冻结该账号，等满足一定要求或管理员对用户身份验证通过后，才能恢复账户正常状态；④在互联网或无线网络中传输时，使用加密技术对账号信息进行处理；⑤建立严格的账号操作信息。

在管理云计算平台中用户账号时，需要制定完善的账号管理生命周期，并在各个阶段制定严格的管理措施。基于账号的生命周期，实现云服务平台各类账号的统一管理，保障用户账号的安全性。

9.3.3　认证管理

认证管理就是识别用户身份真实性的过程。根据用户应用的实际需要，为用户提供不同强度的认证方式，既可以用静态密码方式，又可以用双因子认证方式的高强度认证（如一次性密码、数字证书、动态口令），还能用生物特征（如指纹、脸型、虹膜）等新型的认证方式认证。不仅可以实现用户认证的统一管理，而且能够为用户提供统一的认证门户，实现机构信息资源访问的单点登录。

在云计算环境中，海量的用户使云计算平台面临海量的访问认证请求和复杂的用户权限管理等问题，给传统的基于单一方式的认证管理技术带来极大的挑战。基于多种安全凭证的身份认证和基于单点登录的联合身份认证就成为云计算平台身份管理的主要选择。

1. 基于多种安全凭证的身份认证

在云计算中，云用户大多通过 Web 调用 API 来使用云服务。因此，基于安全凭证对 API 调用源进行鉴别是十分重要的。基于多种安全凭证的身份管理包括基于安全凭证的 API 调用源鉴别和多因素认证技术。

(1) 基于安全凭证的 API 调用源鉴别：云用户使用安全凭证中的密钥为 API 请求的部分内容创建一个数字签名，并将数字签名附在 API 请求包后面发给云服务商。云服务商对该签名进行验收，鉴别 API 调用源的合法性。只有数字签名通过验证，用户才可以调用该 API 进行访问；否则返回拒绝访问消息。

(2) 多因素认证技术：指云用户登录云计算平台时采用的多安全凭证技术。在多因素认证中，云用户提供用户密码和验证码。认证设备可以是个人计算机、手机、平板计算机等，也可以是云服务商提供的云用户的动态密码卡。基于手机、计算机等认证设备的多因素认证服务大多是免费的，但这种设备可能缓存了用户的账号和密码，存在泄露风险。相对而言，基于动态密码卡的多因素认证的安全性更高。

2. 基于单点登录的联合身份认证

在云计算中，云用户为了完成一项工作，往往需要访问多个不同的云服务，进行多次身份认证。这样不但极为不便，还需要注册和管理大量的账号和密码，存在着密码泄露的风险。基于单点登录的联合身份认证就解决了这一难题，云用户只需要使用某个云服务时登录一次，就可以访问所有相互信任的云服务。目前，大部分云服务商都支持基于单点登录的联合身份认证。比较常见的单点登录方案有基于 OpenID 协议的单点登录和基于 SAML 的单点登录。

9.3.4 授权管理

在云计算平台中，应建立统一的授权管理策略，满足云计算环境下复杂的用户授权管理要求，以保障云计算平台的安全性。统一授权管理是指通过统一的管理界面或平台对云计算平台中所有子系统中 IT 资源的访问权限或访问控制策略进行集中管理。

统一授权管理分面向主体和面向客体两部分。面向主体的授权是针对某一用户、用户组、角色，管理员可以为其授予访问某个服务或服务子功能的权限。在对授权主体的授权管理上，需要建立 3 类用户主体，即用户账户、角色和组。面向客体的授权是指给资源

(服务)的授权，即对于某一服务或其子功能，管理员可以设置用户、用户组、角色的访问权限。从授权的粒度来看，授权可以分为粗粒度授权和细粒度授权。

统一授权管理策略具有诸多优点：从安全管理员的角度，它不仅可以在统一的授权策略下对所有用户的访问权限进行集中管理，还能及时发现未授权的资源访问、权限等；从云用户角度，可以保证对用户权限的分配符合安全策略的要求，使用户拥有完成任务的最小权限；从系统安全的角度，可以避免越权访问，满足各种资源的安全需求。

9.3.5　审计管理

将用户所有的操作日志集中记录管理和分析，不仅可以对用户行为进行监控，还可以通过集中的审计数据进行数据挖掘，以便于认定事后安全事故责任。复杂的云架构使其面临多方面的安全威胁，使发生安全事故的可能性更大，对事故响应、处理和恢复速度的要求更高。因此，审计管理常用的系统日志对云计算平台维护、安全事件追溯、调查取证等方面更为重要。云计算平台通过建立集中的日志收集和审计系统，实现对账号分配情况审计、账号授权审计和用户操作行为审计，从而提高对违规事件的审查和恢复能力。

审计管理是指在系统运行过程中，对正常流程、异常状态和安全事件等进行记录，防止违反信息安全策略的事件，也可用于责任认定、性能调优和安全评估等目的。审计管理的对象是系统中产生的日志，由于日志的格式多样化，其需要进行规范化、清洗和分析后才能形成有意义的审计信息。CC 标准对网络安全审计系统功能的要求包括安全审计自动响应、安全审计事件生成、安全审计分析、安全审计浏览、安全审计事件等。根据 CC 标准功能定义，云计算的审计管理系统应该包括告警响应、Agent 数据采集、审计分析、审计浏览、日志存储和日志过滤等功能。

一般情况下，云计算审计管理系统主要包括 System Agent、应用代理和审计中心 3 部分。System Agent 主要负责审计用户主题系统及应用的行为信息，并对单个事件的行为进行客户端审计分析；应用代理主要在应用层对用户行为进行审计，它将以中间件的方式嵌入云服务系统中，但不改变原有服务系统的架构；审计中心是云计算审计管理系统的核心，主要用于收集分布式数据采集点的审计日志数据、分析审计数据、对异常进行报警及将数据存储在数据库中。

9.4　网络安全管理

云计算网络主要由两部分组成：一部分是云计算平台内部的网络；另一部分是云计算平台与外部环境之间的网络。云计算平台内部的网络应该纳入云安全管理体系中进行实时地、统一地管理。云计算平台与外部环境之间的网络不在云服务商的控制范围，因此云服务商需要在与外网连接处部署网络安全设备等，防止来自外网的非法访问、恶意攻击等非法行为。

云计算平台中的网络安全管理主要是对云计算平台内网的安全要素进行管理。在诸多的网络安全要素中，网络安全策略、网络安全配置、网络安全事件和网络安全事故这 4 个要素最为重要。

(1) 网络安全策略：指保护网络系统中设备和通信链路免遭受破坏和攻击的策略和原则。它是维护网络安全的指导原则，也是检查网络安全的唯一依据。

(2) 网络安全配置：指对网络安全系统的各种网络安全设备的安全规则、选项、策略的配置，是对网络安全策略的实现。如果网络安全配置不当，不仅不能发挥网络安全设备的作用，还可能对网络性能造成极大危害。为了保障云计算网络的安全，管理员不仅要对防火墙、IPS、防毒网关等网络安全设备的安全规则、选项进行配置，还需对虚拟机、数据库等一些系统关键组件的安全选项进行配置、加固和优化。

(3) 网络安全事件：指影响网络安全的不当行为、异常现象等，包括执行恶意代码、IP 泛滥等。网络安全事件虽然违反了安全策略的要求，但可能不对网络安全造成实质影响，只是一种征兆和过程，暗示着网络安全现状和未来发展趋势。

(4) 网络安全事故：指造成了实质性的影响和损失的网络安全事件。网络安全事故发生后，管理员必须能精确了解相关的网络安全设备的状况和记录的信息，找到事故的原因并及时进行处理，尽可能降低网络安全事故带来的影响和损失。此外，管理员还对网络安全事故进行分析，制定防御措施，防止此类事件再次发生。

云计算平台的网络安全管理依赖于大量的防火墙、IDS、VPN 等网络安全设备，但这些设备可能来自不同厂商，没有统一的标准接口，给设备间信息交流、协作带来一定的挑战，也不能形成安全联动机制，大大降低网络安全管理的效果。为此，需要建立一个规范的网络安全管理平台，对各种网络安全设备进行统一的管理，如图 9-10 所示。

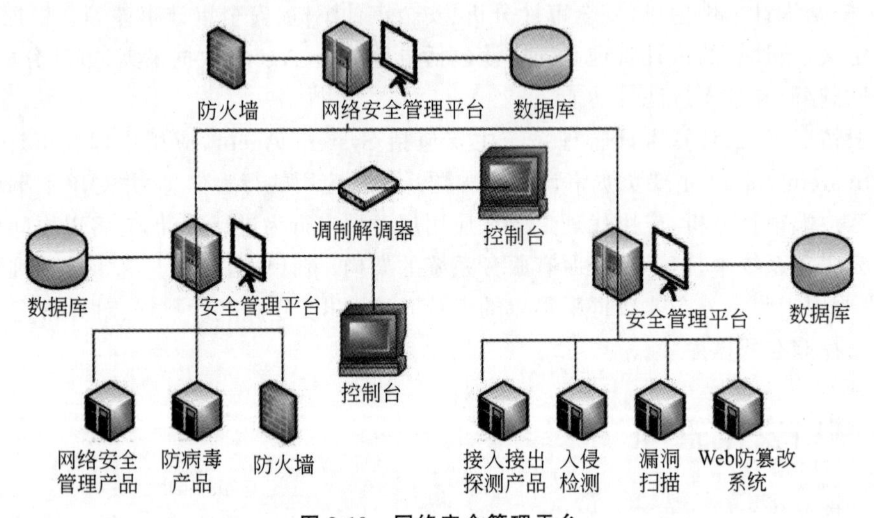

图 9-10　网络安全管理平台

网络安全管理平台与各种网络安全设备进行互联，对其管控范围内的所有网络安全设备进行配置，并收集由这些设备产生的各类日志文件、警告文件等，对这些信息进行汇总、处理和分析，将分析结果反馈给管理人员。此外，网络安全管理平台应遵循构建间低耦合、构件内部高内聚的设计原则，以适应网络的快速扩展，确保有更多的网络安全设备纳入平台之内并进行管理。一个好的网络安全管理平台，具有高可靠性、高扩展性、高互操作性等，它不仅能减少管理人员的负担，还能提供网络安全管理的效果。

9.5　网络虚拟化安全

9.5.1　网络虚拟化安全威胁

网络虚拟化是通过虚拟化技术，对共用的底层基础设施进行抽象，并提供统一灵活的可编程接口，将多个彼此隔离的具有不同网络结构的虚拟网络映射到公用的基础设施上，为用户提供差异化的服务，如图 9-11 所示。也就是说，网络虚拟化是一种建立在现有的网络硬件资源之上的一种基于软件的管理实体，既可以共享物理网络资源，又可以独立地部署管理的虚拟网络。网络虚拟化技术将逻辑网络和物理网络分离，以满足云计算环境中多用户、按需服务的特性，但也带来一些安全问题。网络设备正常工作的前提是对流经的数据流可见和可控，而在虚拟化环境中，这些设备的工作模式受到挑战。

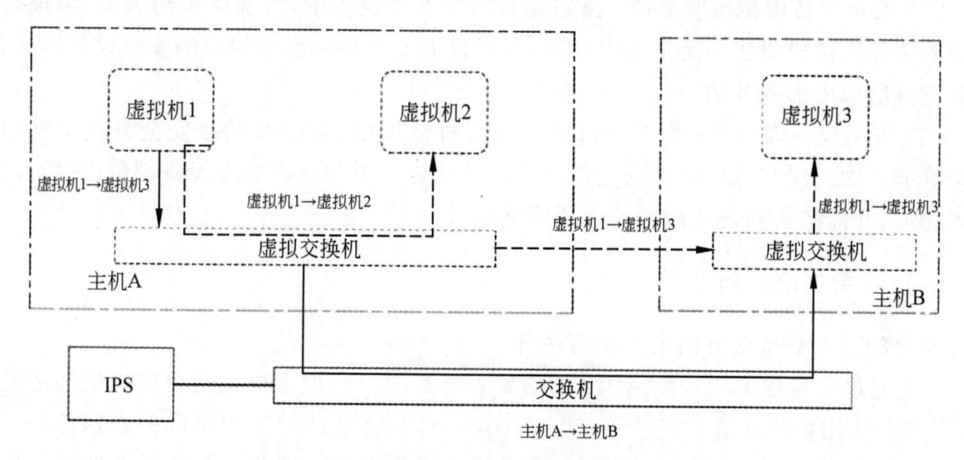

图 9-11　虚拟化环境中物理设备安全的部署

1. 数据流的不可见性

在虚拟环境中，虚拟机与外界的数据流主要有两种，即跨物理主机的虚拟机间数据流和同一物理主机内部的虚拟机间数据流。在前一种中，数据流的传输一般通过隧道或 VLAN 等方式来完成。当这些数据流经过 IPS 等网络安全设备时，尽管这些设备能获取这些数据流，但不能理解被封装过的数据包（即不可见），也就不能用正确的安全策略。在图 9-11 中，虚拟机 1 发往虚拟机 3 的数据流需要通过 IPS、交换机等设备，但这些数据流是经过加密处理的，对这些网络安全设备是不可见的。

2. 数据流的不可控性

在同一物理主机内部，虚拟机间数据流是直接通过虚拟机进行交换的，无须经过网络安全设备，使得数据包不受这些设备监控。在图 9-11 中，虚拟机 1 发往虚拟机 2 的数据流是通过虚拟交换机来完成的，而不是 IPS 等设备，使这些数据流不受交换机、IPS 等网络设备控制。

9.5.2 网络虚拟化安全防御

由于传统网络安全设备对虚拟环境中数据流是不可见、不可控的，使得这些网络设备无法直接用来进行网络安全防护。常见的网络虚拟化安全防御措施包括两方面：一方面是改造这些网络安全设备，使其能够兼用多用户的云计算环境；另一方面是改变数据流方向，使安全设备对数据流既可见又可控。

1. 改造网络安全设备

常见的改造网络安全设备的方法有 3 种。

(1) 修改处理引擎：指在现有网络安全设备的数据包处理模块中，增加解隧道和封装隧道的功能，以便被封装的数据包经过网络安全设备时是可见的。

(2) 安全设备虚拟机服务链：指在现有网络安全设备中，增加虚拟防火墙、虚拟入侵防护系统等虚拟机组建和流量牵引功能，可以根据安全策略启动相应的安全设备实例，并引导流量形成内部服务链。

(3) 安全设备虚拟化：指在交付安全虚拟机镜像中，直接将网络安全设备实例启动在计算节点中。这些虚拟网络安全设备所在的计算节点和物理安全设备都可以通过隧道技术相连，并能解析和处理流经的虚拟网络流量。

2. 改变数据流方向

常见的改变数据流方向的方法有两种。

(1) 通过实现虚拟化系统 API：如果需要监控同一物理主机上两台虚拟机间的数据流，则可以使用虚拟机管理器中的 Hypervisor API，将这两台虚拟机间的数据流绕入同一物理主机的安全设备虚拟机，可以实现虚拟机间数据流的监控。如果需要监控不同物理主机上虚拟机间的数据流，则需要使用虚拟化系统提供的路由 API。例如，在 OpenStack 中，可配置 FWaas，在虚拟路由器处直接实现访问控制。

(2) 通过 SDN 牵引：当虚拟化系统与 SDN 联合后，可以使用 SDN 控制器指引底层实体或虚拟交换机的网络流量，即可将原本需要使用虚拟化系统 API 实现的功能，利用如 OpenFlow 等标准化的南向协议来完成。

在图 9-12 中，如果要监控同一主机上不同虚拟机间(虚拟机 1→虚拟机 2)的数据流，安全平台会从计算节点或安全节点找到一个入侵防御系统，然后向虚拟机 1 所在交换机到入侵防御系统所在交换机的路径上的所有交换机下发重定向的流指令。如果选择计算节点的入侵防御系统，则路径为 P1；如果选择安全节点上入侵防御系统，则路径为 P2。这样所有从虚拟机 1 流向虚拟机 2 的数据包沿着路径 P1 到达入侵防御系统，经过检查后数据包从 IPS 输出端口输出。此时，SDN 控制器根据拓扑计算从入侵防御系统到虚拟机 2 的路径，并下发流指令，沿途交换机将数据包传输到虚拟机 2。

9.5.3 虚拟私有云

虚拟私有云(Virtual Private Cloud，VPC)是一种运行在公有云(资源池)上，将一部

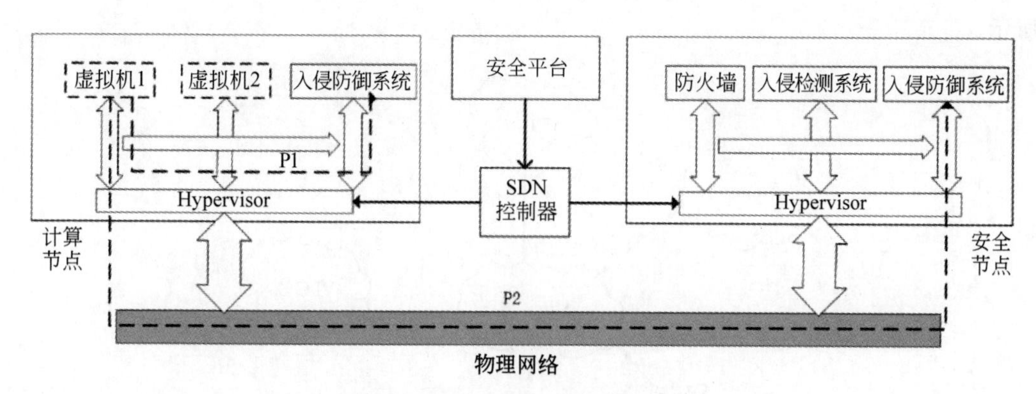

图 9-12　通过 SDN 技术牵引流量

分公有云资源为某个用户隔离出来，给该用户私有使用的资源的集合。也就是说，VPC 由公有云管理，运行在公共资源上，但保证每个用户之间的资源是隔离的，用户在使用时不受其他用户的影响，感觉像是在使用自己的私有云一样。在 VPC 中，使用加密协议、隧道协议和其他安全程序，在云用户和云服务提供商之间传输数据。

虚拟私有云是一个公共云计算资源的动态配置池，需要使用加密协议、隧道协议和其他安全程序。虚拟私有云具有如下优点。

(1) 灵活配置：按需划分子网，配置 IP 地址段、DHCP、路由表等服务，支持跨可用区部署弹性云服务器。

(2) 安全可靠：VPC 之间通过隧道技术进行 100%逻辑隔离，不同 VPC 之间默认不能通信。网络 ACL 对子网进行防护，安全组对弹性云服务器进行防护，多重防护的网络更安全。

(3) 互联互通：默认情况下，VPC 与公网是不能直接通信访问的，需要采用弹性公网 IP、弹性负载均衡、NAT 网关、虚拟专用网络、云专线等多种方式连接公网。默认情况下，两个 VPC 之间也是不能通信访问的，采用对等连接的方式，使用私有 IP 地址在两个 VPC 之间进行通信。提供多种连接选择，满足企业云上多业务需求，轻松部署企业应用，降低企业 IT 运维成本。

(4) 高速访问：使用全动态 BGP 接入多个运营商，可以根据设定的寻路协议实时自动故障切换，保证网络稳定，网络时延低，云上业务访问更流畅。

在云计算发展的初期，公有云受到工业界的普遍关注，都希望利用这种新的资源共享模式来满足业务需求。然而，很多公司已有自己的信息系统和数据中心，不愿意抛弃现有的而重新在云架构上开发。此外，一些公司担心公有云是否安全和可靠。为此，很多公司将现有的数据中心转化为内部云，与云服务提供商合作，与外部云连接起来。这一方案的本质也就是虚拟私有云。

虚拟私有云最早是由亚马逊公司在 2009 年提出的，它将早已存在的虚拟私有云元素以私有云的视角重新包装了一下。在虚拟私有云之后，云主机只能使用虚拟私有云内部对应的元素。从这个角度看，虚拟私有云更像是公有云服务商以打包的形式提供服务。用户可以在公有云上创建一个或多个虚拟私有云，每个部门一个虚拟私有云，如图 9-13

所示。

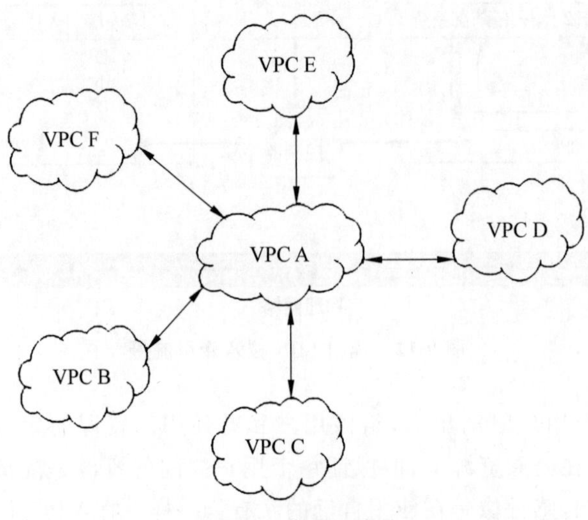

图 9-13 虚拟私有云

用户也可以通过 VPN 将自己内部的数据中心与公有云上的虚拟私有云连接，构成混合云，如图 9-14 所示。

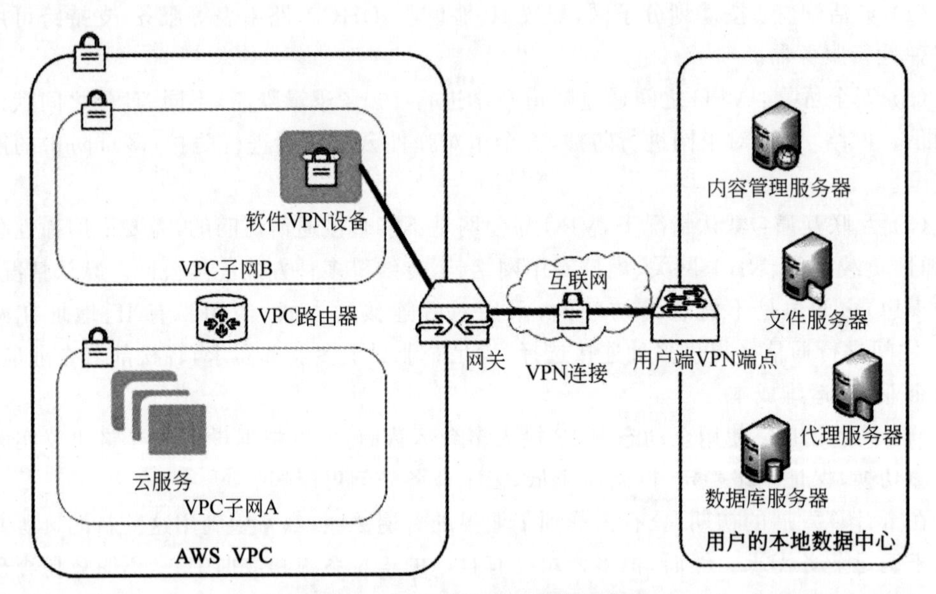

图 9-14 AWS VPC 与本地数据中心

虚拟私有云的硬件租用(Hardware Tenancy)模式是公有云提供的一种服务模式，主要有两种实现方式：共享(Shared)和专属(Dedicated)。共享模式是指虚拟机运行在共享的硬件资源上，不同虚拟私有云中的虚拟机通过虚拟私有云进行隔离；专属模式是指虚拟机运行在专属的硬件资源上，不同虚拟私有云中的虚拟机在物理上就是隔离的，同时虚拟私有云帮助实现网络上的隔离。这种模式相当于用户直接向公有云服务商租用物理主机，适合于对于数据安全比较敏感的用户。

Cloud Net 是一种代表性的虚拟私有云，它构建灵活、安全的资源池，并通过虚拟专用网络连接到公司的数据中心。Cloud Net 通过云计算平台和通信服务商，自动生成和管理虚拟私有云端点。此外，它能利用现有的服务器、路由器、网络等不同层面的虚拟化技术生成可透明接入企业的动态资源池。Cloud Net 由云管理器和网络管理器组成，通过它们实现通信服务商和云计算数据中心的资源配置管理。

虚拟私有云是一种好的资源共享方式。对于用户，不仅可以任意定义虚拟私有云内的 IP 地址，还能通过 VPN、NAT 等技术与外网连接起来，既实现网络隔离，又能提供按需的网络连通。此外，虚拟私有云像是一个容器，装载着所有的云主机，同时又与其他的虚拟私有云隔离。

9.6　软件定义网络安全

9.6.1　软件定义网络的安全威胁

软件定义网络（Software Defined Network，SDN）的管理集中性、可编程性和开放性等特性为网络管理带来了机会，但其自身的安全也受到挑战。对软件定义网络的网络攻击主要是对软件定义网络架构各层的攻击，包括数据平面攻击、控制平面攻击和应用平面攻击，如图 9-15 所示。

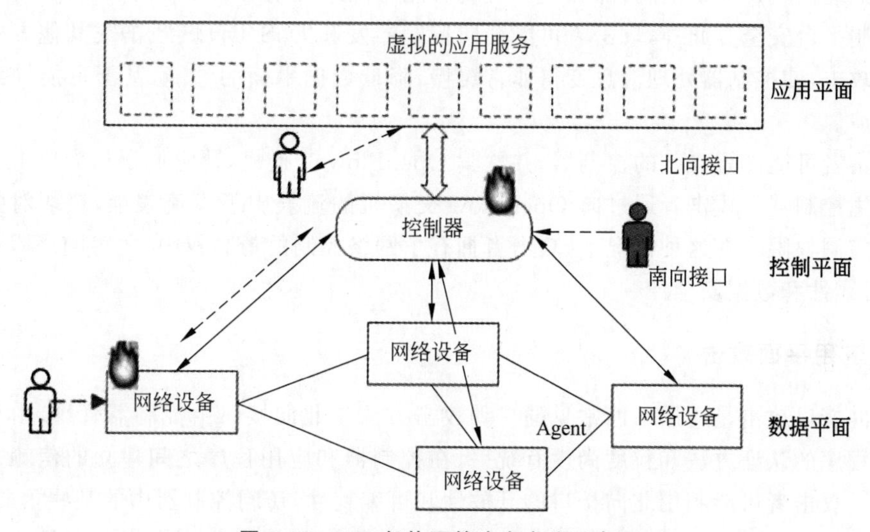

图 9-15　SDN 架构下的攻击方法示意图

1. 数据平面攻击

在软件定义网络中，有很多南向接口协议用于控制器和数据平面交换机进行通信。常见的南向接口协议包括 OpenFlow 协议、Open vSwitch 交换机配置管理协议（Open vSwitch DataBase Management Protocol，OVSDB）、路由系统接口（Interface to the

Routing System，I2RS）协议、开放管理基础设施（Open Management Infrastructure，OMI）协议、嵌入式事件管理器（Embedded Event Manager，EEM）协议、Cisco onePK 协议等。这些协议都有安全通信机制，但缺乏能够实现综合安全部署的方法。这给攻击者带来了可乘之机，它们利用这些协议的特性在 OpenFlow 交换机中添加新的流表项，以拦截这些特定服务类型的数据流，不允许其在网络中传输。攻击者也可能引入一个新的数据流，并且指导引入的数据流绕过防火墙，从而使攻击者取得数据流走向的控制权。此外，攻击者有可能利用这些能力来进行网络嗅探，获取哪些数据流正在流动、哪些数据流被允许在网络中传输等信息。如果攻击者对 OpenFlow 交换机与控制器之间的南向接口通信进行嗅探，嗅探所获得的信息可用于再次发起攻击或进行简单的网络扫描探测。

此外，大多软件定义网络部署在数据中心，而数据中心会频繁使用数据中心互联协议，如 VXLAN、NVGRE、STT 等。这些新的协议在设计之初，忽略了加密和认证机制，无法保证在传输过程中数据的安全性。攻击者可能创建一个具有欺骗性质的数据流，让其在数据中心间传输，或者通过针对数据中心间连接发起一个 DoS 攻击。

2. 控制平面攻击

软件定义网络是集中化控制的网络结构，使得软件定义网络控制器成为攻击者的主要攻击目标，因为控制器既是一个集中的网络干扰点，也是一个潜在的单点故障源。攻击者可能会向控制器发送伪装的南向或北向接口对话消息，如果控制器回复了攻击者发送的南向或北向接口对话消息，那么攻击者就有能力绕过控制器所部署的安全策略的检测，威胁控制平台安全。此外，攻击者可能会向控制器发起 DoS/DDoS 攻击或其他方式的资源消耗攻击，使控制器处理消息变得非常缓慢，降低数据平面的性能，甚至可能导致整个网络崩溃。

攻击者可能部署自己的控制器，并欺骗 OpenFlow 交换机，让它们误认为攻击者的控制器为主控制器。攻击者通过向 OpenFlow 交换机的流表中下发流表项，获取对数据流的访问控制权限。在这种情况下，攻击者拥有了网络控制的最高权限，危害网络服务的可用性、可靠性和数据安全性。

3. 应用平面攻击

北向接口攻击是应用平面常见的一种攻击方法。北向接口由控制器管理，由于缺乏对应用程序的认证方法和粒度尚没有统一，在控制器和应用程序之间建立的信赖关系比较脆弱。攻击者可能利用北向接口的开放性和可编程性，访问控制器中的某些重要资源，甚至通过控制器来控制 SDN 的通信来制定自己独特的业务策略，使软件定义网络面临非法访问、数据泄露、数据篡改、身份假冒、应用程序自身漏洞等问题。

9.6.2 软件定义网络安全防护

1. 数据平面安全防护

在软件定义网络中，大多使用 TLS 协议来保障控制平面的安全。然而，HTTP 会话的有效时间较长，可能引起攻击者的攻击，从而危害控制平面的完整性，导致在使用云服务的云用户被暴露。如果在网络设备代理和控制器之间使用 TLS 协议建立认证加密机制，控制器和网络设备（或软件定义网络代理）就可以进行双向身份验证，可以避免网络嗅探和南向接口的欺骗通信。

南向接口协议经常被用在控制器与网络 Agent 间传输数据流量，加强南向接口的通信安全是十分重要的。南向接口协议可以采用 TLS 会话机制完成身份验证，也可以使用共享密钥密码或随机数的方式来防止攻击者再次发起攻击。一些专有的南向接口协议可能使用自己的方法来建立控制器和网络代理设备之间的加密认证通信机制，以有效防止攻击者的网络嗅探和欺骗。此外，数据中心互联协议也经常被使用，而它们大多缺乏加密和认证机制。一些数据中心互联协议有安全配置功能，可以使用配置的选项进行隧道端点的验证和隧道的安全通信，提升数据传输过程中数据的安全性。

2. 控制平面安全防护

控制器是攻击者的主要攻击目标，有必要加强对其安全防护。控制器的安全性依赖于主机操作系统的安全性，强化服务器上操作系统的安全性就是加强控制器的安全性，就可以通过控制器监控任何非法或可疑行为和操作。

为了防止未经授权的访问行为，软件定义网络应允许管理员通过安全认证来登录控制器和对控制器的安全配置。采用日志记录和安全审计的方式，审核是管理员所做的配置还是入侵者所做的未经授权配置。为了提升控制器抵抗 DoS 攻击的防御能力，有必要选用高可用性（High-Availability，HA）控制器的架构。尽管使用冗余控制的软件定义网络可能会丧失主控制器的选举功能，但能有效遏制 DoS 对所有控制器的攻击。

3. 应用平面安全防护

在数据中心部署一个带外数据（Out of Band，OoB）网络，比在公司广域网中部署成本更低且更简单。这种方式可以控制流量传输，也可以强化控制器的南向接口协议和北向接口协议的通信安全。

在北向接口与控制器间通信，使用 TLS、SSH 等安全协议提升通信的安全性。在这种情况下，任何来自应用程序、服务间的请求或者来自控制器中的数据，都可以通过加密认证的方式确定数据的完整性和真实性。此外，使用安全编码的方式处理所有请求 SDN 资源的北向应用程序是非常有必要的，这不仅有利于 Web 应用的安全，还能强化软件定义网络北向接口的安全。

9.6.3　软件定义网络的安全案例

本节以检测与清洗 DDoS 攻击流量为例，介绍软件定义安全的实践过程。基本思路：通过软件定义网络技术从交换机上获取流量统计信息，并根据抗 DDoS 攻击应用订阅的恶意流特征，对数据流进行检测，以判断是否有恶意攻击流量。如果有则下发清洗的流指令，即将恶意流量牵引到清洗设备上，进行过滤清洗，详情如图 9-16 所示。

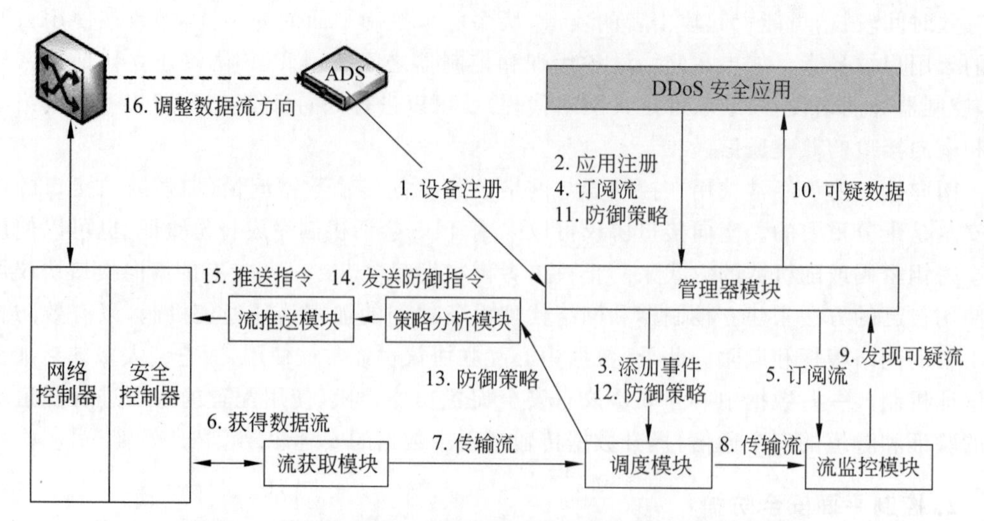

图 9-16 使用安全控制平台实现 DDoS 攻击流量的检测与清洗

(1) 设备注册：恶意流清洗设备和抗 DDoS 攻击安全应用向安全控制平台注册。

(2) 恶意流特征订阅：向流安全控制平台中获取恶意流特征信息。

(3) 流统计获取和检测：流获取模块周期性从 SDN 控制器获取流信息，并转发给流监控设备，以便其对数据检查是否存在可疑的流。

(4) 安全策略生成：如果检查到可疑流，根据从 IaaS 系统和 SDN 环境获取的知识库进行细粒度检查。如果是恶意攻击，下发防护策略。

(5) 恶意数据流导向：当防护策略传输到安全控制器后，其被解析并发送到控制器。当交换机收到流导向指令，将恶意流导向到恶意流清洗设备中。

9.7 本章小结

在保障云计算网络安全中，固定基础设施的物理安全是最容易被忽略的，但在实际的工程实践中，大多数网络故障却是因物理安全问题引起。网络物理设备面临的安全威胁是多种多样的，主要包括自然灾害、人为因素、环境因素，在进行物理安全防护时要从物理设备安全、环境安全、综合保障等方面展开。同时，网络安全防护离不开网络安全设备，常见网络安全设备包括防火墙、WAF、云 WAF、入侵检测系统、入侵防御系统、防病毒网关、网闸等。相对于传统的网络系统，云计算平台的用户数庞大，应用系统繁多，给身份认证、访问控制和安全审计带来了严峻的挑战。4A 统一安全管理平台是将账号管理、认证管理、授权管理和审计管理有机整合和统一的用户集中管理平台，解决用户接入风险和用户行为威胁。此外，网络虚拟化面临着数据流的不可见性和数据流的不可控性的安全威胁，通常采用改造网络安全设备和改变数据流方向来增强网络虚拟化的安全性。软件定义网络面临着来自各平面的攻击，其安全防护也需从软件定义网络架构中各平面来进行。

9.8　习题

1. 云计算网络面临哪些方面的物理安全威胁?

2. 简述 TCP 所面临的安全威胁。

3. 数据链路层安全协议有哪些?分别属于哪一层?与 VPN 有什么关系?

4. 简述 VPN 的工作原理。

5. 简述防火墙、入侵检测系统、入侵防御系统在云计算网络中的作用。

6. 4A 统一安全管理平台主要包括哪几部分?

7. 虚拟私有云的主要优势有哪些?

8. 在软件定义网络中,为什么说南向接口协议成为攻击者攻击数据平面的主要途径?

第10章 云计算网络实践

Tell me and I forget. Teach me and I remember. Involve me and I learn.

——Benjamin Franklin

不闻不若闻之,闻之不若见之,见之不若知之,知之不若行之,学至于行而止矣。

——荀子

本章目标

学习完本章之后,您应当能够:

(1) 搭建基于 Mininet 和 Ryu 的 SDN 环境,操作 OpenFlow 流表。

(2) 部署基于 iptable 的简易网络功能实现。

(3) 搭建基于 WAMP 和 DVWA 的网络靶场,并使用 AppScan 扫描和分析网站的 Web 漏洞。

(4) 使用 Sniffer Pro 监听网络,分析截获的 HTTP 和 ICMP 数据包。

(5) 在 Packet Tracer 上配置路由器 ACL 进行数据包过滤。

(6) 搭建基于 Windows 系统的 VPN。

(7) 使用 Snort 3 实现网络入侵检测,并对报文进行分析。

本章首先介绍了基于 Mininet 网络模拟器中建立虚拟网络及 OpenFlow 的使用方法,并通过 iptables 策略或者 OpenFlow 流表来实现一些如 NAT、防火墙和条件路由等基本网络功能的方法。其次介绍了一些云计算网络安全的实验,搭建基于 WAMP 和 DVWA 的网络靶场的方法,及如何使用 AppScan 扫描和分析靶场中的目标网站的 Web 漏洞;使用 Sniffer Pro 监听网络行为的方法,及如何分析截获的 HTTP 和 ICMP 数据包。再次概述了访问控制列表的原理和配置方法,及如何在 Packet Tracer 上配置路由器 ACL 进行数据包过滤。最后简述了搭建基于 Windows 的 VPN 和使用 Snort 3 实现网络入侵检测的方法。

10.1 基于 Mininet 的 SDN 实验

SDN 通过使用 OpenFlow 协议来把传统网络架构中紧密结合的数据平面和控制平面互相分离,并为网络提供了可编程性,提高了网络配置的灵活性,使网络管理员能够通过编程来动态调整网络的配置以优化网络的整体性能。在 SDN 中，控制器对网络数据流进行管理的主要方式是对转发设备下发合适的流表。本节先使用网络模拟器 Mininet 和 SDN 控制器 Ryu 建立虚拟网络，再通过给设备添加合适的流表来建立虚拟防火墙以及使用 SDN 控制器进行虚拟网络切分的方法。与 iptables 策略相比，使用 SDN 控制器来自动管理设备中的流表(即设备对数据流的处理策略)，进而操控数据中心网络的数据转发会更加方便。

10.1.1　实验目的和任务

- 能够基于 Mininet 构建网络拓扑。
- 掌握基于 Ryu 控制器的 OpenFlow 流表下发。
- 了解基于 OpenFlow 实现简单的网络虚拟化(即网络切片)的方法。

10.1.2　实验环境和准备

1. 实验环境

本实验需要使用如下工具。

- 网络仿真工具：Mininet 2.3 或以上版本。
- SDN 控制器：Ryu 4.33 或以上版本。
- 网络测量工具：iperf 3.6 或以上版本。

2. Mininet

Mininet 是一个由虚拟终端节点(End-Host)、交换机、路由器和链路等连接而成的网络仿真器，它采用基于进程虚拟化的 Linux Container 虚拟化技术，使仿真网络系统可以和真实网络相媲美。在 Linux 2.2.26 内核版本后，支持 Linux Network Namespaces 来实现虚拟节点(包括网络接口、ARP 表等)，默认会为每个 Host 创建一个新的网络命名空间。同时在 Root Namespace(根进程命名空间)运行交换机和控制器的进程，这两个进程就共享 Host 网络命名空间。由于每个 Host 都有各自独立的网络命名空间，Mininet 允许用户进行个性化的网络配置和网络程序部署。Mininet 默认采用 Open vSwitch 作为转发节点，也支持 Indigo Switch 等其他交换机。

Mininet 是进行 SDN 实验必不可少的工具，可以用来快速构建 SDN 仿真网络。Mininet 支持 OpenFlow 等协议，在 Mininet 上运行的代码可以轻松移植到支持 OpenFlow 的硬件设备上。

10.1.3　实验内容

1. 网络拓扑构建

本实验将用 Mininet 构建如图 10-1 所示的虚拟网络拓扑。该拓扑中的网络连接，除了 s1、s2、s3、s4 之间的连接带宽为 10Mb/s 以外，其余所有连接的带宽均为 100Mb/s。另外，所有连接的 RTT 设置为 10ms，丢包率设置为 0.01%。

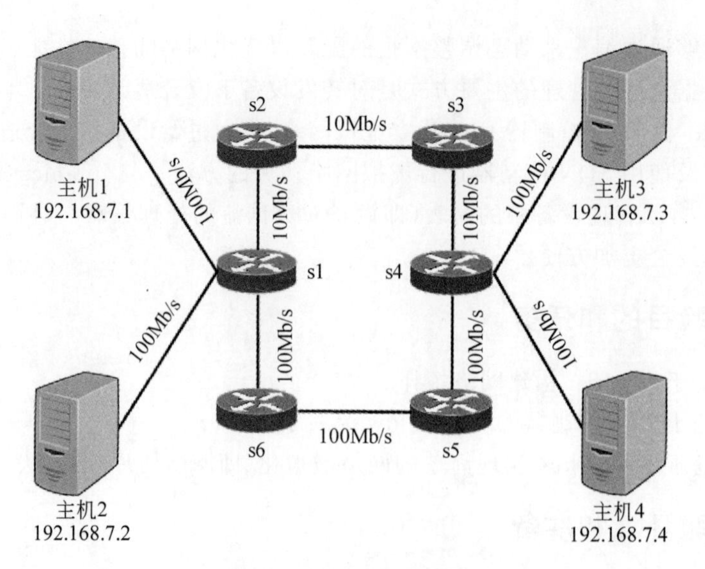

图 10-1 虚拟网络拓扑图

启动 Mininet 前需要用“ryu-manager -verbose ryu/app/simple_switch_stp_13.py”命令启动 Ryu 控制器。此时，Ryu 控制器既可以与 Mininet 处于同一台主机上，也可以处于不同的主机上。本实验所用的 Ryu 控制器与 Mininet 不处于同一台主机上。

新版本的 Mininet 支持可视化创建网络拓扑，用户可以采用拖曳等方式创建网络。当对于复杂的网络拓扑，不建议采用拖曳方式创建。本实验用来建立上述网络拓扑（见图 10-1）的代码详细展示如下。将代码保存为 Python 文件，直接运行即可创建自定义的网络拓扑。

```
#!/usr/bin/env python
from mininet.topo import Topo
from mininet.link import TCLink
from mininet.cli import CLI
from mininet.log import setLogLevel
from mininet.net import Mininet
from mininet.node import \
  CPULimitedHost, RemoteController, OVSKernelSwitch

def buildMinimalTopo():
    net = Mininet(
        host=CPULimitedHost,
        link=TCLink,
        switch=OVSKernelSwitch,
        controller=RemoteController
    )

    c1 = net.addController(
```

```
    'c1', controller=RemoteController,
    ip='192.168.1.192', port=6633    #IP 为本机地址
)

h1 = net.addHost('h1', ip='192.168.7.1/24')
h2 = net.addHost('h2', ip='192.168.7.2/24')
h3 = net.addHost('h3', ip='192.168.7.3/24')
h4 = net.addHost('h4', ip='192.168.7.4/24')

s1 = net.addSwitch('s1')
s2 = net.addSwitch('s2')
s3 = net.addSwitch('s3')
s4 = net.addSwitch('s4')
s5 = net.addSwitch('s5')
s6 = net.addSwitch('s6')

net.addLink(h1, s1, bw=100, delay='10ms', loss=0.0001)
net.addLink(h2, s1, bw=100, delay='10ms', loss=0.0001)
net.addLink(h3, s4, bw=100, delay='10ms', loss=0.0001)
net.addLink(h4, s4, bw=100, delay='10ms', loss=0.0001)

net.addLink(s1, s2, bw=10, delay='10ms', loss=0.0001)
net.addLink(s1, s6, bw=100, delay='10ms', loss=0.0001)
net.addLink(s2, s3, bw=10, delay='10ms', loss=0.0001)
net.addLink(s3, s4, bw=10, delay='10ms', loss=0.0001)
net.addLink(s4, s5, bw=100, delay='10ms', loss=0.0001)
net.addLink(s5, s6, bw=100, delay='10ms', loss=0.0001)

net.build()

c1.start()
s1.start([c1])
s2.start([c1])
s3.start([c1])
s4.start([c1])
s5.start([c1])
s6.start([c1])

net.start()
net.staticArp()

CLI(net)
net.stop()
```

```
if __name__ == '__main__':
    setLogLevel('info')
    buildMinimalTopo()
```

在 Mininet 成功运行后,先使用 pingall 命令来测试 Mininet 环境中所有主机的连通性。由于 Ryu 控制器正在学习网络拓扑,并运行生成树协议(STP)来避免在拓扑中的环路产生广播风暴,pingall 命令将报告部分节点不可达。此时,只需要多运行几次,直至 Ryu 控制器的拓扑学习过程结束即可。此学习过程大约需要 30s。在学习过程结束后,可在 Mininet 中再次运行 pingall 命令即可看到所有主机均互联。

2. 基于 OpenFlow 的简单防火墙实验

本实验要求通过在交换机添加适当的流表项来屏蔽主机 1 和主机 3 之间的通信。此要求可以包含两个实现要点：①屏蔽主机 1 发往主机 3 的数据；②屏蔽主机 3 发往主机 1 的数据。

根据如图 10-1 所示的拓扑图,s1 和 s4 是各主机接入环路的入口,故可以在 s1 处屏蔽主机 1 发往主机 3 的数据,而在 s4 处屏蔽主机 3 发往主机 1 的数据。这样,主机 1 和主机 3 在此网络中就互相不可见了。

在启动 Mininet 后,使用 sh ovs-ofctl dump-flows s1 命令可以查看当前交换机 s1 中的流表项,或者使用 dpctl dump-flows 查看所有交换机的流表。由于本实验要求读者来代替 SDN 控制器进行路由决策,故首先使用 dpctl del-flows 命令清除所有交换机中的流表项,再手动下发合适的流表。下发流表的命令如下：

```
sh ovs-ofctl add-flow s1 in_port=1,dl_type=0x0800,nw_src=192.168.7.1,
actions=drop
sh ovs-ofctl add-flow s4 in_port=1,dl_type=0x0800,nw_src=192.168.7.3,
actions=drop
```

要实现中断主机 1 和主机 3 之间的通信,需要在 s1 中添加流表项将自主机 1 的数据丢弃(上述第 1 条命令),以及在 s4 中添加流表项丢弃来自主机 3 的数据(上述第 2 条命令)。在执行两条命令后,主机 1 和主机 3 之间的通信将被完全阻断。

命令 1 和命令 2 所实现的功能是相似的,即把来自目标数据流的数据包丢弃。这样就可以实现单方向阻断数据流的作用,以命令 1 为例：ovs-ofctl add-flow s1 为在 s1 中添加此流表;in_port＝1 为匹配从端口 1 输入的数据流;“dl_type＝0x0800,nw_src＝192.168.7.1”为匹配来自 192.168.7.1 的 IP 数据包;actions＝drop 即丢弃匹配的数据包。

至此,完成了一个能够屏蔽主机 1 和主机 3 之间通信的简易防火墙。

3. 虚拟网络切片实验(Virtual Network Slicing)

本实验的目标是在网络中实现网络虚拟化,实现网络切片需求。

具体是把图 10-1 中的主机 1(带宽需求小)和主机 2(带宽需求大)视为云环境中提供

不同服务的服务器，而把图10-1中的主机3和主机4视为通过互联网获取服务的用户。要求把网络划分为低速通道(即s1—s2—s3—s4)和高速通道(即s1—s6—s5—s4)，然后实现以下3点需求。

(1) 用户访问主机1时，数据流走低速通道。

(2) 用户方为主机2时，数据流走高速通道。

(3) 使用iperf3模拟发送测试数据。

为了实现上述3点需求，需要分别在网络的边界交换机(即交换机s1和s4)添加正确的流表以实现条件路由。同时，为了让数据流能够在两条通道中都能抵达端点，还需要添加双向通信流表。

首先，要在s1中添加流表项，把来自主机1的数据流导向低速通道(即从s1的端口3输出到s2)，并返回发送给主机1的数据(即从s1的端口1输出到主机1)。其次，需要把来自主机2的数据导向高速通道(即从s1的2端口输出到s6)，并返回发送给主机2的数据(即从s1的端口4输出到主机2)。添加流表所需的命令如下：

```
#在s1为主机1和主机2添加出站方向的流表
ovs-ofctl add-flow s1 dl_type=0x0800,nw_src=192.168.7.1,actions=output:3
ovs-ofctl add-flow s1 dl_type=0x0800,nw_src=192.168.7.2,actions=output:4
#在s1为主机1和主机2添加入站方向的流表
ovs-ofctl add-flow s1 dl_type=0x0800,nw_dst=192.168.7.1,actions=output:1
ovs-ofctl add-flow s1 dl_type=0x0800,nw_dst=192.168.7.2,actions=output:2
#在s4为主机1和主机2添加出站方向的流表
ovs-ofctl add-flow s4 dl_type=0x0800,nw_dst=192.168.7.1,actions=output:1
ovs-ofctl add-flow s4 dl_type=0x0800,nw_dst=192.168.7.2,actions=output:2
#在s4为主机1和主机2添加入站方向的流表
ovs-ofctl add-flow s4 dl_type=0x0800,nw_dst=192.168.7.1,actions=output:3
ovs-ofctl add-flow s4 dl_type=0x0800,nw_dst=192.168.7.2,actions=output:4
#在s2、s3、s5、s6添加收发双向流表
ovs-ofctl add-flow s2 in_port=1,actions=output:2
ovs-ofctl add-flow s2 in_port=2,actions=output:1
ovs-ofctl add-flow s3 in_port=1,actions=output:2
ovs-ofctl add-flow s3 in_port=2,actions=output:1
ovs-ofctl add-flow s5 in_port=1,actions=output:2
ovs-ofctl add-flow s5 in_port=2,actions=output:1
ovs-ofctl add-flow s6 in_port=1,actions=output:2
ovs-ofctl add-flow s6 in_port=2,actions=output:1
```

执行上述命令后，来自主机1和主机2的数据将会走不同的通道抵达目的主机。此时，可以使用dpctl dump-flows命令查看刚才所添加的流表。然后使用xterm h1打开主机1的控制台(主机2～主机4也需要用此命令打开控制台，读者自行把h1替换为h2～h4)，准备运行测试。

在准备好主机1～主机4的控制台后，需启动测试服务器。首先，分别在主机3的控

制台中运行命令 iperf3 -s -p 50003,以及在主机 4 的控制台中运行命令 iperf3 -s -p 50004。

其次,分别在主机 1 的控制台中运行命令 iperf3 -c 192.168.7.3 -p 50003,以及在主机 2 的控制台中运行命令 iperf3 -c 192.168.7.4 -p 50004。

根据 iperf3 汇报的测试结果,来自主机 1 的数据流被导向了低速通道,测试结果如图 10-2 所示;而来自主机 2 的数据流被导向了高速通道,测试结果如图 10-3 所示。

```
root@ubuntu:/home/stormlin/project/lab/sdn# iperf3 -c 192.168.7.3 -p 50003
Connecting to host 192.168.7.3, port 50003
[ 29] local 192.168.7.1 port 45748 connected to 192.168.7.3 port 50003
[ ID] Interval           Transfer     Bitrate         Retr  Cwnd
[ 29]   0.00-1.00   sec  2.01 MBytes  16.8 Mbits/sec    0    252 KBytes
[ 29]   1.00-2.00   sec  1.12 MBytes  9.38 Mbits/sec    0    310 KBytes
[ 29]   2.00-3.00   sec  2.05 MBytes  17.2 Mbits/sec    0    368 KBytes
[ 29]   3.00-4.00   sec   827 KBytes  6.78 Mbits/sec    0    426 KBytes
[ 29]   4.00-5.00   sec  1.80 MBytes  15.1 Mbits/sec    0    484 KBytes
[ 29]   5.00-6.00   sec  1018 KBytes  8.34 Mbits/sec    0    542 KBytes
[ 29]   6.00-7.00   sec  1.12 MBytes  9.38 Mbits/sec    0    600 KBytes
[ 29]   7.00-8.00   sec  2.43 MBytes  20.4 Mbits/sec    0    659 KBytes
[ 29]   8.00-9.00   sec  1.25 MBytes  10.5 Mbits/sec    0    717 KBytes
[ 29]   9.00-10.00  sec  1.25 MBytes  10.5 Mbits/sec    0    775 KBytes
- - - - - - - - - - - - - - - - - - - - - - - - -
[ ID] Interval           Transfer     Bitrate         Retr
[ 29]   0.00-10.00  sec  14.8 MBytes  12.4 Mbits/sec    0             sender
[ 29]   0.00-10.67  sec  11.9 MBytes  9.36 Mbits/sec                  receiver

iperf Done.
```

图 10-2 低速通道的测试结果

```
root@ubuntu:/home/stormlin/project/lab/sdn# iperf3 -c 192.168.7.4 -p 50004
Connecting to host 192.168.7.4, port 50004
[ 29] local 192.168.7.2 port 33276 connected to 192.168.7.4 port 50004
[ ID] Interval           Transfer     Bitrate         Retr  Cwnd
[ 29]   0.00-1.00   sec  10.8 MBytes  90.6 Mbits/sec    0    921 KBytes
[ 29]   1.00-2.00   sec  12.5 MBytes   105 Mbits/sec    0   1.41 MBytes
[ 29]   2.00-3.00   sec  11.2 MBytes  94.4 Mbits/sec    0   1.92 MBytes
[ 29]   3.00-4.00   sec  12.5 MBytes   105 Mbits/sec    0   2.43 MBytes
[ 29]   4.00-5.00   sec  11.2 MBytes  94.4 Mbits/sec    0   2.94 MBytes
[ 29]   5.00-6.00   sec  10.0 MBytes  83.9 Mbits/sec    5   2.25 MBytes
[ 29]   6.00-7.00   sec  10.0 MBytes  83.9 Mbits/sec    0   2.45 MBytes
[ 29]   7.00-8.00   sec  11.2 MBytes  94.4 Mbits/sec    0   2.63 MBytes
[ 29]   8.00-9.00   sec  10.0 MBytes  83.9 Mbits/sec    0   2.78 MBytes
[ 29]   9.00-10.00  sec  10.0 MBytes  83.9 Mbits/sec    0   2.89 MBytes
- - - - - - - - - - - - - - - - - - - - - - - - -
[ ID] Interval           Transfer     Bitrate         Retr
[ 29]   0.00-10.00  sec   110 MBytes  91.9 Mbits/sec    5             sender
[ 29]   0.00-10.27  sec   102 MBytes  83.3 Mbits/sec                  receiver

iperf Done.
```

图 10-3 高速通道的测试结果

10.2 基于 iptables 的网络功能实现

10.2.1 实验目的和任务

- 了解 Linux 系统网络数据包处理的基本流程。
- 了解基于 iptables 的简单防火墙的实现方法。
- 掌握通过 iptables 实现 NAT 网络功能的方法。

10.2.2 实验环境和准备

1. 实验环境

本实验基于 Linux 系统进行，需使用如下工具。

- 3 台 PC（至少一台具有双网卡）和一台交换机[①]。
- 操作系统：Ubuntu 18.04 或相关 Linux 版本。
- iptables 1.4.0 或以上版本。

2. iptables 简介

iptables 是 Linux 系统下进行网络转发管理的常用软件。网络管理人员通过给 iptables 配置适当的策略，就可以在普通 x86 服务器上实现（如 NAT 和防火墙等）在传统网络中需要专门硬件设备来实现的功能。

iptables 是运行于用户空间的常用防火墙工具，它是基于 Linux 内核空间中 Netfilter 网络安全框架实现的。当数据包发送到某服务器时，无论其目标终点是不是本服务器，数据包都需要经过 Linux 内核的处理。iptables 在内核空间设置了如同关卡的多条链，也称 HOOK 点（钩子），如图 10-4 所示。一个 HOOK 点上可以安装多个钩子，内核中的链将这些钩子串起来。iptables 包含的链如下。

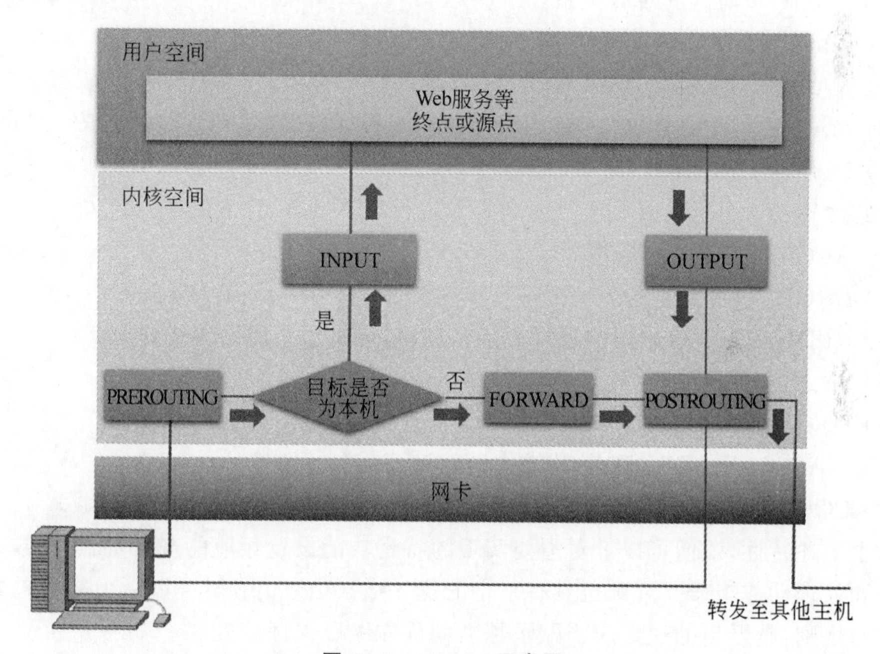

图 10-4　iptables 示意图

（1）INPUT 链：处理输入数据包。

---

① 也可以使用虚拟机或 Mininet 等网络模拟工具实现相关网络拓扑。

(2) OUTPUT链：处理输出数据包。

(3) FORWARD链：处理转发数据包。

(4) PREROUTING链：用于目标地址转换(DNAT)。

(5) POSTROUTING链：用于源地址转换(SNAT)。

根据实际情况的不同，数据包经过的链也不同。例如，到本机某进程的数据包会经过PREROUTING、INPUT两个链；如果该数据包需要转发，则数据包不会经过INPUT链，而是流经PREROUTING、FORWARD和POSTROUTING 3个链实现转发(需要服务器开启转发功能，即内核中的IP_FORWARD功能)；而由本机某进程发出的数据包则会经过OUTPUT、POSTROUTING两个链。

在每条链上，可以定义多条规则。这些规则通过和数据包进行匹配，并执行相应的动作。同时，为了更方便地表示实现相同功能的规则，iptables定义了表，不同功能的规则，可以放在不同的表中管理。

在iptables中存在4种表。

(1) Filter表：主要是过滤数据包的功能。

(2) NAT表：网络地址转换功能。

(3) Mangle表：拆解数据包，对其做出修改，并重新封装。

(4) Raw表：关闭NAT表上启用的连接追踪机制。

iptables中，表与链的对应关系如下。

(1) Filter表：INPUT，FORWARD，OUTPUT。

(2) NAT表：PREROUTING，OUTPUT，POSTROUTING，INPUT。

(3) Mangle表：PREROUTING，INPUT，FORWARD，OUTPUT，POSTROUTING。

(4) Raw表：PREROUTING，OUTPUT。

除此之外，iptables的规则支持对数据包进行以下动作。

(1) ACCEPT：接收数据包。

(2) DROP：丢弃数据包。

(3) REDIRECT：对数据包进行重定向、映射或者透明代理等操作。

(4) SNAT：源地址转换。

(5) DNAT：目的地址转换。

(6) MASQUERADE：IP伪装操作(即NAT)。

(7) LOG：打印日志。

基于上述特性，我们可以针对需要实现的特定功能设置相应的规则，而这些规则由匹配条件和处理动作组成。规则也具有一定的优先级。由于iptables以从上往下的方式匹配表中的规则，越严格的规则应当赋予越高的优先级以保证生效。

10.2.3 实验内容

1. 实现简单防火墙

防火墙是位于两个(或多个)网络间，用于实现网络间访问控制的一组软硬件集合。

通过使用防火墙,可以人为地把网络划分成为不同的区域,并且给不同的区域设定不同的访问控制来控制区域之间的数据流的传输。

在 Linux 系统中,通过配置适当的 iptables 策略来实现防火墙的基本功能。此时,防火墙就是 iptables 中设置的一系列规则。当数据包进出受 iptables 管理的主机时,Linux 内核就会根据 iptables 中配置的规则决定如何处理接收到的数据流。通过适当设置 iptables 的规则,网络管理员可以实现复杂的安全监控功能。

本实验考虑一个十分常见的需求:网络管理员通过配置服务器的 iptables 规则来把收到的 ping 包全部丢弃,以实现对大部分网络用户隐藏自身的目的。

本实验采用如图 10-5 所示的网络拓扑来演示如何使用 iptables 进行简单的访问控制。网络中包含了两台主机(主机 1 和主机 2)和两台交换机(交换机 1 和交换机 2)。其中,主机 1 充当用户主机,用于发起网络请求;主机 2 作为服务器。主机 1 的 IP 地址为 10.0.0.1/24,主机 2 的 IP 地址为 10.0.0.2/24。

图 10-5　包含两台主机和两台交换机的简单网络拓扑

在主机 2 不添加 iptables 规则的情况下,主机 2 在收到来自主机 1 的 ping 包后会回复相关信息。因此对于主机 1,主机 2 此时是在线的,ping 测试结果如图 10-6 所示。

```
root@ubuntu:/home/stormlin/Desktop/lab-iptables# ping 10.0.0.2 -c 5
PING 10.0.0.2 (10.0.0.2) 56(84) bytes of data.
64 bytes from 10.0.0.2: icmp_seq=1 ttl=64 time=4.31 ms
64 bytes from 10.0.0.2: icmp_seq=2 ttl=64 time=3.79 ms
64 bytes from 10.0.0.2: icmp_seq=3 ttl=64 time=0.325 ms
64 bytes from 10.0.0.2: icmp_seq=4 ttl=64 time=0.049 ms
64 bytes from 10.0.0.2: icmp_seq=5 ttl=64 time=0.051 ms

--- 10.0.0.2 ping statistics ---
5 packets transmitted, 5 received, 0% packet loss, time 4055ms
rtt min/avg/max/mdev = 0.049/1.707/4.313/1.927 ms
```

图 10-6　未添加规则前的 ping 测试结果

如果需要在主机 2 上通过 iptables 来屏蔽来自外部的 ping 数据包,只需要在主机 2 中运行如下两条命令来向 iptables 中添加相关的规则:

```
iptables --append INPUT -p --icmp-type echo-request -j DROP
iptables --append OUTPUT -p --icmp-type echo-reply -j DROP
```

其中,第一条规则的目的是在 INPUT 链中丢弃(DROP)所有发向本主机的 ICMP Echo-request 数据包,使本主机不会响应这些数据包。第二条规则的目的是在 OUTPUT 链中丢弃所有发向其他主机的 ICMP Echo-reply 数据包。

主机 2 添加 iptables 规则后的 ping 测试结果如图 10-7 所示,可见主机 1 没有收到任何来自主机 2 的响应。

```
root@ubuntu:/home/stormlin/Desktop/lab-iptables# ping 10.0.0.2 -c 5
PING 10.0.0.2 (10.0.0.2) 56(84) bytes of data.

--- 10.0.0.2 ping statistics ---
5 packets transmitted, 0 received, 100% packet loss, time 4100ms
```

图 10-7　主机 2 添加 iptables 规则后的 ping 测试结果

至此，通过配置适当的 iptables 策略实现了简单的防火墙。

需要注意的是，虽然在 iptables 中设置操作为 DROP 和 REJECT 都不会让应用程序收到相关的数据包，但这两者有一定区别：DROP 会直接丢弃匹配到的数据包而不回送任何响应；REJECT 则会向源主机回送一个拒止数据包（例如，TCP FIN 或 ICMP Port Unreachable 消息等含有终止意义的数据包）。因此，需要根据实际情况选用合适的处理方式。

2. 实现 NAT

除了实现简单防火墙外，还可以通过配置网关的 iptables 规则来实现网络地址转换（Network Address Translation，NAT）功能。在网关配置 NAT 之后，就可以让处于内网的主机访问到处于外网的主机，并且使外网主机无法获知具体是内网中的哪台主机发出的请求。

本节使用如图 10-8 所示的 3 节点网络拓扑。其中，主机 1 作为外网主机，主机 2 作为网关节点，主机 3 作为内网主机。主机 1 和主机 3 都只有一块网卡，用于连接网关；主机 2 拥有两块网卡，分别连接处于不同网段的主机 1 和主机 3。本实验通过对网关配置 NAT，使内网主机可以访问外网主机。

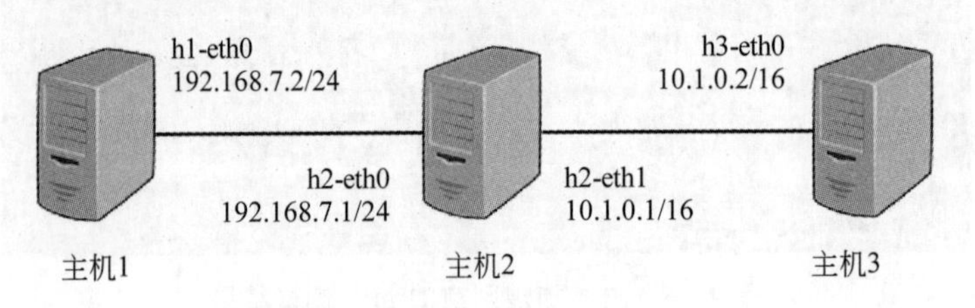

图 10-8　3 节点网络拓扑

第一步，配置相关主机和网关：需要在主机 2 上开启核心转发，使 h2-eth1 收到的数据包能被转发到 h2-eth0，反之亦然；除此之外，还需要把主机 3 的默认网关修改为 h2-eth1，使从主机 3 发出的数据能够交由主机 2 进行路由。

此时，ping 测试结果如图 10-9 所示，主机 1 和主机 3 并不互通。

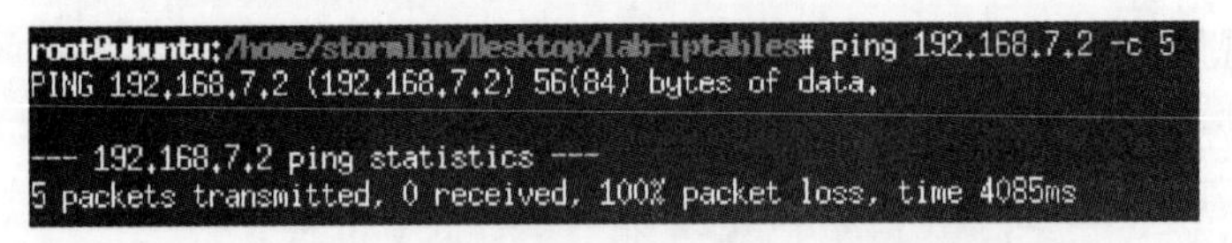

图 10-9　在 iptables 中添加 NAT 策略前的 ping 测试结果

第二步，配置 iptables 中的 NAT 表，使主机 1 和主机 3 之间能够互相通信。此时，在主机 2 上运行如下命令即可在主机 2 的 iptables 中开启 NAT 功能。

```
iptables -t nat -A POSTROUTING -s 10.1.0.0/16 -j SNAT -to 192.168.7.1
```

其中，-t nat 表示该命令的操作对象是 iptables 表；-A POSTROUTING 表示该命令是在 POSTROUTING 链中追加此策略；-s 10.1.0.0/16 -j SNAT -to 192.168.7.1 把 10.1.0.0/16 网段发送来的数据包做 NAT 操作，使其源地址被修改为 192.168.7.1(即由主机 2 代理主机 3 的访问操作)。

在添加此策略后，可见主机 3 可以在主机 2 的 NAT 策略辅助下访问外网，ping 测试结果如图 10-10 所示。

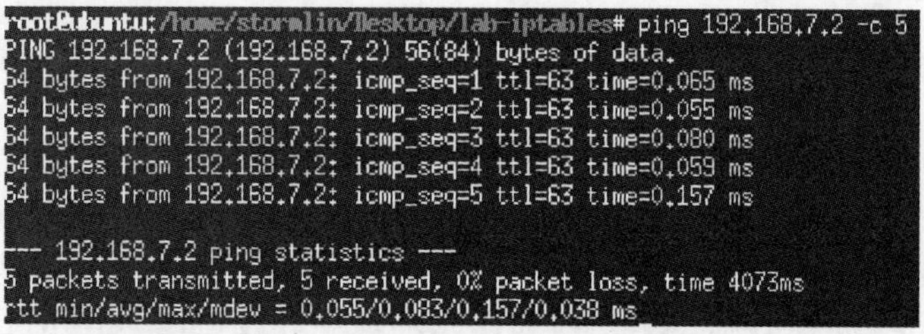

```
root@ubuntu:/home/stormlin/Desktop/lab-iptables# ping 192.168.7.2 -c 5
PING 192.168.7.2 (192.168.7.2) 56(84) bytes of data.
64 bytes from 192.168.7.2: icmp_seq=1 ttl=63 time=0.065 ms
64 bytes from 192.168.7.2: icmp_seq=2 ttl=63 time=0.055 ms
64 bytes from 192.168.7.2: icmp_seq=3 ttl=63 time=0.080 ms
64 bytes from 192.168.7.2: icmp_seq=4 ttl=63 time=0.059 ms
64 bytes from 192.168.7.2: icmp_seq=5 ttl=63 time=0.157 ms

--- 192.168.7.2 ping statistics ---
5 packets transmitted, 5 received, 0% packet loss, time 4073ms
rtt min/avg/max/mdev = 0.055/0.083/0.157/0.038 ms
```

图 10-10　在 iptables 中添加 NAT 策略后的 ping 测试结果

10.3　云计算环境 Web 漏洞扫描

10.3.1　实验目的和任务

- 了解网络靶场的基本意义和价值。
- 了解常见的 Web 漏洞和漏洞扫描基本原理。
- 掌握使用 WAMP、DVWA 搭建靶场环境。
- 掌握使用 AppScan 扫描器扫描特定网站的 Web 漏洞并分析。

10.3.2　实验环境和准备

1. 实验环境

- Windows Server 2008、WampServer 2.5、DVWA、AppScan 10.0.0。
- 靶机：能够访问互联网的 Windows Server 2008 系统，IP 地址配置为 192.168.75.128。
- 攻击机：能够访问互联网的 Windows 10 系统，攻击机和靶机可以相互 ping 通。

2. 网络靶场简介

在网络安全实践学习中，往往需要找一个测试环境进行网络安全实验，如漏洞挖掘。在公共的网络环境中，寻找公开网站或信息系统的漏洞是不被法律允许的。因此，有必要建立一个能进行各种网络测试的内网环境，即网络靶场。

网络靶场(Cyber Range)是指通过虚拟环境与真实设备相结合的方式，模拟仿真出真实网络空间攻防作战环境，能够支撑网络空间作战能力研究和武器装备验证试验平台。国家网络靶场将为国家构建真实的网络攻防作战提供仿真环境，针对敌对电子和网络攻击等电子作战手段进行试验。同时，为国家建立专门的试验平台对信息安全系统进行验证，并与相关部门共享研究数据，提高国家网络安全防护水平。

2008年5月，美国国防部高级研究计划局(DARPA)发布关于展开“国家网络靶场”项目研发工作的公告。在该计划中，美国国防部高级研究计划局的任务是组建“国家网络靶场”，以提供虚拟环境来模拟真实的网络攻防作战，针对敌对电子攻击和网络攻击等电子作战的手段进行试验，以实现网络空间作战能力的重大变革，打赢网络战争。该项目建成后将为美国国防部、陆海空三军和其他政府机构服务。

3. DVWA 简介

DVWA(Damn Vulnerable Web Application)是一个用来进行安全脆弱性鉴定的PHP/MySQL Web应用，其主要目标是帮助安全专业人员在法律允许的环境中测试网络技能和工具，帮助Web开发人员更好地了解保护Web应用程序的过程和理解Web应用安全防范的过程，并帮助教师(或学生)在课堂环境中教授(或学习)Web应用程序安全性。DVWA常被用来搭建靶场环境。

DVWA共有10个模块，分别是Brute Force(暴力破解)、Command Injection(命令行注入)、CSRF(跨站请求伪造)、File Inclusion(文件包含)、File Upload(文件上传)、Insecure CAPTCHA(不安全的验证码)、SQL Injection(SQL注入)、SQL Injection(Blind)(SQL盲注)、XSS(Reflected)(反射型跨站点脚本)、XSS(Stored)(存储型跨站点脚本)。

4. AppScan 扫描器简介

AppScan是原IBM公司的Rational软件部门开发的一组网络安全测试和监控工具，旨在对Web应用程序的安全漏洞进行测试。它能自动化完成Web应用的安全漏洞评估工作，并扫描和检测常见的Web应用安全漏洞，如SQL注入攻击、跨站点脚本攻击、跨站请求伪造攻击、XML外部实体漏洞、CCS注入漏洞、SSLStrip攻击等。

AppScan利用爬虫技术对目标系统进行安全渗透测试，根据网站入口自动对网页链接进行安全扫描，以获取目标系统上关于Web应用程序和Web服务的全面安全性评估报告，并提供扫描报告和修复建议等。AppScan有自己的用例库，版本越新用例库越全。

AppScan为用户提供了3种查看和处理扫描结果的方法：安全问题、修复任务和应用程序数据。其中，安全问题为用户提供了扫描结果的详细信息，具体包括咨询、修订建议、请求或响应，以及引发问题的测试变体之间的差异。

10.3.3 实验内容

1. 安装 WAMP 与 AppScan

本实验使用的是WampServer 2.5(官网最新版本为3.2.0，但是WampServer 3与

Windows Vista 或 Windows Server 2008 不兼容，因此这里使用 WampServer 2.5)。根据安装的 Windows Server 系统选择 32 位或 64 位版本的安装包。

1) 完成 WAMP 的安装

按照安全提示，安装 WAMP。如果在安装过程中遇到"没有找到 MSVCR110.dll"问题。这是因为系统 VC 运行库组件缺失。解决此问题的一个简单办法是下载 msvcr110.zip 并解压。如果操作系统是 32 位的，将解压后获得的文件复制到 C:\Windows\System32 目录下；如果操作系统是 64 位的，则目录调整为 C:\Windows\SysWOW64。然后，重新安装一遍 WAMP 即可。

如果重新安装 WAMP 过程中依旧提示相同的错误，则是系统缺少完整的 VC 运行库。需要下载安装 Visual C++ Redistributable for Visual Studio 2012，安装完成后重新安装 WAMP 即可。

2) 启动 WampServer

双击 Wamp 软件图标，右下角任务栏中的托盘图标变绿，并且能成功访问 127.0.0.1，表示服务器已经正常运行。

注意：WampServer 有 3 种状态。服务器关闭状态，颜色为红色；服务开启，但为离线状态，颜色为橙色；服务器开启，且为在线状态，颜色为绿色。

3) 安装 AppScan 工具

按照安装向导，选择合适的位置安装 AppScan 工具。

2. 配置 DVWA，搭建靶场环境

1) 创建数据库

在浏览器中打开 http://127.0.0.1/phpMyAdmin/，进入 MySQL 管理中的 phpMyAdmin。单击"数据库"进入数据库管理，在"创建数据库"文本框中输入 dvwa，并单击"创建"按钮，创建一个名为 dvwa 的数据库。为 dvwa 数据库添加管理用户。单击 dvwa 对应的"检查权限"，进入 dvwa 权限管理页面。单击"新建用户"，输入用户名、密码并分配管理权限。

2) 修改配置文件

下载 DVWA 源代码，修改 config 文件夹下的 config.inc.php.dist 中的用户名、密码、数据库名。与上一步新建用户的用户名、密码一致，如图 10-11 所示。

保存 config.inc.php.dist，并复制 DVWA-master 文件夹下所有的源码文件，粘贴在网站的根目录 C:\wamp\www 下，并将 config 目录下的 config.inc.php.dist 改为 config.inc.php。打开浏览器访问 http://127.0.0.1/setup.php，单击 Create/Reset DataBase 按钮开始安装。

安装过程中，如果 PHP function allow_url_include 出现 Disabled，如图 10-12 所示。打开 PHP 安装目录中的 php.ini 文件，找到 allow_url_include，将 Off 改成 On 并保存，然后重启 PHP，问题即可解决。

刷新 http://127.0.0.1/setup.php，单击页面最下端 Create/Reset DataBase 按钮。如果提示 could not connect to MySQL service，检查 MySQL 登录用户名和密码设置是否正

```
config.inc.php - 记事本
文件(F) 编辑(E) 格式(O) 查看(V) 帮助(H)
<?php

# If you are having problems connecting to the MySQL database and all of the variables below are correct
# try changing the 'db_server' variable from localhost to 127.0.0.1. Fixes a problem due to sockets.
#   Thanks to @digininja for the fix.

# Database management system to use
$DBMS = 'MySQL';
#$DBMS = 'PGSQL'; // Currently disabled

# Database variables
#   WARNING: The database specified under db_database WILL BE ENTIRELY DELETED during setup.
#   Please use a database dedicated to DVWA.
#
# If you are using MariaDB then you cannot use root, you must use create a dedicated DVWA user.
#   See README.md for more information on this.
$_DVWA = array();
$_DVWA[ 'db_server' ]   = '127.0.0.1';
$_DVWA[ 'db_database' ] = 'dvwa';
$_DVWA[ 'db_user' ]     = 'root';
$_DVWA[ 'db_password' ] = 'p@ssw0rd';

# Only used with PostgreSQL/PGSQL database selection.
$_DVWA[ 'db_port '] = '5432';

# ReCAPTCHA settings
#   Used for the 'Insecure CAPTCHA' module
#   You'll need to generate your own keys at: https://www.google.com/recaptcha/admin/create
$_DVWA[ 'recaptcha_public_key' ]  = '';
$_DVWA[ 'recaptcha_private_key' ] = '';

# Default security level
#   Default value for the secuirty level with each session.
#   The default is 'impossible'. You may wish to set this to either 'low', 'medium', 'high' or impossible'.
$_DVWA[ 'default_security_level' ] = 'impossible';

# Default PHPIDS status
#   PHPIDS status with each session.
#   The default is 'disabled'. You can set this to be either 'enabled' or 'disabled'.
$_DVWA[ 'default_phpids_level' ] = 'disabled';

# Verbose PHPIDS messages
#   Enabling this will show why the WAF blocked the request on the blocked request.
#   The default is 'disabled'. You can set this to be either 'true' or 'false'.
```

图 10-11　编辑 config.inc.php 配置文件

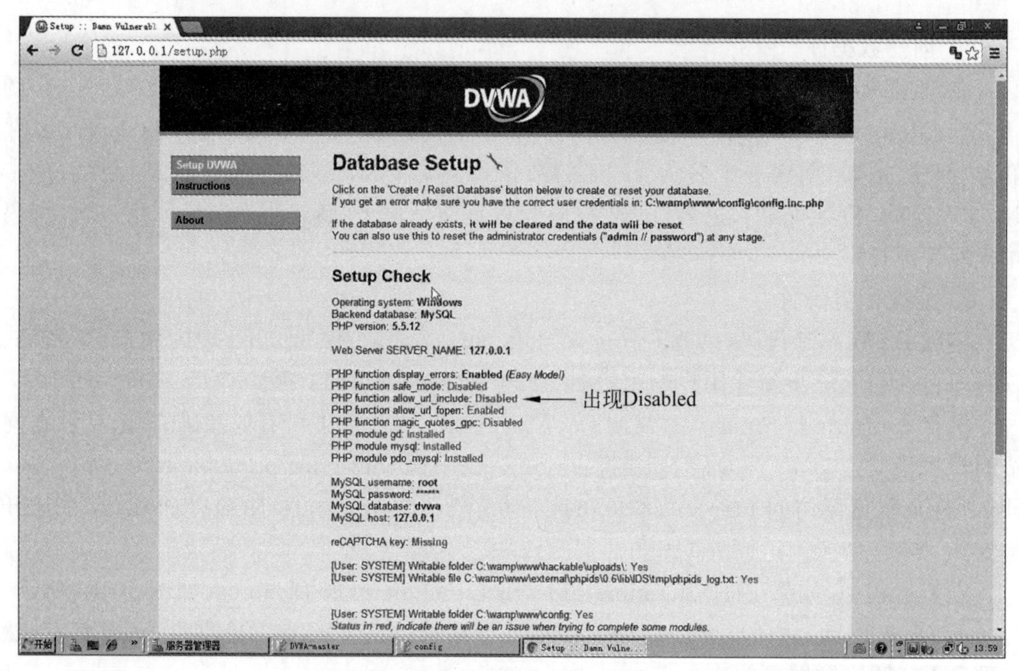

图 10-12　红色 Disabled 问题

确。如果上一步创建的数据库没有设置密码，则在 config 下的 config.inc.php 配置文件中将 password 改为空值或者是 root。

安装成功后，单击 login 按钮即可登录。DVWA 默认账号为 admin，密码为 password。

3. 创建并配置扫描

1）新建 Web 应用程序

打开软件，单击“文件”→“新建”。在弹出窗口中选择“新建”→“扫描 Web 应用程序”。

2）配置向导文件

在“扫描配置向导”中输入目标系统的 URL，测试网站连通性，选中“仅扫描此目录中或目录下的链接”复选框，如果网站还包含其他域名，则在“其他服务器和域”中进行添加。这里先对搭建的 DVWA 靶场进行扫描，目标 URL 为靶机 IP 地址（如 192.168.75.128）。然后单击“下一步”按钮开始扫描，如图 10-13 所示。同时，AppScan 也提供了一个测试站点，也可以通过对 http://demo.testfire.net 扫描来熟悉 AppScan 的工作机制。

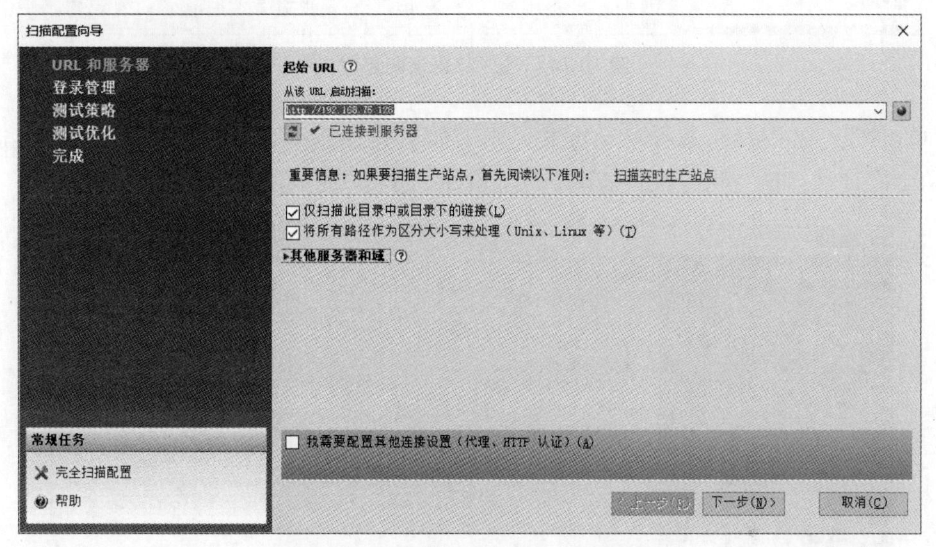

图 10-13　配置扫描 URL 和服务器

若扫描的网站不需要登录，则登录方法选中“无”单选按钮即可。若需要登录，则选中“记录”单选按钮。默认使用 AppScan 浏览器打开网站，输入用户名、密码登录成功后，登录序列就会被记录。登录且记录成功后，单击标签“详细信息”可以查看到详细的操作和请求。返回扫描配置向导中可以看到底部显示“已成功配置登录，使用基于操作的登录”，如图 10-14 所示。

3）配置策略和优化文件

单击“下一步”按钮，对测试策略进行配置。在这个界面选择合适的测试策略完成测试，本实验选择使用默认值。

单击“下一步”按钮，进入测试优化配置中，可以通过在速度和问题覆盖范围之间的平衡来缩短扫描时间。本实验选择保持默认选项。

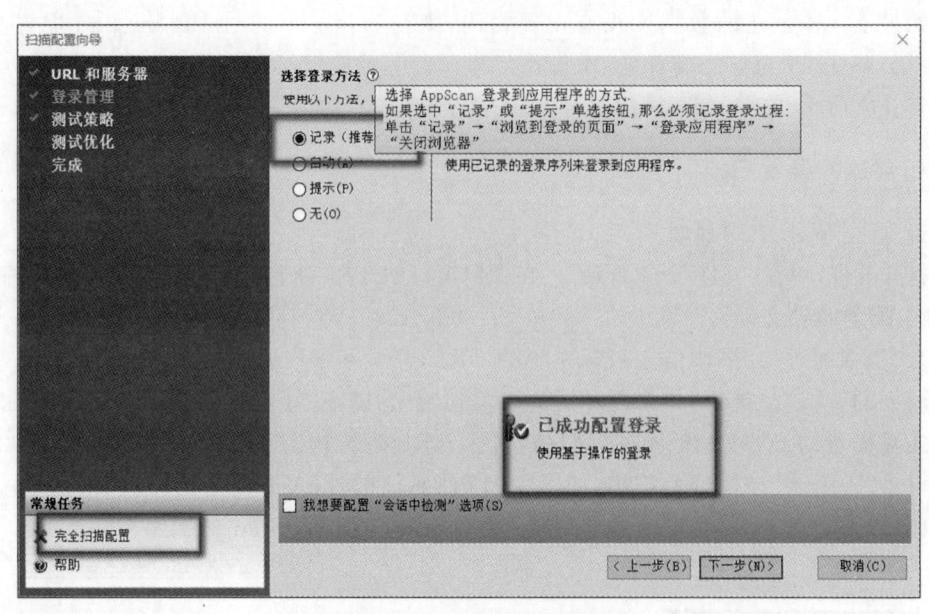

图 10-14 “记录”登录配置完成

单击“下一步”按钮,选择启动方式。本实验首先使用全面自动扫描的方式,即选中“启动全面自动扫描”单选按钮,如图 10-15 所示。单击“完成”按钮即可开始扫描。

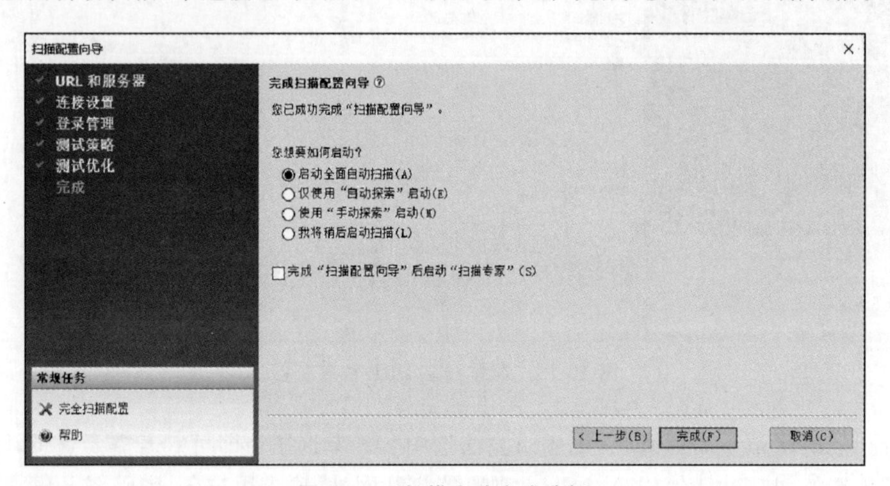

图 10-15 扫描启动方式选择

4) 配置“完全扫描配置”

若需要对扫描任务做进一步的配置,单击“完全扫描配置”进入详细配置界面。

(1) 环境定义:如果知道系统使用的环境可以自己定义,本实验使用默认。

(2) 排除路径和文件:对一些不需要的网址、图片、文件或会影响扫描的网址做一个过滤操作。该方式会提高扫描速度和效率。

(3) 探索选项:冗余路径和深度路径可以进行适当的设置,其他选项可选择进行设置或全部使用默认。

（4）参数和 Cookie、自动表单填充、错误页面、多操作步骤、基于内容的结果：可使用默认配置，如有需要可进行配置。

（5）Glass box：对系统安全性要求比较高的可以进行配置。配置后扫描更准确，可能扫描出来的安全性问题较多。

（6）通信和代理：可以配置线程数。

（7）测试策略和测试选项：可根据具体需要进行配置，不需要直接选择默认值。

（8）其他选项：可根据需要进行配置，或直接默认即可。

以上选项设置完成后可保存为模板，下次可直接使用。

4. 查看扫描结果并分析

1）完全扫描模式

完全扫描模式是一边探索网站目录结构，一边测试网站漏洞。该种方式适用于需要扫描的页面和元素较少的情况。图 10-16～图 10-18 分别从数据、问题、任务 3 个窗口展示了完全扫描后的结果。

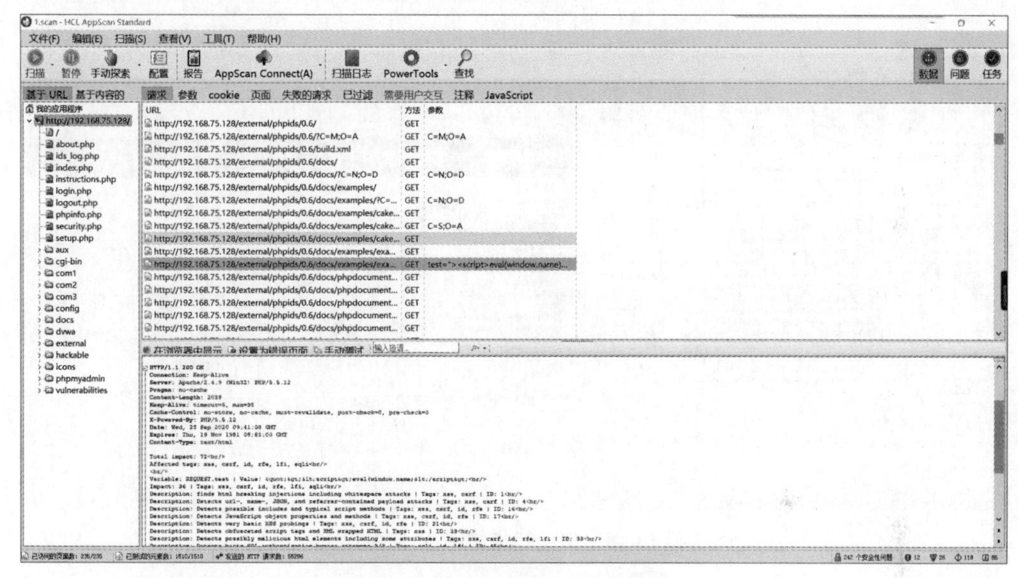

图 10-16　完全扫描结果-数据窗口

数据窗口展示了 AppScan 在访问每个链接的请求与应答信息，如图 10-16 所示。从这些请求与应答中能够清楚地看到一些参数的传递。例如，http://192.168.75.128/vulnerabilities/csrf/?password_current=&password_new=&password_conf=&Change=Change&user_token=b4c8b469de4fef81a75d3f745bb07016，该链接在请求过程中会泄露了一些 password_current、password_new、password_conf 等敏感参数。

问题窗口包含 3 部分：应用链接（Application Links）、安全问题（Security Issues）和分析（Analysis）。Application Links 主要显示扫描到的网站的层次结构，基于 URL 和基于内容形式的文件夹和文件均会显示在这个区域，并且括号中的数字表示存在漏洞和安

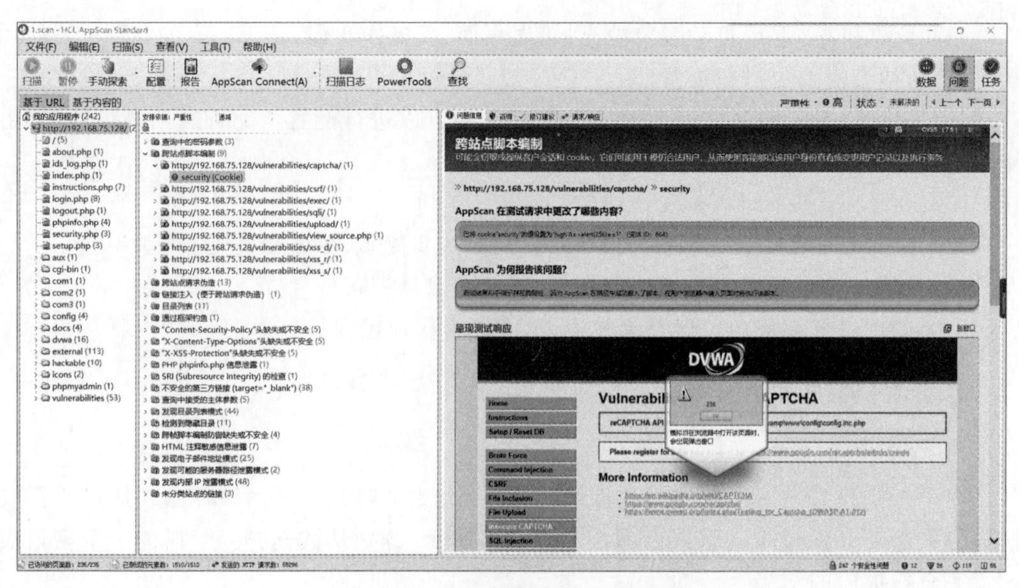

图 10-17 完全扫描结果-问题窗口

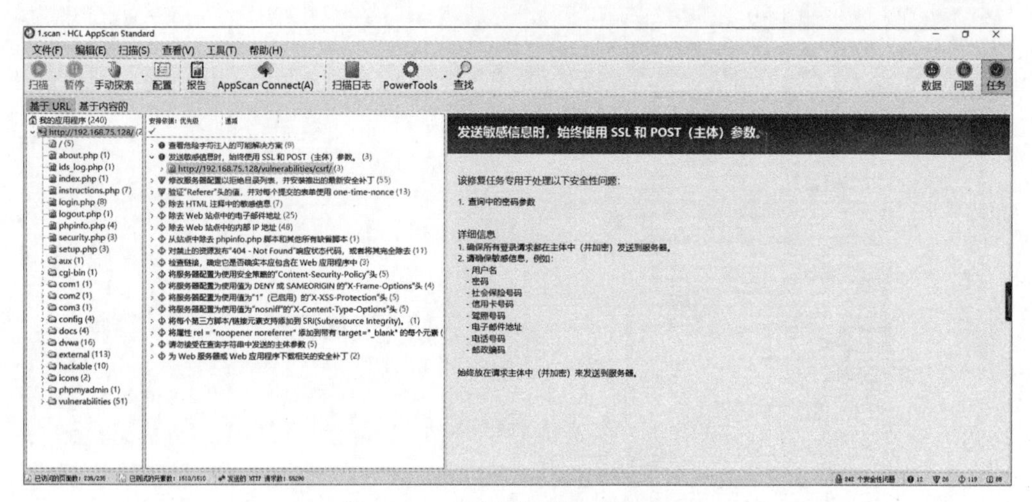

图 10-18 完全扫描结果-任务窗口

全问题的数量。在文件夹或文件上右击，可以对此节点进一步探索或忽略对此节点的扫描。Security Issues 按照问题类别对扫描出来的问题进行归类。针对每个漏洞，列出了具体的参数并通过树状结构展示。针对某个特定漏洞右击，可以改变该漏洞的严重等级。当选定 Security Issues 中的一个特定漏洞或安全问题，Analysis 会从 4 方面展示详细的漏洞信息：Issue information(问题信息)、Advisory(咨询)、Fix Recommendation(修订建议)、Request/Response(请求或响应)。图 10-17 显示了对网站的一个漏洞的测试结果，安全分析师可以据此对问题详细评估。咨询则显示了关于该问题的技术说明以及相关参考链接，修订建议栏给出解决此问题的思路与要求。

任务窗口展示了修复漏洞需要做的工作。图 10-18 中任务视图指明了修复“查询中密码参数泄露”问题的要求，需要始终将敏感信息放在请求主体中(并加密)来发送到服务器。

2）“先探索、后测试”模式

适合扫描的页面和元素较多的情况。这种情况下，AppScan 先扫描出整个系统的基本结构，然后测试人员根据经验和特定策略对可疑节点进行测试，可以提高扫描的效率。这里对 AppScan 提供的示例站（http://demo.testfire.net/）进行探索。扫描配置与完全扫描一致。在扫描配置向导的最后一步选中“仅使用‘自动探索’启动”或“我将稍后启动扫描”单选按钮，并在“扫描”下拉菜单中选择“仅探索”命令，开始探索网站结构。探索结束后，返回目标网站的目录结构以及请求或应答数据，如图 10-19 所示。

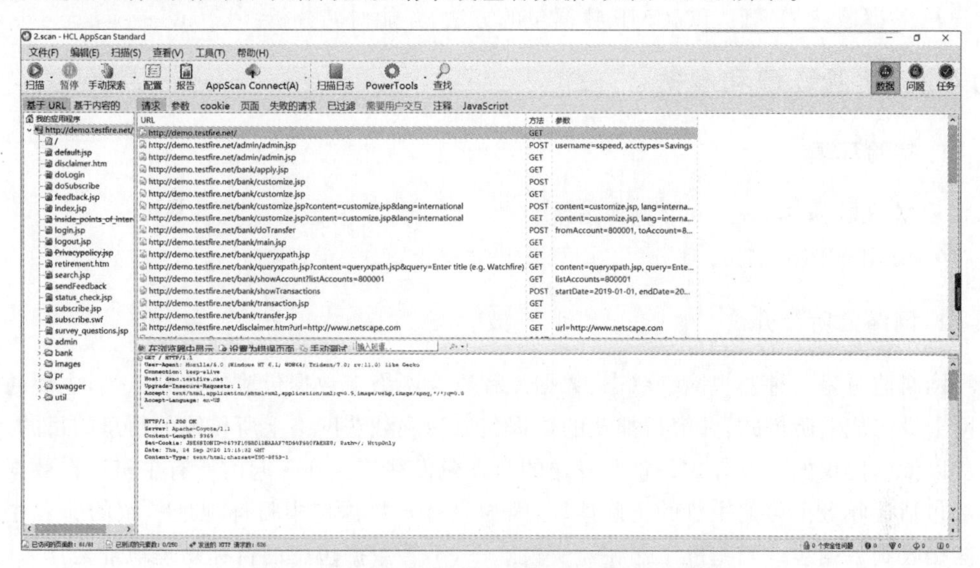

图 10-19　使用仅探索方式得到的网站目录结构

然后单击“扫描”按钮右侧下拉按钮，选择“继续仅测试”命令，只对前面探索过的页面进行测试，不对新发现的页面进行测试。也可以选中可疑节点右击，在弹出的快捷菜单中选择“手动测试”命令。这样做的好处：可以在测试之前凭经验测试最有可能出现漏洞的网站位置，避免浪费大量的时间。测试结果如图 10-20 所示。

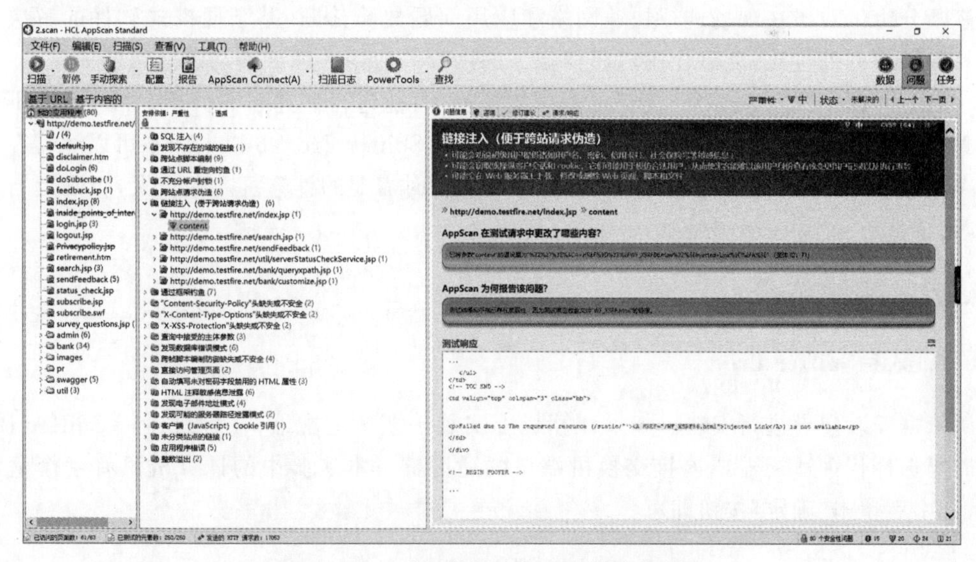

图 10-20　对探索得到的网页的测试结果

10.4 云计算网络监听

10.4.1 实验目的和任务

- 了解网络监听的基本原理。
- 掌握使用 Sniffer Pro 网络监听工具的方法。
- 掌握截获 HTTP 和 ICMP 数据包的方法,并能对其分析。

10.4.2 实验环境和准备

1. 实验环境

- Windows Server 2003 操作系统。
- Sniffer Pro 4.7.5。

2. 网络监听简介

网络监听是一种监视网络状态、数据流程以及网络上数据传输的管理工具,主要通过将网卡设定成监听模式,并解析捕获的数据包以达到截获网络上所传输的信息的目的。

以太网协议的工作方式是将要发送的数据包发往连接在一起的所有主机。在数据包头部包括接收数据包的主机的正确地址,因为只有与数据包中目标地址一致的那台主机才能接收到数据包。当主机工作在监听模式下,不管数据包中的目标物理地址是什么,主机都将可以接收到数据包。

3. Sniffer Pro 简介

Sniffer Pro 是一款由 NAI 公司研发的便携式网管和应用故障诊断分析软件。无论是在有线网络还是无线网络中,Sniffer Pro 都能进行实时的网络监视、数据包捕获以及故障诊断分析。对于在现场进行快速网络和应用问题故障诊断,基于便携式软件的解决方案具备最高的性价比,能够让用户获得强大的网管和应用故障诊断功能。

与 Netxray 比较,Sniffer 支持的协议更丰富,且能进行快速解码分析。Netxray 不能在 Windows 2000 和 Windows XP 上正常运行,而 Sniffer Pro 4.6 以上版本可以运行在各种 Windows 平台上。但是 Sniffer 软件较大,运行时需要的计算机内存较大,否则运行较慢,这也是它与 Netxray 相比的一个缺点。

10.4.3 实验内容

1. 安装 Sniffer Pro

依据安装向导进行安装。如果计算机上安装了多个适配器,在首次运行 Sniffer Pro 时需要选择代理适配器或连接交换机端口的适配器。本实验中的计算机只有一个适配器,选中后单击“确定”按钮即可。

2. Sniffer Pro 主界面

Sniffer Pro 默认仪表盘窗口显示三个仪表盘：Utilization%、Packers/s、Errors/s，分别表示网络利用率、每秒传输的数据包和错误统计，如图 10-21 所示。在仪表盘下方可以更改更多类型的显示方式展现当前工作的效率。

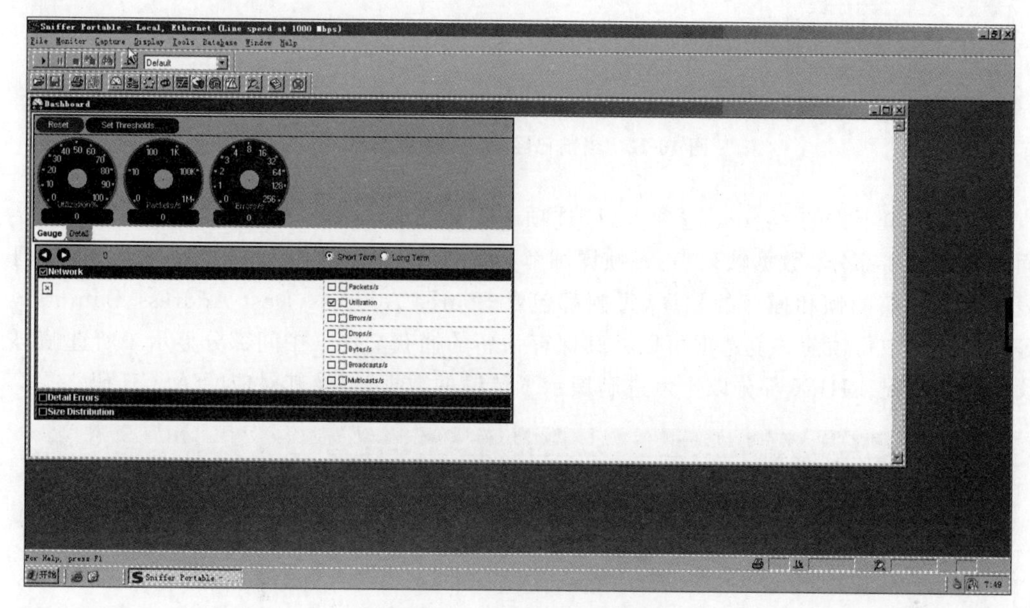

图 10-21　Sniffer Pro 主界面

3. 配置 Sniffer Pro

配置过滤器，本实验仅捕获与主机 IP 地址相关联的 HTTP 报文和 ICMP 报文。在菜单栏中选择 Capture→DefineFilter→Advanced，再依次选择 IP→TCP→HTTP 和 IP→ICMP，并设置好主机 IP 地址（本实验中设置为 192.168.75.131）。

4. 开始扫描

配置完成后返回主界面单击"开始"按钮开始捕获数据包。此时网络中可能不存在使用 HTTP 和 ICMP 的网络活动，可以在主机上访问使用 HTTP 的网站，并使用其他计算机 ping 本机 IP（192.168.75.131）。

5. 查看并分析监听结果

当捕获了一定数量的数据后，单击 Stop and display，停止捕获数据并查看。很容易看到 Expert 窗口发生了变化。窗口的最下端出现多个选项卡，可以帮助分析捕获的数据帧。从窗口的标题中可以看出，一共捕获了 1397 个以太网帧。如图 10-22 所示，窗口左上部分显示了每层捕获的数据的情况，左下部分展示了该层相关的协议信息，右边部分显示每帧的详细情况。

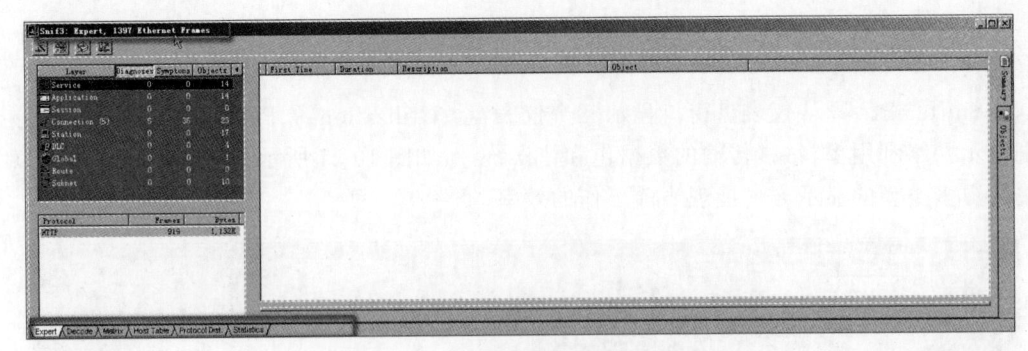

图 10-22 当前已经捕获的数据信息

单击窗口下方的 Decode 选项卡，该选项卡提供了对数据包的解码功能。Decode 界面一共包含 3 部分：数据帧列表、每帧详细解析信息和 HEX，如图 10-23 所示。数据帧列表显示了捕获的帧和捕获的顺序，每帧都包含 Source Address、Dest Address、Summary 等信息。选中每帧前的复选框可以将其保存为新的捕获文件。中间部分显示了所选帧协议的详细情况。HEX 部分以十六进制展示了传输的数据，以及其对应的 ASCII 码。

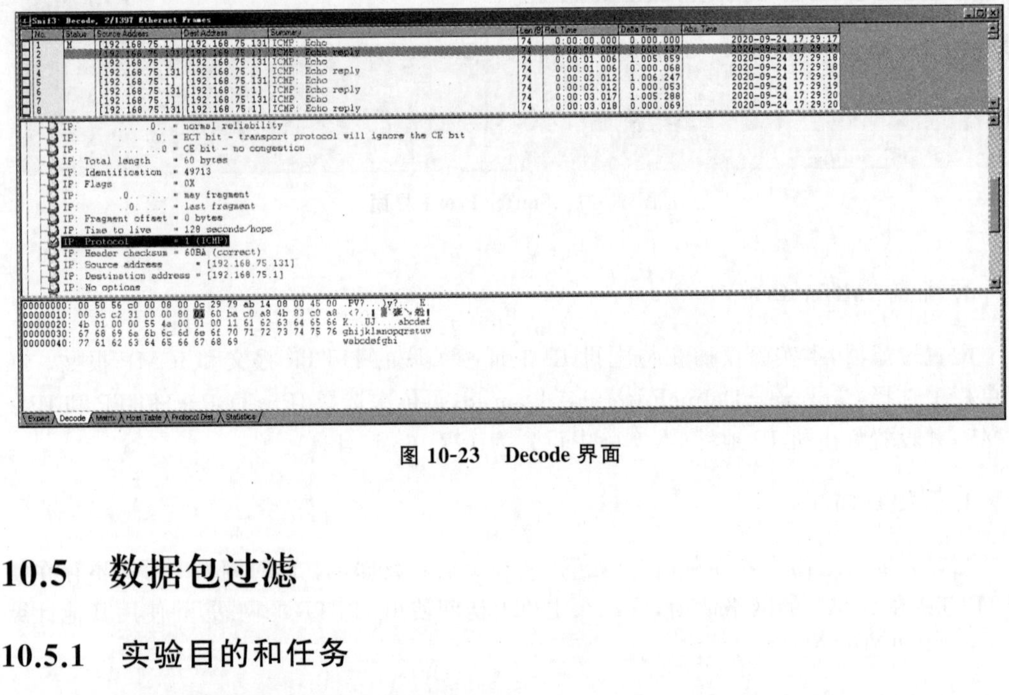

图 10-23 Decode 界面

10.5 数据包过滤

10.5.1 实验目的和任务

- 了解访问控制列表的原理和配置方法。
- 掌握在 Packet Tracer 上配置路由器 ACL 进行数据包过滤的方法。

10.5.2 实验环境和准备

1. 实验环境

- Windows 10 操作系统。

- Cisco Packet Tracer 7.3.1。

2. 数据包过滤功能

数据包过滤的功能通常被整合到路由器或网桥中来限制信息的流通。数据包过滤器能够使特定协议的数据包只能传送到网络的局部，是防火墙的一项重要功能，它对 IP 数据包的包头进行检查以确定数据包的源地址、目的地址和数据包利用的网络传输服务。

3. Packet Tracer 介绍

Packet Tracer 是 Cisco 公司推出的一款辅助学习工具，用户可以通过该软件的图形界面建立网络拓扑，并为用户提供数据包在网络中的详细处理过程，观察网络中实时的运行状态。

10.5.3　实验内容

1. 搭建网络拓扑环境

建立如图 10-24 所示的网络拓扑，PC 端连接路由器的 Fa 0/1 端口，Server 端连接路由器的 Fa 0/0 端口。

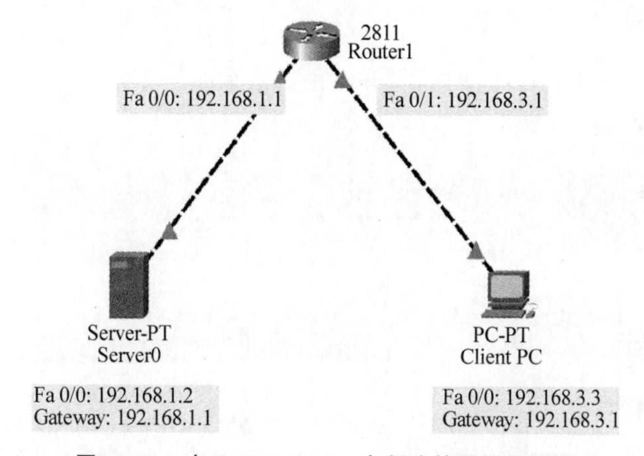

图 10-24　在 Packet Tracer 中创建的网络拓扑图

2. 配置 PC 主机及服务器 IP 地址

首先配置服务器 IP 地址，单击“服务器”图标，依次打开 Desktop→IP Configuration，按照图 10-25 为服务器配置 IP 地址、子网掩码和默认网关。

使用相同的方式为 PC 配置 IP 地址、子网掩码以及默认网关。参数如下：

```
IPv4 Address : 192.168.3.3
Subnet Mask: 255.255.255.0
Default Gateway: 192.168.3.1
```

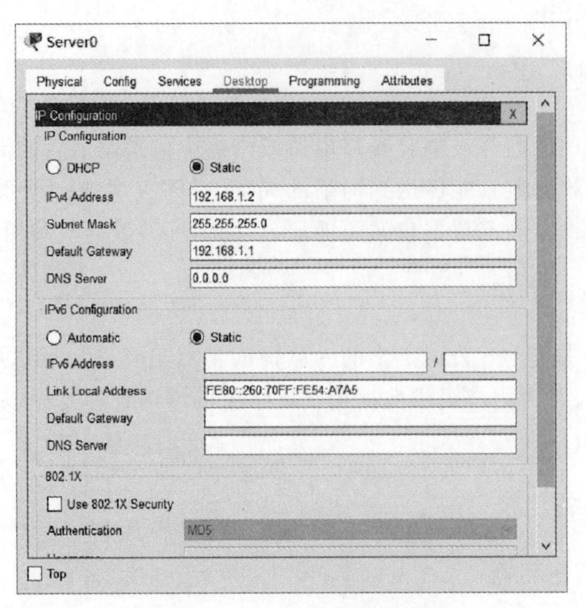

图 10-25 服务器网络地址配置

3. 配置路由器

双击路由器 2811 Router1 图标，打开路由器的命令行窗口。

进入特权模式：

```
enable
```

进入设置：

```
configure terminal
```

进入 Fa 0/0 接口：

```
interface fastEthernet 0/0
```

设置 Fa 0/0 接口地址为 192.168.1.1，并激活接口地址：

```
ip add 192.168.1.1 255.255.255.0
no shutdown
exit                          //返回全局配置
```

设置 Fa 0/1 接口：

```
interface Fa 0/1
```

设置 Fa 0/1 接口地址为 192.168.3.1，并激活接口地址：

```
ip add 192.168.3.1 255.255.255.0
no shutdown
exit                        //返回全局配置
exit                        //返回特权模式
```

将 IP 地址配置完成后，使用 ping 命令分别测试路由器与 PC 端、路由器与 Server 端的连通性，如图 10-26 所示。如无法 ping 通，检查 IP 地址配置是否正确。

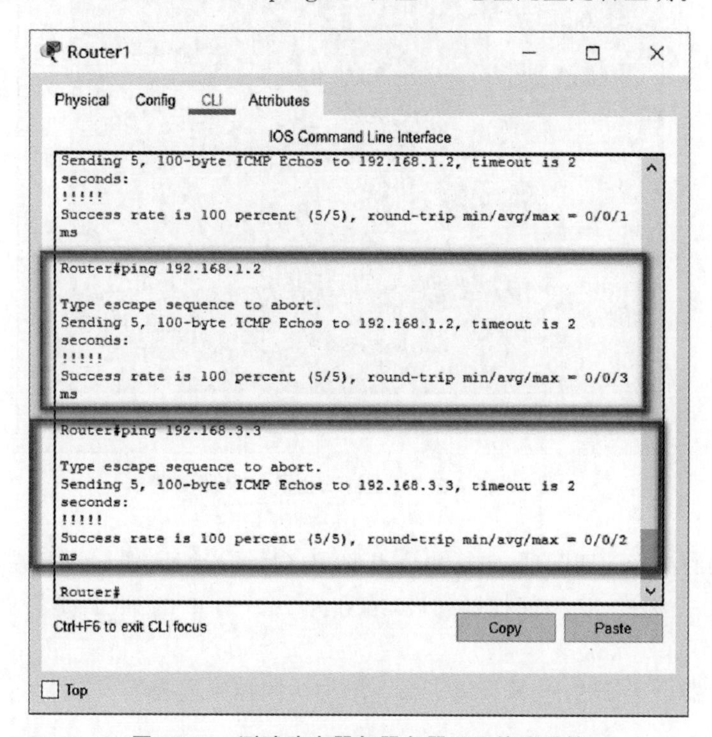

图 10-26　测试路由器与服务器、PC 的连通性

4. 为服务器配置 FTP 服务

单击"服务器"图标，打开 Server 配置窗口，选择 Services 选项卡，在导航栏中找到 FTP，设置 Service 为 On，Username 和 Password 分别设置为 cisco、cisco。

在客户机 Client PC 上验证是否可以登录 FTP 服务器。单击 Client PC 图标，依次选择 Desktop→Command Prompt，输入以下命令：

```
ftp 192.168.1.2
```

然后根据提示输入用户名和密码，成功登录 FTP 服务器，如图 10-27 所示。

5. 配置访问控制列表

访问控制列表（ACL）分为标准与扩展两种，其中扩展 IP 访问控制列表比标准 IP 访

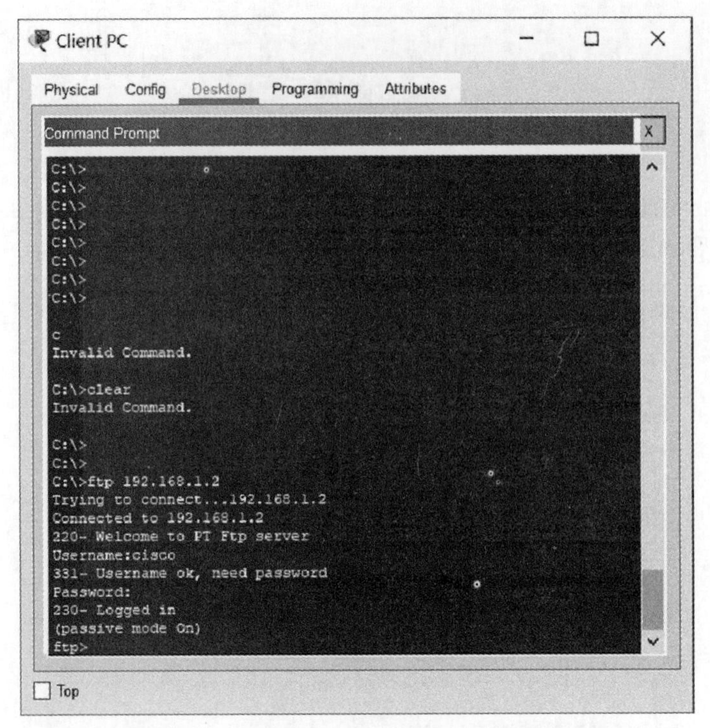

图 10-27　在 PC 上尝试登录 FTP 服务器

问控制列表具有更多的匹配项，包括协议类型、源(目的)地址、源(目的)端口等。编号为 1～99 的 ACL 是标准 IP 访问控制列表，编号为 100～199 的 ACL 是扩展 IP 访问控制列表。

进入路由器设置模式中，执行以下命令增加访问控制列表：

```
access-list  100 deny tcp host 192.168.3.3 any eq ftp
access-list  100 permit ip any any
int fa 0/1
ip access-group 100 in
```

6. 收集实验结果并分析

上述命令为路由器添加了一条访问控制规则，即限制 IP 地址为 192.168.3.3 的主机访问服务器的 FTP 服务，但是不限制该 PC 访问其他服务。为了验证配置是否成功，在 PC 上再次尝试登录 FTP 服务器，如图 10-28 所示。

从图 10-29 可以看出访问 192.168.1.2 上的 FTP 服务超时，没有发现 FTP 服务。然后在 PC 上 ping 服务器验证该 PC 能否连接到服务器，排除由于网络原因造成 FTP 登录失败。从图 10-29 可以看出服务器能够对 PC 的 ICMP 报文产生应答，因此 PC 与服务器连通性正常，这意味着 ACL 规则已经生效。

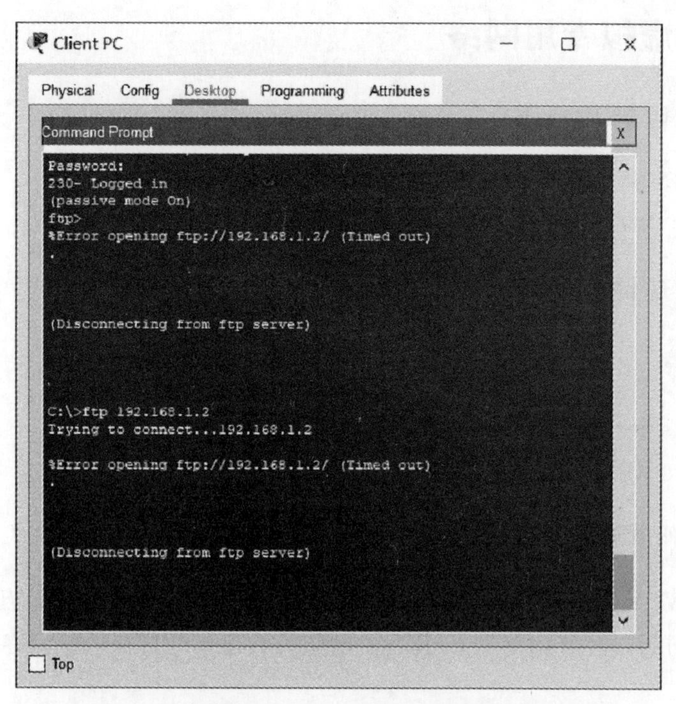

图 10-28　验证设置 ACL 后能否正常使用 FTP 服务

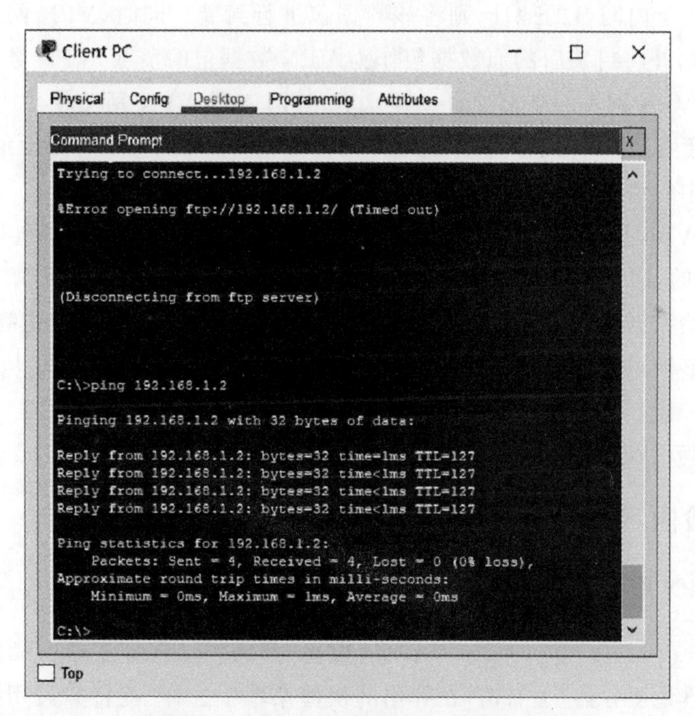

图 10-29　验证 PC 与服务器之间的连通性

10.6 搭建虚拟专用网络

10.6.1 实验目的和任务

- 了解 VPN 的工作原理,了解常用的 VPN 通道协议。
- 掌握基于 Windows 系统实现 VPN 连接的方法。

10.6.2 实验环境和准备

1. 实验环境

- Windows Server 2003 系统虚拟机,IP 地址为 192.168.75.130。
- Windows XP 系统虚拟机。

2. VPN 工作原理

通常情况,VPN 网关采取双网卡结构,其中外网卡使用公网 IP 接入互联网。使用外网 A 的终端 a 访问内网 B 的终端 b,其发出的访问数据包的目标地址为终端 b 的内部 IP 地址。

外网 A 的 VPN 网关在接收到终端 a 发出的访问数据包时,对其目标地址进行检查。如果目标地址属于内网 B 的地址,则将该数据包进行封装。同时,VPN 网关会构造一个新 VPN 数据包,并将封装后的原数据包作为 VPN 数据包的负载,VPN 数据包的目标地址为内网 B 的 VPN 网关的外部地址。在这里,外网 A 的 VPN 网关将 VPN 数据包发送到互联网。由于 VPN 数据包的目标地址是内网 B 的 VPN 网关的外部地址,所以该数据包将被互联网中的路由正确地发送到内网 B 的 VPN 网关。

内网 B 的 VPN 网关对接收到的数据包进行检查,如果发现该数据包是从外网 A 的 VPN 网关发出的,即可判定该数据包为 VPN 数据包,并对该数据包进行解包处理。然后将还原后的原始数据包发送至目标终端 b,由于原始数据包的目标地址是终端 b 的 IP,所以该数据包能够被正确地发送到终端 b。在终端 b,它收到的数据包就和从终端 a 直接发过来的数据包一样。从终端 b 返回终端 a 的数据包处理过程和上述过程一样,这样两个网络内的终端就可以相互通信了。

10.6.3 实验内容

1. 配置 VPN 服务器

在 Windows Server 2003 系统中,首先,选择“开始”→“管理工具”→“路由和远程访问”;其次,在“本地服务器”上右击,在弹出的快捷菜单中选择“配置并启用路由和远程访问”命令;再次,在“公共配置”中选择“虚拟专用网络访问和 NAT”;最后,单击“下一步”按钮,指定服务器与外网相连接的网卡。

选择远程客户的 IP 地址来源，然后启用基本名称和地址转换服务，根据系统提示将从外网网卡所在的网段指定 IP 给客户端，如图 10-30(a)所示。客户端的身份验证可以通过设置一个 RADIUS 服务器或 VPN 服务器来验证。选中“否，使用路由和远程访问来对连接请求进行身份验证”单选按钮，如图 10-30(b)所示。

(a) 指定 IP 给客户端

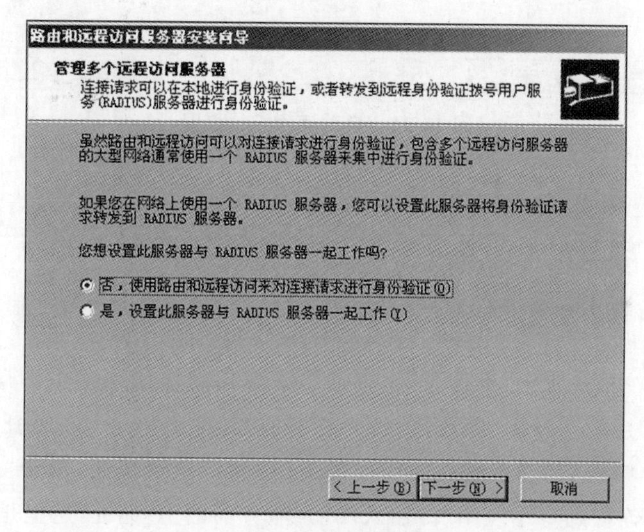

(b) 客户端身份验证

图 10-30　VPN 服务安装向导

单击“下一步”按钮，完成“路由和远程访问服务器安装向导”，等待初始化完成。向导完成后提示：“在客户端连接前，必须在本地或通过 Active Directory 添加用户账户”。因此，接下来在本地用户组中创建新用户并设置访问权限。

在桌面右击“我的电脑”，在弹出的快捷菜单中选择“管理”命令，在弹出的“计算机管理”窗口中单击“本地用户和组”，右击“用户”，在弹出的快捷菜单中选择“新建用户”命令，然后在弹出的对话框中输入用户名及密码，本实验中用户名设置为 zhifou，密码设置为 zhifou，单击“下一步”按钮。

创建好新用户后，选择“本地用户和组”→“用户”，右击 zhifou 在弹出的快捷菜单中选择“属性”命令，选“远程控制”选项卡，选中“启用远程控制权限”复选框，如图 10-31 所示。

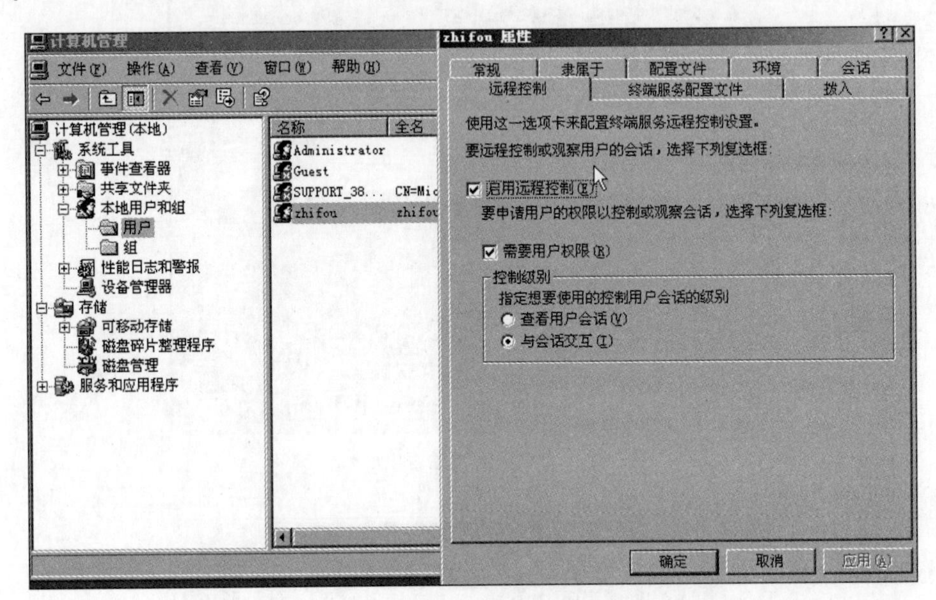

图 10-31 启动远程控制权限

选择“拨入”选项卡，在“远程访问权限(拨入或 VPN)”中选中“允许访问”单选按钮，如图 10-32 所示。设置完成后，单击“应用”按钮，再单击“确定”按钮。

2. VPN 客户端的配置

在 Windows XP 系统中，右击“网上邻居”，在弹出的快捷菜单中选择“属性”命令，单击“创建一个新的连接”，弹出“新建连接向导”对话框，单击“下一步”按钮，在弹出的“新建连接向导”对话框中选中“连接到我的工作场所的网络”单选按钮，单击“下一步”按钮后，选择“通过互联网连接到专用网络”。输入 VPN 服务器的 IP 地址，这里是 192.168.75.130。单击“下一步”按钮，在弹出的“VPN 连接”窗口中输入 VPN 服务器上允许远程接入的用户名与口令，即上一步骤中在 Windows 2003 中创建的新用户。

3. 验证与分析实验结果

在 Windows XP 上运行 cmd 命令，执行 ipconfig，可以看到出现了两个适配器，一个是原有的真实的本地连接适配器，另一个是虚拟的 VPN 适配器。客户机通过此适配器与 VPN

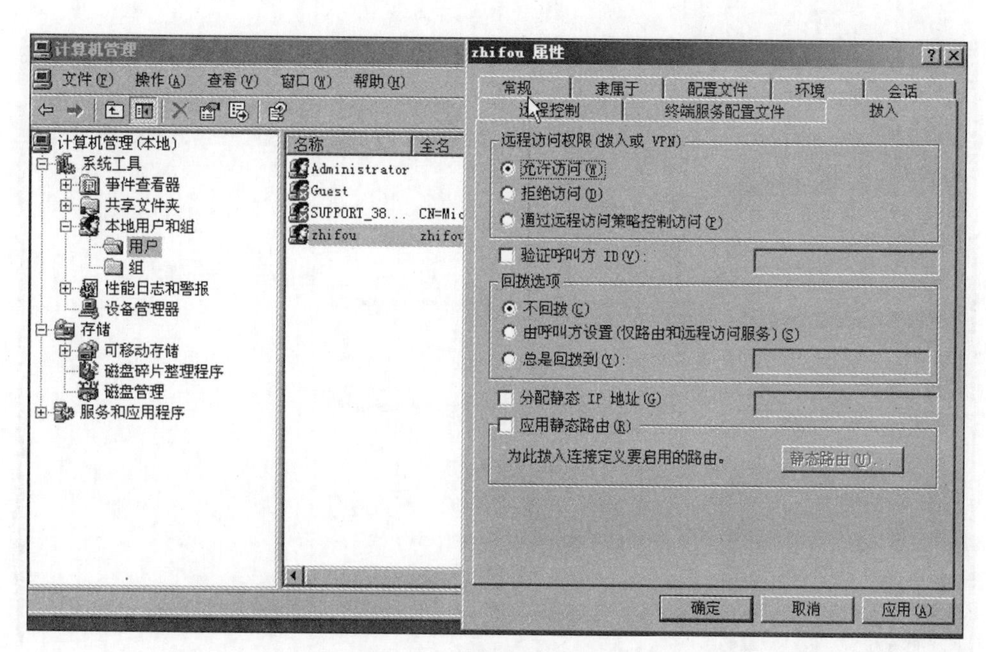

图 10-32　设置远程访问权限

服务器通信，并且此适配器获取的新地址与 VPN 服务器处于同一网段，如图 10-33(a)所示。同时在网上邻居中可以看到一个属于虚拟专用网络的一个适配器，并且显示“已经连接上”，如图 10-33(b)所示。

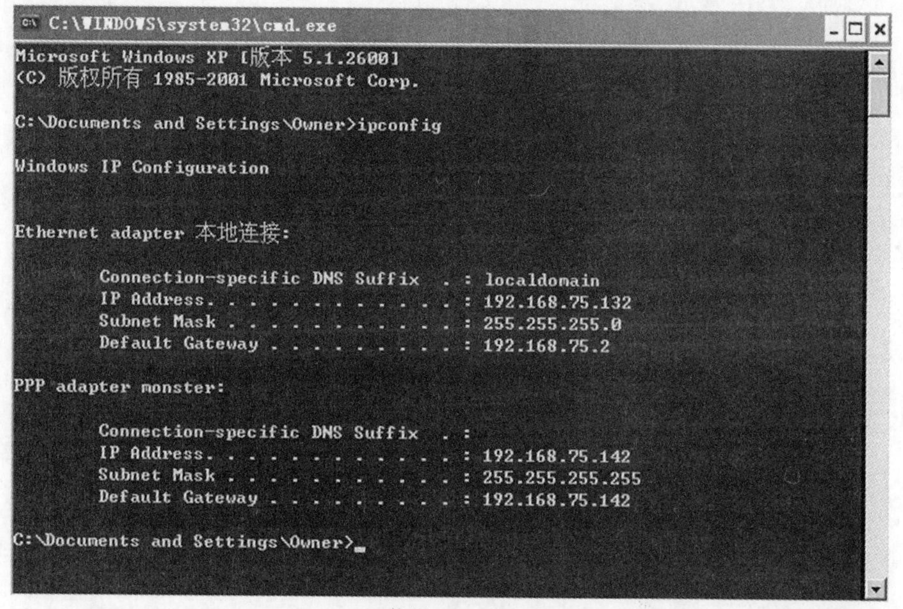

(a) 执行 ipconfig

图 10-33　查看 Windows XP 的 IP 配置

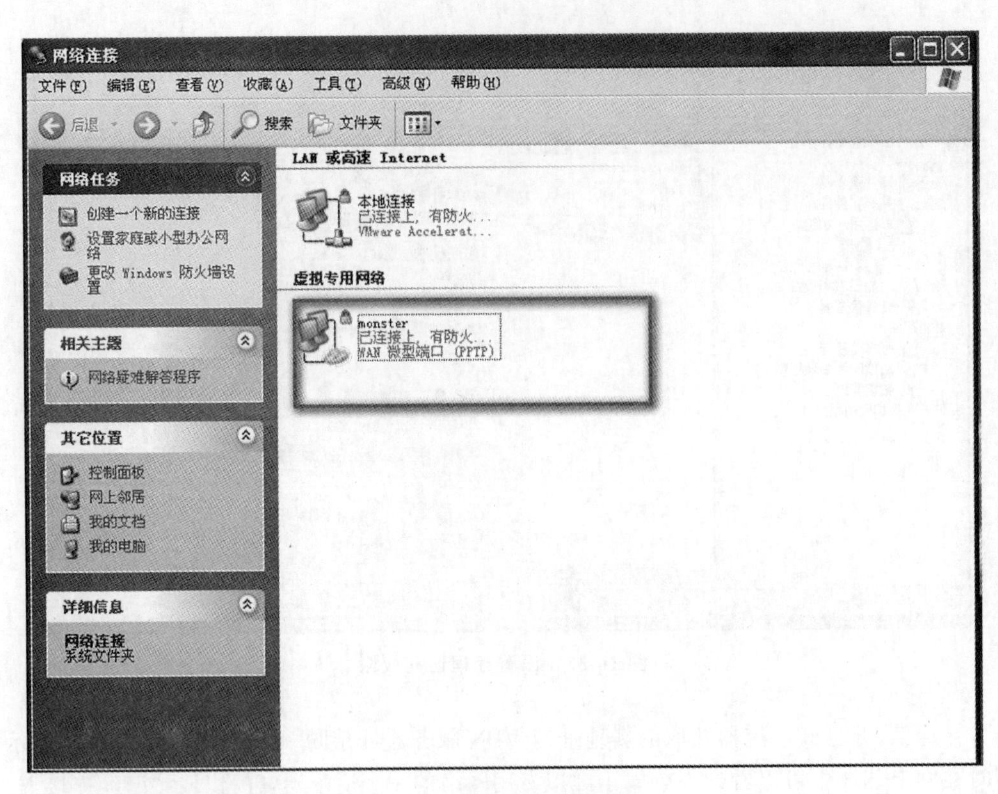

(b) 虚拟专用网络适配器

图 10-33 （续）

10.7 云计算网络入侵检测

10.7.1 实验目的和任务

- 了解入侵检测系统。
- 掌握安装配置 Snort 3 实现网络入侵检测，并能对报文进行分析。

10.7.2 实验环境和准备

1. 实验环境

- CentOS 8 Minimal 系统(IP：192.168.75.128)。
- Kali Linux 2016(IP：192.168.75.146)。
- Snort 3.0.3。

2. 入侵检测系统

入侵检测系统(IDS)是计算机的监视系统，它通过实时监视系统，一旦发现异常情况就发出警告。根据信息来源的不同，IDS 分为基于主机的 IDS 和基于网络的 IDS；根据检测方法的不同,IDS 又可分为异常入侵检测和误用入侵检测。与防火墙不同的是,IDS 是一个监听设备,无需网络流量流经它便可以工作。

3. Snort 介绍

Snort 是一款免费的网络入侵检测软件,能够对数据流量进行分析,对网络数据包进行协议分析处理,并且能够检测出数据流量中遇到的攻击,实时预警。Snort 有 3 种工作模式:嗅探器、包记录器、网络入侵检测系统。嗅探器模式只是简单地从网络上抓取数据包并在终端显示出来。包记录模式可以把数据包保存在磁盘中。网络入侵检测模式可以使 Snort 根据用户定义的规则分析网络流量并做出反应。

10.7.3　实验内容

1. 配置基本环境

配置网卡信息,使虚拟机能够连接网络。进入网卡配置文件找到 ifcfg-ens33 并编辑:

```
cd /etc/sysconfig/network-scripts/
vi ifcfg-ens33
```

进入 ifcfg-ens33 文件,修改 ONBOOT 的值为 yes,BOOTPROTO 的值为 dhcp,然后保存退出。重启网络地址并查看:

```
nmcli c reload
ip a
ping www.baidu.com
```

如图 10-34 所示,当前计算机已经获取的 IP 地址为 192.168.75.144,并且与外网连通性正常。

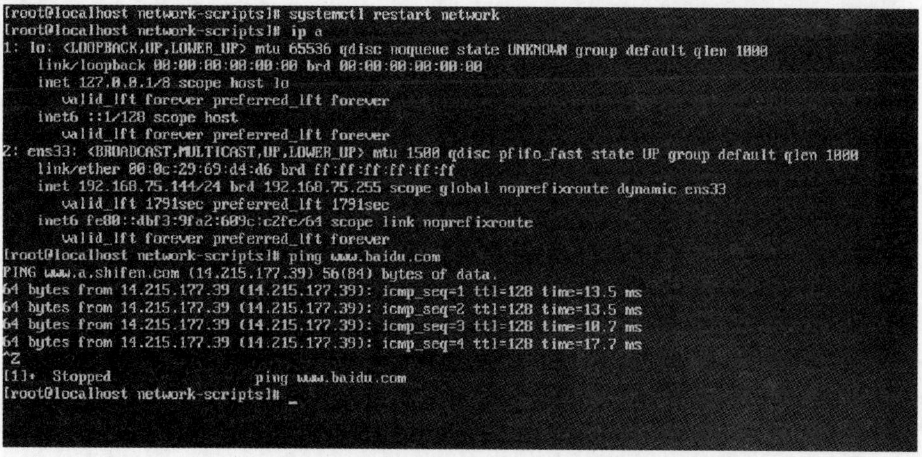

```
[root@localhost network-scripts]# systemctl restart network
[root@localhost network-scripts]# ip a
1: lo: <LOOPBACK,UP,LOWER_UP> mtu 65536 qdisc noqueue state UNKNOWN group default qlen 1000
    link/loopback 00:00:00:00:00:00 brd 00:00:00:00:00:00
    inet 127.0.0.1/8 scope host lo
       valid_lft forever preferred_lft forever
    inet6 ::1/128 scope host
       valid_lft forever preferred_lft forever
2: ens33: <BROADCAST,MULTICAST,UP,LOWER_UP> mtu 1500 qdisc pfifo_fast state UP group default qlen 1000
    link/ether 00:0c:29:69:d4:d6 brd ff:ff:ff:ff:ff:ff
    inet 192.168.75.144/24 brd 192.168.75.255 scope global noprefixroute dynamic ens33
       valid_lft 1791sec preferred_lft 1791sec
    inet6 fe80::dbf3:9fa2:609c:c2fe/64 scope link noprefixroute
       valid_lft forever preferred_lft forever
[root@localhost network-scripts]# ping www.baidu.com
PING www.a.shifen.com (14.215.177.39) 56(84) bytes of data.
64 bytes from 14.215.177.39 (14.215.177.39): icmp_seq=1 ttl=128 time=13.5 ms
64 bytes from 14.215.177.39 (14.215.177.39): icmp_seq=2 ttl=128 time=13.5 ms
64 bytes from 14.215.177.39 (14.215.177.39): icmp_seq=3 ttl=128 time=10.7 ms
64 bytes from 14.215.177.39 (14.215.177.39): icmp_seq=4 ttl=128 time=17.7 ms
^Z
[1]+  Stopped                 ping www.baidu.com
[root@localhost network-scripts]# _
```

图 10-34　重启网络地址并查看连接状态

2. 安装 Snort 3 所需的工具

wget 是一个从网络上自动下载文件的自由工具，支持通过 HTTP、HTTPS、FTP 3 个最常见的 TCP/IP 下载，并可以使用 HTTP 代理，使用它能够很轻松下载所需要的文件。

执行以下命令安装 wget：

```
yum -y install wget
```

将文件 CentOS-Base.repo 备份为 CentOS-Base.repo.backup，然后使用 wget 下载阿里云源文件 CentOS-8.repo。

```
mv/etc/yum. repos. d/CentOS - Base. repo /etc/yum. repos. d/CentOS - Base.
repo.backup
wget -O /etc/yum.repos.d/CentOS - Base.repo http://mirrors.aliyun.com/repo/
CentOS -8.repo
```

更新 yum 源，并重建缓存：

```
sudo yum clean all
sudo yum makecache
```

由于 yum 源在安装某些安装包时，会出现某些形如没有可用安装包的提示，因此需要安装 epel 源：

```
yum -y install epel-release
```

启用 PowerTools 存储库：

```
sudo dnf install - y https://dl. fedoraproject. org/pub/epel/epel - release -
latest-8.noarch.rpm
sudo dnf config-manager --set-enabled PowerTools
```

安装 git：

```
yum -y install git
```

CentOS 在链接器缓存路径中不包括/usr/local/lib 和/usr/local/lib64，这会导致构建错误，无法找到所引用的库。可以在/etc/ld.so.conf 下创建一个配置文件，包含所需的路径和更新缓存来解决这个问题。

```
vi /etc/ld.so.conf.d/local.conf
```

在打开的文件中包含以下两条：

```
/usr/local/lib
/usr/local/lib64
```

保存配置文件后执行如下命令：

```
ldconfig
```

安装所需要的工具，包括 flex、bison、gcc、c++ 、make 以及 cmake。另外在安装 libdaq 的过程中需要使用 autoconf 生成配置文件，因此还需安装 automake、antoconf 和 libtool。

```
yum -y install flex bison gcc gcc-c++make cmake automake autoconf libtool
```

安装 Snort 3 的依赖项：

```
yum -y install libpcap-devel pcre-devel libdnet-devel hwloc-devel openssl-
devel zlib-devel luajit-devel pkgconfig libmnl-devel libunwind-devel
```

安装 libdaq 和 NFQ 的依赖项：

```
yum -y install libnfnetlink-devel libnetfilter_queue-devel
```

在/root 下创建一个存储源代码的目录用于保存源代码，执行以下命令从 github.com 中复制 libdaq 的源代码，生成配置文件，安装 libdaq，更新动态链接库。

```
mkdir /root/source_code
git clone https://github.com/Snort3/libdaq.git
cd libdaq/
./bootstrap
./configure
make
make install
ldconfig
cd ..
```

3. 安装 Snort 3

同样使用 git 从 github.com 上下载 Snort 3 源代码。

```
git clone https://github.com/Snort3/Snort3.git
cd Snort3
```

在配置 Snort 3 前，首先建立 PKG_CONFIG_PATH 包的 LibDAQ pkgconfig 路径以及其他包的 pkgconfig 路径，保证构建过程不出错。

```
export PKG_CONFIG_PATH=/usr/local/lib/pkgconfig:$PKG_CONFIG_PATH
export PKG_CONFIG_PATH=/usr/local/lib64/pkgconfig:$PKG_CONFIG_PATH
```

开始构建 Snort 3。

```
./configure_cmake.sh --prefix=/usr/local/Snort
```

输出结果如图 10-35 所示。基于演示的目的，本实验仅仅安装了必须的一些依赖包，所以图 10-35 中显示了一些 OFF。

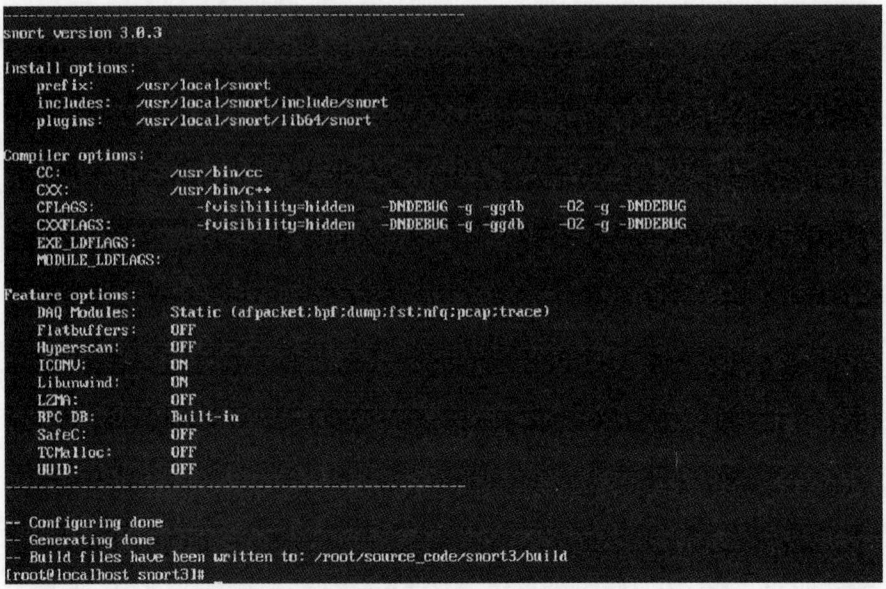

```
-------------------------------------------------------
snort version 3.0.3

Install options:
    prefix:     /usr/local/snort
    includes:   /usr/local/snort/include/snort
    plugins:    /usr/local/snort/lib64/snort

Compiler options:
    CC:             /usr/bin/cc
    CXX:            /usr/bin/c++
    CFLAGS:              -fvisibility=hidden   -DNDEBUG -g -ggdb    -O2 -g -DNDEBUG
    CXXFLAGS:            -fvisibility=hidden   -DNDEBUG -g -ggdb    -O2 -g -DNDEBUG
    EXE_LDFLAGS:
    MODULE_LDFLAGS:

Feature options:
    DAQ Modules:    Static (afpacket;bpf;dump;fst;nfq;pcap;trace)
    Flatbuffers:    OFF
    Hyperscan:      OFF
    ICONV:          ON
    Libunwind:      ON
    LZMA:           OFF
    RPC DB:         Built-in
    SafeC:          OFF
    TCMalloc:       OFF
    UUID:           OFF
-------------------------------------------------------

-- Configuring done
-- Generating done
-- Build files have been written to: /root/source_code/snort3/build
[root@localhost snort3]#
```

图 10-35 配置 Snort 3

继续编译安装 Snort 3。

```
cd build/
make -j$(nproc)
make -j$(nproc) install
```

安装完成后可以验证安装的 Snort 3 版本和库名称。

```
/usr/local/Snort/bin/Snort -V
cd ../..
```

4. 安装 Snort 3 Extra

安装 Snort 3 Extra 获得更多的功能。Snort 3 Extra 是一个 C++ 或 Lua 插件集合，为 Snort 3 在网络流量解码、检查、操作和日志等方面提供扩展功能。同样从 github.com 中复制 Snort 3 Extra 的源代码。

```
git clone https://github.com/Snort3/Snort3_extra.git
cd Snort3_extra
```

设置环境变量 PKG_CONFIG_PATH：

```
export PKG_CONFIG_PATH=/usr/local/Snort/lib64/pkgconfig:$PKG_CONFIG_PATH
```

配置并编译安装 Snort3_extra：

```
./configure_cmake.sh --prefix=/usr/local/Snort/extra
cd build/
make -j$(nproc)
make -j$(nproc) install
cd ../../
```

5. 下载并配置规则

Snort 规则由基于文本的规则、共享对象(SO)规则及其相关的基于文本的存根组成。Snort 官方提供了 3 种下载规则：Community Rules、Registered Rules、Subscriber Rules。其中，Community Rules 不需要注册也不需要购买，Registered Rules 需要注册，Subscriber Rules 需要购买。本实验选择 Community Rules。为了应用 Snort 规则，在 Snort 目录下创建一个 rules 目录，并将官方提供的规则放在 etc/Snort/rules 中。

```
mkdir rules && cd rules
wget https://www.Snort.org/downloads/community/Snort3-community-rules.tar.
gz -O
Snort3-community-rules.tar.gz
tar -zxvf Snort3-community-rules.tar.gz
```

将这些文件复制到 Snort 安装路径的相应目录中。命令如下：

```
cp Snort3-community-rules/Snort3-community.rules /usr/local/Snort/etc/
rules/
cp Snort3-community-rules/sid-msg.map  /usr/local/Snort/etc/rules/
```

测试 community 规则能否被正确加载。

```
/usr/local/Snort/bin/Snort -c /usr/local/Snort/etc/Snort/Snort.lua -R
/usr/local/Snort/etc/Snort/rules/Snort3-community.rules
```

在配置文件中使用规则 Snort3-community.rules，打开 Snort/etc/Snort/Snort.lua，修改 enable_builtin_rules 为 true，表示启用内置规则。添加 include = '../rules/snort3-community.rules'，将刚刚下载的配置文件包含进去，如图 10-36 所示。

```
-- 5. configure detection
---------------------------------------------------------------------------

references = default_references
classifications = default_classifications

ips =
{
    -- use this to enable decoder and inspector alerts
    enable_builtin_rules = true,

    -- use include for rules files; be sure to set your path
    -- note that rules files can include other rules files
    include = '../rules/snort3-community.rules'
}
```

图 10-36　编辑 Snort.lua 配置文件

修改完毕后保存，检测配置是否出错：

```
/usr/local/Snort/bin/Snort-c /usr/local/Snort/etc/Snort/Snort.lua
```

如图 10-37 所示，提示 Snort successfully validated the configuration，说明已正确配置。

```
search engine
                instances: 70
                 patterns: 1715
            pattern chars: 36451
               num states: 27885
         num match states: 1724
             memory scale: KB
             total memory: 785.997
           pattern memory: 102.521
        match list memory: 288.07
        transition memory: 394.656
--------------------------------------------------
pcap DAQ configured to passive.

Snort successfully validated the configuration (with 0 warnings).
o")~   Snort exiting
[root@localhost snort]#
```

图 10-37　配置验证

6. 测试 Snort——嗅探器模式

首先执行以下命令启动 Snort 3 的嗅探器模式。以下命令中的 ens33 是指网卡名称，具体可以使用 ip a 命令查看。

```
/usr/local/Snort/bin/Snort -i ens33 -v
```

当终止程序后，终端显示嗅探数据包的汇总情况，如图 10-38 所示。

7. 测试 Snort——包记录模式

执行以下命令启动 Snort 3 包记录模式，将嗅探的数据包保存在/usr/local/Snort/log 下。

```
mkdir /usr/local/Snort/log
/usr/local/Snort/bin/Snort -i ens33 -l /usr/local/Snort/log  -L pcap
```

```
Instance 0 daq batch size: 64
^C** caught int signal
== stopping
[10501.826075] device ens33 left promiscuous mode
-- [0] ens33
--------------------------------------------------
Packet Statistics
--------------------------------------------------
daq
                 received: 19
                 analyzed: 19
                    allow: 19
                     idle: 124
                 rx_bytes: 2072
--------------------------------------------------
codec
                    total: 19           (100.000%)
                      eth: 19           (100.000%)
                     ipv4: 13           ( 68.421%)
                     ipv6: 6            ( 31.579%)
                      udp: 19           (100.000%)
--------------------------------------------------
Module Statistics
--------------------------------------------------
detection
                 analyzed: 19
--------------------------------------------------
Summary Statistics
--------------------------------------------------
process
                  signals: 1
--------------------------------------------------
timing
                  runtime: 00:02:11
                  seconds: 131.346516
o")~   Snort exiting
[root@localhost rules]#
```

图 10-38　嗅探数据包的汇总情况

查看记录的数据包内容，将解析数据包的输出保存在 1.txt 中，内容如图 10-39 所示。

```
/usr/local/Snort/bin/Snort -r log.pcap.1601354248 -L dump >1.txt
more 1.txt
```

```
--------------------------------------------------
o")~   Snort++ 3.0.3-1
--------------------------------------------------
--------------------------------------------------
pcap DAQ configured to read-file.
Commencing packet processing
++ [0] log.pcap.1601354248
pkt:1
eth(DLT):  00:0C:29:2E:40:B0 -> 00:0C:29:80:C0:78  type:0x0800
ipv4(0x0800):  192.168.75.146 -> 192.168.75.128
        Next:0x01 TTL:64 TOS:0x0 ID:13342 IpLen:20 DgmLen:84 DF
icmp4(0x01):  Type:8  Code:0
        ID:2545   Seq:4247  ECHO

pkt:2
eth(DLT):  00:0C:29:80:C0:78 -> 00:0C:29:2E:40:B0  type:0x0800
ipv4(0x0800):  192.168.75.128 -> 192.168.75.146
        Next:0x01 TTL:64 TOS:0x0 ID:56274 IpLen:20 DgmLen:84
icmp4(0x01):  Type:0  Code:0
        ID:2545  Seq:4247  ECHO REPLY

pkt:3
eth(DLT):  00:0C:29:2E:40:B0 -> 00:0C:29:80:C0:78  type:0x0800
ipv4(0x0800):  192.168.75.146 -> 192.168.75.128
        Next:0x01 TTL:64 TOS:0x0 ID:13555 IpLen:20 DgmLen:84 DF
icmp4(0x01):  Type:8  Code:0
        ID:2545   Seq:4248  ECHO

pkt:4
eth(DLT):  00:0C:29:80:C0:78 -> 00:0C:29:2E:40:B0  type:0x0800
ipv4(0x0800):  192.168.75.128 -> 192.168.75.146
        Next:0x01 TTL:64 TOS:0x0 ID:56933 IpLen:20 DgmLen:84
icmp4(0x01):  Type:0  Code:0
        ID:2545  Seq:4248  ECHO REPLY

pkt:5
--More--(4%)
```

图 10-39　解析后的数据包内容

8. 测试 Snort——网络入侵检测模式

为了测试 Snort 3 的网络入侵检测能力，模拟了一个简单的攻击，使用 Nmap 对目标机器扫描。在本地创建规则实现当机器被 Nmap 扫描或遇到被其他机器 ping 时，发出报警信息。

Snort 3 用户手册中给出了规则编写规范。这里给出几个常用的参数解释。

Snort 规则包含两个逻辑部分：规则头和规则选项。规则头包含规则的动作、协议源 IP 地址、目标 IP 地址、网络掩码以及源和目标端口信息，其中动作包含 alert、log、pass、activate、dynamic 5 种，这里仅对 alert 演示。规则选项包含报警消息内容和要检查的包的具体部分。规则选项是 Snort 入侵检测引擎的核心，所有的 Snort 规则选项用分号(;)隔开。规则选项关键字和它们的参数用冒号(:)分开。Snort 中有 42 个规则选项关键字，这里仅对本示例中用到的选项进行解释。msg 作用是在报警和包日志中打印一个消息；sid 指明 Snort 规则 id；rev 表示规则版本号。

在/usr/local/Snort/etc/rules 下创建 local.rules 文件，并写入：

```
alert icmp any any ->192.168.75.128 any (msg: " ICMP Ping";sid:10000004;)
alert tcp any any ->192.168.75.128 22 (msg: "Nmap TCP Scan encountered"; sid:
10000005; rev:2; )
alert tcp any any ->192.168.75.128 22 (msg:"Nmap XMAS Tree Scan encountered ";
flags:FPU; sid:1000006; rev:1; )
alert tcp any any ->192.168.75.128 22 (msg:"Nmap FIN Scan encountered "; flags:
F; sid:1000008; rev:1;)
alert tcp any any -> 192.168.75.128 22 (msg:" Nmap NULL Scan encountered ";
flags:0; sid:1000009; rev:1; )
alert udp any any ->192.168.75.128 any (msg:"Nmap UDP Scan encountered "; sid:
1000010; rev:1; )
```

保存退出，其中 192.168.75.128 是安装了 Snort 3 的 CentOS 8 主机的 IP 地址。在/usr/local/Snort/etc/Snort/Snort.lua 中包含该文件。为了更直观地体现规则的作用，将之前下载导入的/usr/local/Snort/etc/Snort/rules/Snort3-community.rules 注释，如图 10-40 所示。

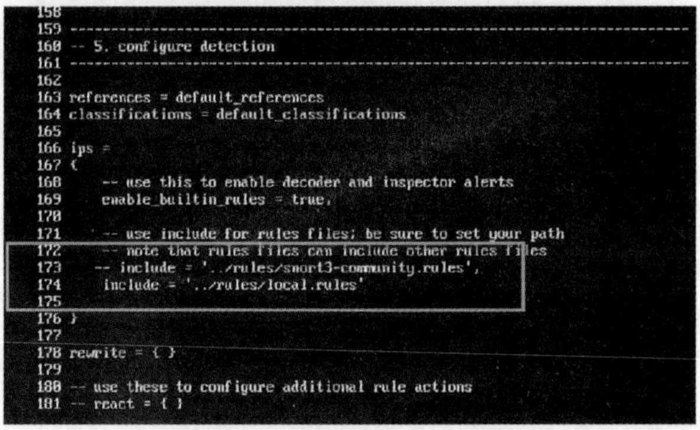

```
158
159 ---------------------------------------------------------------------
160 -- 5. configure detection
161 ---------------------------------------------------------------------
162
163 references = default_references
164 classifications = default_classifications
165
166 ips =
167 {
168     -- use this to enable decoder and inspector alerts
169     enable_builtin_rules = true,
170
171     -- use include for rules files; be sure to set your path
172     -- note that rules files can include other rules files
173    -- include = '../rules/snort3-community.rules',
174     include = '../rules/local.rules'
175
176 }
177
178 rewrite = { }
179
180 -- use these to configure additional rule actions
181 -- react = { }
```

图 10-40 包含自编规则文件

保存退出后，执行以下命令启动 Snort 3 的入侵检测模式。

```
/usr/local/Snort/bin/Snort -c /usr/local/Snort/etc/Snort/Snort.lua -i ens33
-A full -s 65535
```

在 Kali 中使用 Nmap 对目标机器(192.168.75.128)扫描。

```
nmap 192.168.75.128
```

查看 CentOS 8 上 Snort 的反馈结果，如图 10-41 所示，Snort 3 已经发现了 Nmap 的 UDP 扫描，并发出警告。

图 10-41　Snort 报警消息

在 Kali 上使用 ping 向 CentOS 8 发送 ICMP 报文，如图 10-42 所示。这说明 Snort 3 依据规则能够识别 ICMP PING 并提出警告，也说明在复杂的真实网络攻击环境中，通过为 Snort 3 编写配置相应的检测规则能够实现对攻击流量的检测并做出相应的反应。

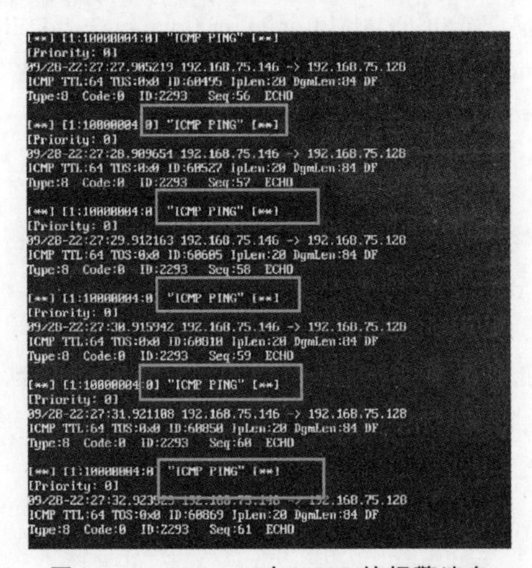

图 10-42　Snort 3 对 ICMP 的报警消息

参考文献

[1] 张晨. 云数据中心网络与 SDN：技术架构与实现[M]. 北京：机械工业出版社，2018.

[2] Gary Lee. Cloud networking：developing cloud-based data center networks [M]. Morgan Kaufmann，2014.

[3] 袁玉宇，刘川意，郭松柳. 云计算时代的数据中心[M]. 北京：电子工业出版社，2012.

[4] Albert Greenberg，Hamilton James R，Navendu Jain，et al. VL2：a scalable and flexible data center network[J]. ACM SIGCOMM Computer Communication Review，2009，39(4)：51-62.

[5] Mohammad Al-Fares，Alexander Loukissas，Amin Vahdat. A scalable，commodity data center network architecture[J]. ACM SIGCOMM Computer Communication Review，2008，38(4)：63-74.

[6] Chuanxiong Guo，Guohan Lu，Dan Li，et al. BCube：a high performance，server-centric network architecture for modular data centers[J]. ACM SIGCOMM Computer Communication Review，2009，39(4)：63-74.

[7] 安德鲁·S. 塔嫩鲍姆，赫伯特·博斯. 现代操作系统[M]. 王向群，马洪兵，译. 4 版. 北京：机械工业出版社，2017.

[8] Mahalingam M，Dutt D，Duda K，et al. Virtual extensible local area network（VXLAN）：a framework for overlaying virtualized layer 2 networks over layer 3 networks[S/OL]. RFC 7348，IETF. https://tools.ietf.org/html/rfc7348，2014.

[9] Garg P，Wang Y. NVGRE：network virtualization using generic routing encapsulation[S/OL]. RFC 7367，IETF. https://tools.ietf.org/html/rfc7637，2015.

[10] 闫长江，吴东君，熊怡. SDN 原理解析：转控分离的 SDN 架构[M]. 北京：人民邮电出版社，2016.

[11] Martin Casado，Freedman Michael J，Justin Pettit，et al. Ethane：Taking control of the enterprise [J]. ACM SIGCOMM Computer Communication Review，2007，37(4)：1-12.

[12] Nick McKeown，Tom Anderson，Hari Balakrishnan，et al. OpenFlow：enabling innovation in campus networks[J]. ACM SIGCOMM Computer Communication Review，2008，38(2)：69-74.

[13] William Stallings. Foundations of modern networking：SDN，NFV，QoE，IoT，and cloud[M]. Addison-Wesley Professional，2015.

[14] Joel Halpern，Carlos Pignataro. Service Function Chaining（SFC）Architecture[S/OL]. RFC 7665，2015. https://rfc-editor.org/rfc/rfc7665.txt.

[15] 冯登国，张敏，张妍，等. 云计算安全研究[J]. 软件学报 2011，22(1)：71-83.

[16] 刘嘉勇. 应用密码学[M]. 北京：清华大学出版社，2014.

[17] 谢希仁. 计算机网络[M]. 北京：电子工业出版社，2017.

[18] 刘文懋，裘晓峰，王翔. 软件定义安全[M]. 北京：机械工业出版社，2018.

[19] 公安部第一研究所. 信息安全技术信息系统物理安全技术要求：GB/T 21052—2007[S]. 北京：中国标准出版社，2007.

[20] Thomas Erl，Ricardo Puttini，Zaigham Mahmood. Cloud computing：concepts，technology & architecture[M]. NJ：Pearson，2013.

[21] William Stallings. Cryptography and network security：principles and practice [M]. NJ：

Pearson，2016.

［22］ Montida Pattaranantakul，Ruan He，Qipeng Song，et al. NFV security survey：from use case driven threat analysis to state-of-the-art countermeasures[J]. IEEE Communications Surveys & Tutorials，2018，20(4)：3330-3368.

［23］ Sandra Scott-Hayward，Sriram Natarajan，Sakir Sezer. A survey of security in software defined networks[J]，IEEE Communications Surveys & Tutorials，2016，18(1)：623-654.

［24］ Faizul Bari，Raouf Boutaba，Rafael Pereira Esteves，et al. Data center network virtualization：a survey[J]. IEEE Communications Surveys & Tutorials，2013，15(2)：909-928.

［25］ 史蒂夫·苏哈林. Linux 防火墙[M]. 王文烨，译. 4 版. 北京：人民邮电出版社，2016.

［26］ 杨泽卫，李呈. 重构网络：SDN 架构与实现[M]. 北京：电子工业出版社，2017.

图书资源支持

感谢您一直以来对清华版图书的支持和爱护。为了配合本书的使用，本书提供配套的资源，有需求的读者请扫描下方的“书圈”微信公众号二维码，在图书专区下载，也可以拨打电话或发送电子邮件咨询。

如果您在使用本书的过程中遇到了什么问题，或者有相关图书出版计划，也请您发邮件告诉我们，以便我们更好地为您服务。

我们的联系方式：

地　　址：北京市海淀区双清路学研大厦 A 座 714

邮　　编：100084

电　　话：010-83470236　010-83470237

客服邮箱：2301891038@qq.com

QQ：2301891038（请写明您的单位和姓名）

资源下载：关注公众号“书圈”下载配套资源。

书圈

获取最新书目

观看课程直播